也能輕鬆搞懂的

運算思維與演算法

使用C語言

吳燦銘 著　ZCT 策劃

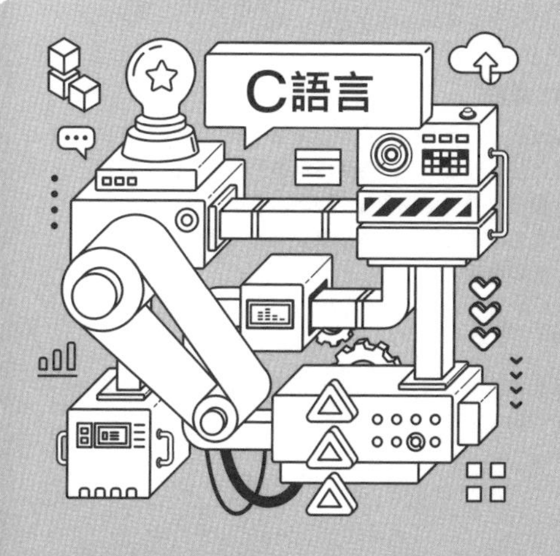

- 搭配C語言訓練運算思維與演算法入門
- 以豐富圖例提高演算法的理解程度
- 精選APCS試題加強實戰檢定經驗
- 設計難易度適中的習題與教學資源

作　　者：吳燦銘 著、ZCT 策劃
責任編輯：Cathy

董 事 長：陳來勝
總 編 輯：陳錦輝

出　　版：博碩文化股份有限公司
地　　址：221 新北市汐止區新台五路一段 112 號 10 樓 A 棟
電話 (02) 2696-2869　傳真 (02) 2696-2867

發　　行：博碩文化股份有限公司
郵撥帳號：17484299　戶名：博碩文化股份有限公司
博碩網站：http://www.drmaster.com.tw
讀者服務信箱：dr26962869@gmail.com
訂購服務專線：(02) 2696-2869 分機 238、519
（週一至週五 09:30 ～ 12:00；13:30 ～ 17:00）

版　　次：2020 年 12 月初版

建議零售價：新台幣 450 元
I S B N：978-986-434-543-4
律師顧問：鳴權法律事務所 陳曉鳴律師

本書如有破損或裝訂錯誤，請寄回本公司更換

國家圖書館出版品預行編目資料

AI 世代高中生也能輕鬆搞懂的運算思維與演算法：使用 C 語言 / 吳燦銘著 . -- 初版 . -- 新北市：博碩文化股份有限公司 , 2020.12

面；　公分

ISBN 978-986-434-543-4(平裝)

1.C (電腦程式語言)

312.32C　　109018253

Printed in Taiwan

博 碩 粉 絲 團

PREFACE

序言

這是一本結合運算思維與演算法的入門書籍，全書一開始會簡介 AI 世代與運算思維關鍵心法，並以協助各位一次看懂人工智慧輕課程，包括：人工智慧的種類、機器學習與深度學習。接著介紹什麼是運算思維？運算思維能力的養成就是具備運用運算工具的思維能力，藉以分析問題、發展解題方法，並進行有效的決策。為了幫助各位破解運算思維的特別攻略，本書也加入了「運算思維國際挑戰賽」歷年出題的題型，安排了許多生動有趣、又富挑戰的運算思維擬真試題。

而所謂演算法就是為解決問題所採取的方法和步驟，它是培養程式設計邏輯的基礎理論。程式解決問題的能力是否有效率，演算法佔了十分重要的關鍵。市面上大部份演算法的書籍，會介紹大量的理論，並舉例子去解釋，雖然有助對演算法的理解，但缺乏程式語言的實作，對初學者來說，會面臨到不知道如何將這些演算法轉換成程式的難題。

本書以豐富圖例來提高各位對演算法的理解程度，同時配合功能強大 C 語言加以實作。書中介紹的演算法包括：分治法、遞迴法、貪心法、疊代法、枚舉法、回溯法…等，並延伸出重要資料結構，例如：陣列、鏈結串列、堆疊、佇列、樹狀結構、圖形、排序、搜尋、雜湊、遊戲 AI 演算法…等。

另外，附錄介紹了運算思維的訓練資源，包括運算思維計畫與教學資源、國際運算思維挑戰賽介紹，及國際運算思維能力測驗題庫取得說明。此外各章設計難易度適中的習題，希望可以幫助各位對運算思維與演算法有更深刻的認識。

CONTENTS

目錄

01 AI 世代與運算思維關鍵心法

02 方便實用的置物櫃：陣列演算法

03 超人氣又療癒的排序演算法

04 夢裡尋她千百度的搜尋演算法

05 火車過山洞的串列結構

06 後進先出的堆疊演算法

07 先進先出的佇列演算法

08 練功打怪必修的遊戲 AI 演算法

09 樹狀結構的異想世界

10 圖形結構的秘密

A 運算思維的訓練資源

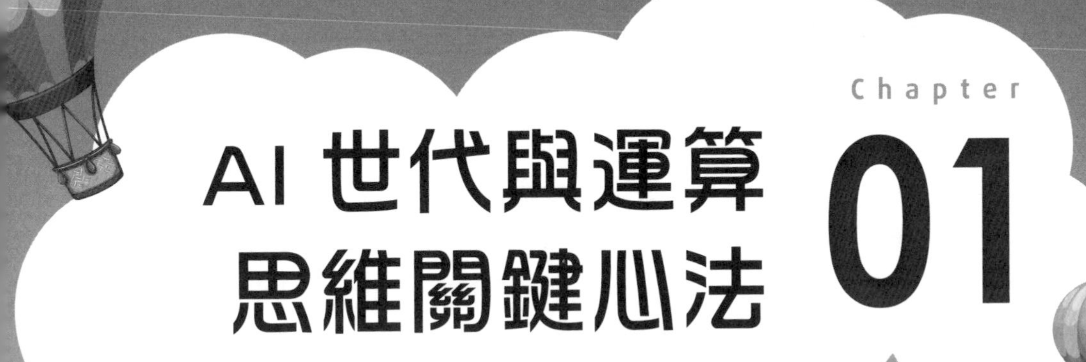

AI 世代與運算思維關鍵心法

Chapter 01

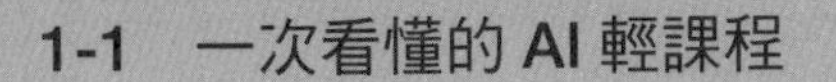

- 1-1 一次看懂的 AI 輕課程
- 1-2 讓你的程式腦重開機－運算思維
- 1-3 運算思維動動腦
- 1-4 演算法的專家筆記
- 1-5 演算法快樂初體驗

電腦對人類生活的影響從來沒有像最近十年這麼無所不在，從美國國家海洋大氣總署（NOAA）的研究人員計算與分析出全球大海嘯動態的超級電腦，一直到現代人幾乎如影隨形般攜帶的智慧型手機，這些無一不是電腦的分身，加上人工智慧（Artificial Intelligence, AI）技術的快速發展。例如蘋果手機的 Siri 智慧助理、LINE 的聊天機器人、機場出入境的人臉辨識、機器人、智能醫生、健康監控、自動駕駛、自動控制等，都是屬於 AI 與電腦現代結合應用的經典案例。

TIPS 人工智慧（AI）的概念最早是由美國科學家 John McCarthy 於 1955 年提出，目標致力於解決與人類智慧相關的常見認知問題，讓電腦具有類似人類學習解決複雜問題與展現思考等能力，舉凡模擬人類的聽、說、讀、寫、看、動作等的電腦技術，都被歸類為人工智慧的可能範圍，例如推理、規劃、問題解決及學習等能力。

華碩 zenbo 機器人
資料來源：華碩電腦

Sony 的寵物機器狗 aibo
資料來源：Sony 網站

例如機器人（Robot）向來是科幻故事中不可或缺的重要角色，智慧機器人的研發與其應用，早已吸引世人的高度重視，在工商業發達的今日，「機器人」就是模仿人類的造型所製造出來的輔助工具，並且讓機器人具備某種智慧，一般的機器人主要目的用於高危險性的工作，如火山探測、深海研究等，也有專為特殊工業用途所研發出來的機器人，不但執行精確，而且生產力更較一般常人高出許多。

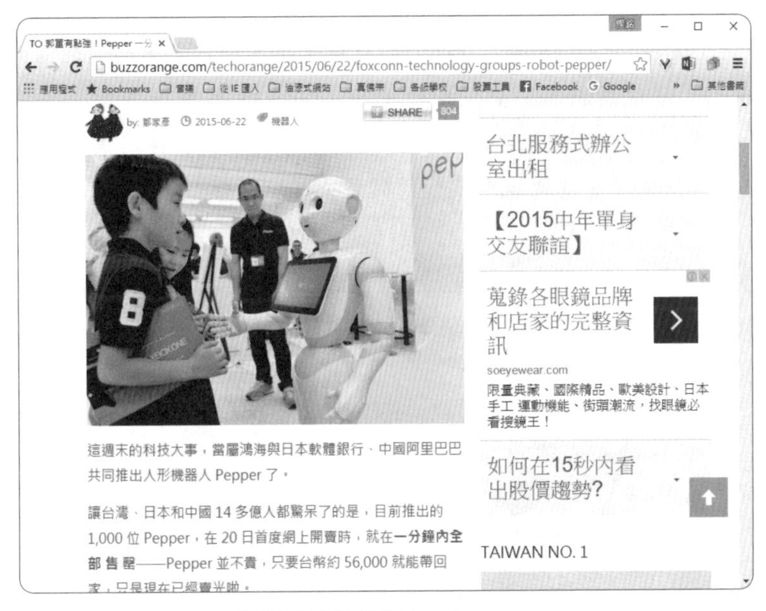

鴻海推出的機器人— Pepper

1-1 一次看懂的 AI 輕課程

AI 與電腦結合為現代產業帶來全新革命，應用領域不僅展現在機器人、物聯網（IOT）、自駕車、智能服務等，甚至與數位行銷產業息息相關，根據美國最新研究機構的報告，2025 年人工智慧將會在行銷和銷售自動化方面，取得更人性化的表現，有 50% 的消費者希望在日常生活中使用 AI 和語音技術。

AI 改變產業的能力已經相當清楚

TIPS 物聯網（Internet of Things, IOT）的目標是將各種具裝置感測設備的物品，例如 RFID、環境感測器、全球定位系統（GPS）、雷射掃描器等種種裝置與網際網路結合起來，在這個龐大且快速成長的網路系統中，物件具備與其他物件彼此直接進行交流，提供了智慧化識別與管理的能力。

IBM Waston 透過大數據實踐了精準醫療的成果

近幾年來 AI 的應用領域之所以能夠愈來愈成熟，毫無疑問地就是軟體和硬體的結合越來越緊密，其中主要原因之一就是電腦的圖形處理器（Graphics Processing Unit, GPU）與雲端運算（Cloud Computing）等關鍵技術愈趨成熟，使得執行速度更快與成本更低廉，特別是在雲端伺服器內收集了世界各地的大數據（Big Data），它就像是幫忙 AI 快速成長的養分，為 AI 建立了很好的發展基礎，我們也因人工智慧而享用許多個人化的服務、生活變得也更為便利。

醫療 AI 即將取代傳統人工診療

TIPS 「雲端」一詞係因工程師對於網路架構圖中的網路，習慣是用雲朵來代表不同的網路。雲端運算就是將運算能力提供出來作為一種服務。大數據（又稱大資料、海量資料、Big Data），由 IBM 於 2010 年提出，其實是巨大資料庫加上處理方法的一個總稱，就是有助於企業組織大量蒐集、分析各種數據資料的解決方案。

GPU 是指以圖形處理單元搭配 CPU 的微處理器，GPU 含有數千個小型且更高效率的 CPU，不但能有效進行平行處理（Parallel Processing），還可以達到高效能運算（High Performance Computing, HPC）能力，藉以加速科學、分析、遊戲、消費和人工智慧應用。

TIPS 平行處理技術是同時使用多個處理器來執行單一程式，借以縮短運算時間。高效能運算能力則是透過應用程式平行化機制，就是在短時間內完成複雜、大量運算工作，專門用來解決耗用大量運算資源的問題。

1-1-1 人工智慧的種類

人工智慧未來一定會發展出各種不可思議的能力，不過首先必須理解 AI 本身之間也有強弱之別，一般區分為「強人工智慧」與「弱人工智慧」兩種。

弱人工智慧（Weak AI）

弱人工智慧是只能模仿人類處理特定問題的模式，不能深度進行思考或推理的人工智慧，乍看下似乎有重現人類言行的智慧，但還是與人類智慧同樣機能的強 AI 相差很遠，因為只可以模擬人類的行為做出判斷和決策，所以嚴格說起來並不能被視為真的「智慧」。毫無疑問，今天我們看到的絕大部分 AI 應用，例如最先進的工商業機械人、人臉辨識或專家系統都屬於程度較低的弱 AI 範圍。

銀行的迎賓機器人是屬於弱 AI

強人工智慧（Strong AI）

事實上，從弱人工智慧時代邁入強人工智慧時代還需要時間，不過這樣的發展絕對是一種趨勢，所謂強人工智慧（Strong AI）或通用人工智慧（Artificial General Intelligence）是具備與人類同等智慧或超越人類的 AI，能夠像人類大腦一樣思考推理與得到結論，更多了情感、個性、社交等等的自我人格意識，例如科幻電影中看到敢愛敢恨的機器人就屬於強人工智慧。

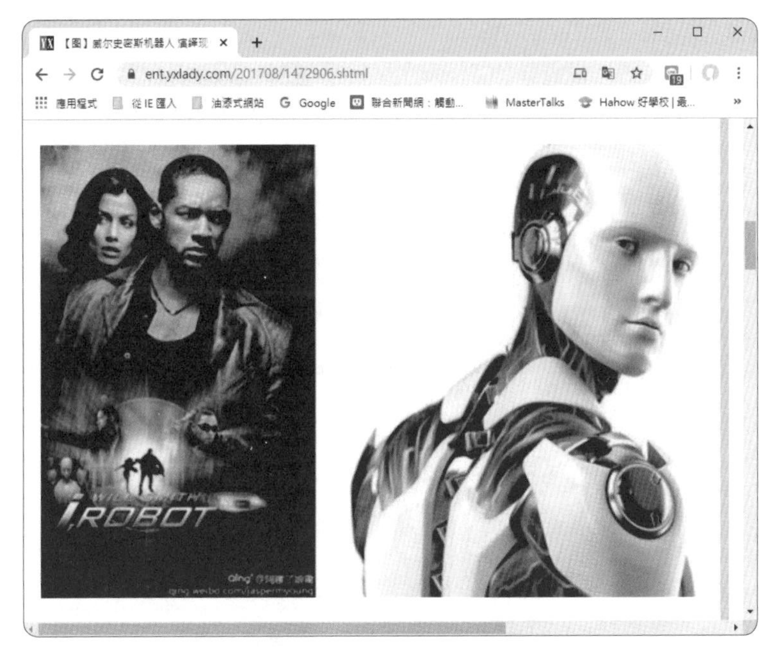

科幻小說中活靈活現、有情有義的機器人就屬於強 AI

1-1-2 機器學習

由於近幾年人工智慧的應用領域愈來愈廣泛，特別是機器學習（Machine Learning, ML）在人工智慧領域有了令人難以置信的突破，就是一種機器透過演算法來分析數據，目的在於模擬人類的分類和預測能力。過去人工智慧發展面臨的最大問題—— AI 是由人類撰寫出來，當人類無法回答問題時，AI 同樣也不能解決人類無法回答的問題。直到機器學習的出現，完成解決了這種困境。

人臉辨識系統就是機器學習的常見應用

機器學習是大數據與AI發展相當重要的一環，是大數據分析的一種特別方法，通過演算法給予電腦大量的「訓練資料（Training Data）」，在大數據中找到規則，可以發掘多資料元變動因素之間的關聯性，進而自動學習並且做出預測，也就是機器模仿人的行為，特性很適合將大量資料輸入後，讓電腦自行嘗試演算法找出其中的規律性，對機器學習的模型來說，用戶越頻繁使用，資料的量越大越有幫助，機器就可以學習的愈快，進而讓預測效果不斷提升的過程。

機器也能一連串模仿人類學習過程

例如各位應該都有在 YouTube 觀看影片的經驗，YouTube 致力於提供使用者個人化的服務體驗，導入了 TensorFlow 機器學習技術，過濾出觀賞者可能感興趣的影片，並顯示在「推薦影片」中，全球 YouTube 超過 7 成用戶會觀看來自自動推薦影片，當觀看的影片數量越多，不論是喜歡以及不喜歡的影音都是機器學習訓練資料，便會根據記錄這些使用者觀看經驗，列出更符合觀看者喜好的影片。

YouTube 透過 TensorFlow 技術過濾出受眾感興趣的影片

> **TIPS** TensorFlow 是 Google 於 2015 年由 Google Brain 團隊所發展的開放原始碼機器學習函式庫，可以讓許多矩陣運算達到最好的效能，並且支持不少針對行動端訓練和優化好的模型，無論是 Android 和 iOS 平台的開發者都可以使用，例如 Gmail、Google 相簿、Google 翻譯等都有 TensorFlow 的影子。

1-1-3 深度學習

許多人夢想讓電腦學會思考看起來像是好萊塢科幻電影中常見的幻想，隨著越來越多強大且便宜的電腦，帶動最近炙手可熱的深度學習（Deep Learning）研究，許多研究者開始採用模擬人類複雜神經架構來實現過去前難以想像的目標，希望讓電腦具備與人類相同的聽覺、視覺、閱讀甚至翻譯的能力，一直是人工智慧學家追求的目標之一。

深度學習是一種從大腦科學汲取靈感以打造智慧機器的方法，最近幾年已經成為推動 AI 研究的主力，深度學習並不是研究者們憑空創造出來的運算技術，而是源自於類神經網路（Artificial Neural Network）演算法。 透過深度學習的訓練，機器正在變得越來越聰明，不但會學習也會進行獨立思考，讓電腦幾乎和人類一樣能辨識影像中的貓、石頭或人臉。深度學習包括建立和訓練一個大型的人工神經網路，人類要做的事情就是給予規則跟大數據的學習資料，並從未標記的大數據訓練數據中進行特徵檢測，以解釋大數據中圖像、聲音和文字等多元資料。

最為人津津樂道的深度學習應用，當屬 Google DeepMind 開發的 AI 圍棋程式── AlphaGo，接連大敗歐洲和南韓圍棋棋王。以 AlphaGo 為例，團隊設定好神經網路架構後，便將大量的棋譜資料輸入，還有精巧的深度神經網路設計，讓 AlphaGo 學習下圍棋的方法，接著就能判斷棋盤上的各種狀況，並根據對手的落子做出回應。後來創下連勝 60 局的佳績，並且不斷反覆跟自己比賽來調整神經網路，才讓人驚覺深度學習的威力確實強大。

AlphaGo 接連大敗歐洲和南韓圍棋棋王

1-2 讓你的程式腦重開機－運算思維

隨著電腦科技與 AI 發展的威力，身為一個即將跨進 AI 世代的現代人，寫程式不再是資訊相關科系的專業，已經是全民的基本能力，唯有將「創意」經由「設計過程」與電腦結合，才能算是國力的展現。

話說小民是一位私立大專院校的文科生，小華是一位數學能力的特弱的高中生，兩個人最近都為了一件事很傷腦筋。因為最近各級學校為了因應未來 AI 世代的到來，都在全力推動程式設計課程，因為每次上這些課時，兩個人都只能鴨子聽雷，望著天花板直發呆。

以前從沒摸過程式語言，上課聽不懂怎麼辦？後來兩個人鼓起勇氣，一同去請教鄰居的學霸大哥，大哥聽完他們唉聲嘆氣地說了一堆話之後，拍拍兩人的肩膀，嘴旁一抹微笑地說：「廢話少說，一定要先搞懂運算思維（Computational Thinking, CT）！」

什麼是運算思維？在我國教育部運算思維推動計畫中的「資訊科技」課程中清楚提到，運算思維能力的養成就是具備運用運算工具的思維能力，藉以分析問題、發展解題方法，並進行有效的決策。

其實電腦運算與程式設計的技巧，並不只是電腦科學家的專利，而是每個人都應該具備的能力及素養。簡單來說，具備運算思維能將抽象的問題化為簡潔的步驟，包括從解決問題到整合運用，是一種所有人都可以鍛鍊的能力。甚至我們可以這樣形容：「程式設計的運作過程，就是運算思維的充分表現，更重要的是可透過撰寫程式來訓練運算思維的能力。」

運算思維的概念其實早被應用於日常生活中，每個人每天所面對的大小事，其實都可以看成是一種解決問題，任何只要牽涉到「解決問題」的議題，都可以套用運算思維的邏輯模式來解決。目前許多歐美國家從幼稚園就開始訓練學生的運算思維，讓學生們能更有創意地展現出自己的想法與嘗試自行解決問題。

2006年美國卡內基梅隆大學Jeannette M. Wing教授首度提出了「運算思維」的概念，她提到運算思維是現代人的一種基本技能，所有人都應該積極學習，隨後Google也為教育者開發一套運算思維課程（Computational Thinking for Educators）。這套課程提到培養運算思維的四個面向，分別是拆解（Decomposition）、模式識別（Pattern Recognition）、歸納與抽象化（Pattern Generalization and Abstraction）與演算法（Algorithm），就是培養現代人有系統、有層次結構的「思考」能力。

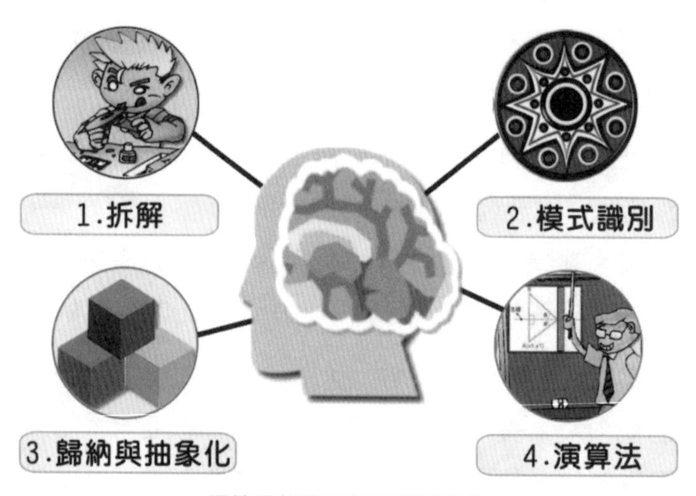

運算思維的四個步驟示意圖

當各位在訓練運算思維的過程中，其實就養成了使用不同角度，以及現有資源解決問題的能力，能針對系統與問題提出思考架構的思維模式，請看以下的說明。

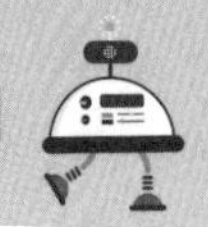

1-2-1 拆解

各位去修手機時，技師一定會先拆解開來

許多年輕人遇到問題時的第一反應，就是「想太多！」，把一個簡單的問題越搞越複雜。其實任何問題只要懂得拆解（Decomposition）成許多小問題，先將這些小問題各個擊破；小問題全部解決之後，原本的大問題也就迎刃而解了。例如我們隨身攜帶的手機故障了，如果將整台手機逐步拆解成較小的部分，每個部分進行各種元件檢查，就容易找出問題的所在。

1-2-2 模式識別

複雜的問題在分解之後，我們常常能發現小問題中有共有的屬性以及相似之處，這些屬性就稱為「模式」（Pattern）。模式識別（Pattern Recognition）是指在一堆資料中找出特徵（Feature）或問題中的相似之處，用來將資料進行辨識與分類，並找出規律性，才能做為快速決策判斷。例如想要畫一系列的貓，首先會想到哪些屬性是大多數貓咪都有的？眼睛、尾巴、毛髮、叫聲、鬍鬚等。因為知道所有的貓都有這些屬性，並想要畫貓的時候便可將這些共有的屬性加入，就可以很快地畫出不同的貓。

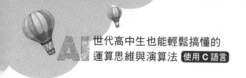

Google Brain 能夠利用 AI 技術從龐大的貓圖形資料中，辨識出貓臉跟人臉的不同，原理就是把所有照片內貓的「特徵」取出來，同時自己進行「模式」分類，才能夠模擬複雜的非線性關係，來獲得更好的辨識能力。

Google Brain 能從龐大的圖形資料中，分辨出貓臉的圖片

1-2-3 歸納與抽象化

歸納與抽象化（Pattern Generalization and Abstraction，或稱樣式一般化與抽象化）在於過濾以及忽略掉不必要的特徵，讓我們可以集中在重要的特徵上，幫助將問題具體化，進而建立模型，目的是希望能夠從原始特徵數據集中學習出問題的結構與本質。通常這個過程開始會收集許多的資料，如何歸納出抽象規則，是需要經驗推理，藉由歸納與抽象化，把特性以及無法幫助解決問題的模式去掉，留下相關以及重要的共同屬性的過程，直到讓我們建立一個通用的問題解決模型。

車商業務員：輪子、引擎、方向盤、煞車、底盤。

修車技師：引擎系統、底盤系統、傳動系統、煞車系統、懸吊系統。

由於「抽象化」沒有固定的模式，它會隨著需要或實際狀況而有不同。譬如把一台車子抽象化，每個人都有各自的拆解方式，像是車商業務員與修車技師對車子抽象化的結果可能就會有差異。

1-2-4 演算法

如果過去造成工業革命發生的主因是蒸汽機的發明，但是未來 20 年中人工智慧革命要能成功，關鍵就在演算法，演算法對於人類科技與智慧生活絕對會帶來重要的改變。演算法常常被使用為設計電腦程式的第一步。世上沒有精確答案的問題多如牛毛，演算法能讓看起來困難的問題逼近答案，每一個分解的步驟都是計畫過，這也是運算思維的訓練。

演算法可以看成是將各種步驟整理成電腦所能理解的程式內容

例如我今天和朋友約在一個沒有去過的知名旅遊景點，在出門前，你會先上網規劃路線，看看哪些路線適合你們的行程，以及哪一種交通工具最好，接下來就可以按照計畫出發。簡單來說，這種計畫與考量過程就是運算思維，按照計畫逐步執行就是一種演算法，以下就是規劃高雄一日遊的簡單運算法的範例：

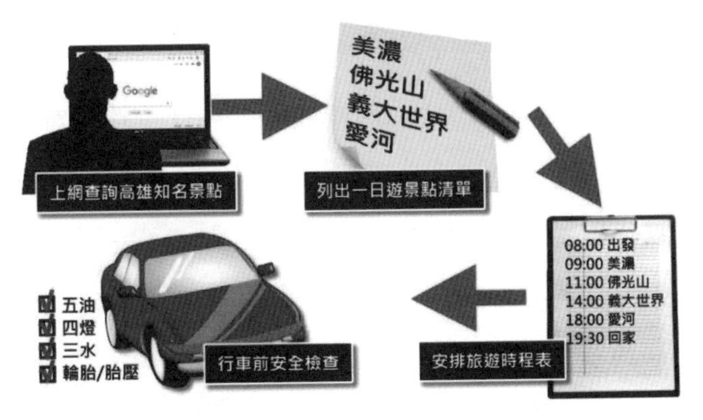

規劃高雄一日遊的行程也算一種運算思維的應用

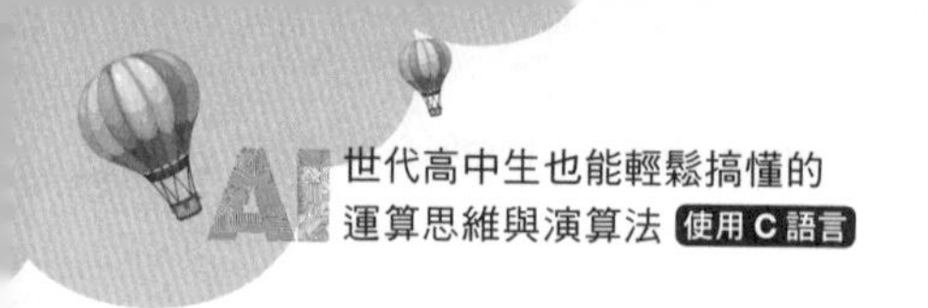

1-3 運算思維動動腦

本單元將根據「運算思維國際挑戰賽」歷年出題的重點及題型，安排了許多生動有趣、又富挑戰的各種運算思維的擬真模擬試題，希望透過本單元，除了清楚運算思維的訓練重點外，也可以在進入演算法介紹之前，先為自己的大腦進行各種運算思維如何解題的腦力熱身訓練。（本節解答說明請見本章末）

1-3-1 線上軟體通關密碼

榮欽科技設計了一個多國語言線上軟體，並以雲端教室座位表的方式進行授權，但要進入座位表前必須輸入通關密碼，用以判斷該密碼是哪一間學校、哪一種語言及提供多少人次的座位表，如以下的示意圖畫面：

為了確保全國所有授權學校的通關密碼之唯一性，在設置通關密碼時會出現以下提示：

1. 至少包含 2 個大寫英文
2. 同時必須有數字及英文字兩種
3. 至少包含 2 個特殊字元（非英文也非數字）
4. 密碼長度 12 個字元以上

請問哪一組密碼符合條件？

(A) %$ChaoMing1234　(B) %HHChaoMing1234

(C) ABChaoMing1234　(D) %$chaoming1234

1-3-2 以數字加密提高資訊安全

兩位好朋友在傳送資料時，為了不讓其他人不小心截取到他們所傳遞的訊息，所以用下列方式加密，如要傳送的訊息是 184189323016514925761732 就將該訊息由上到下以每 6 個字為一行的方式填入方格中，如右圖所示：

1	3	5	7
8	2	1	6
4	3	4	1
1	0	9	7
8	1	2	3
9	6	5	2

而加密後的訊息由上而下、由左到右讀為 13578216434 1109781239652。請問如果加密後的訊息為 173928403951406 251736284，則原始訊息為底下哪一個選項？

(A)1234567890123456789043210　(B)123456789012345678901234

(C)432156789012345678901234　(D)567890123412345678901234

1-3-3 三分球比賽燈號記錄器

在一項高中盃籃球的三分球比賽中看誰能於指定時間內投入 15 顆三分球，當選手投入 15 顆三分球後，就可以停止投球，並拿到神射手頭銜。所有選手投入的三分球顆數介於 0 顆到 15 顆之間，為了展現三分球投入的總數，主辦單位使用特殊的燈號來顯示目前的得分情況，燈號的顯示規則說明如下：

最下方的燈號如果亮燈代表投入 1 顆 3 分球，由下往上數的第 2 個燈號如果亮代表投入 2 顆 3 分球，由下往上數的第 3 個燈號如果亮代表投入 4 顆 3 分球，最上方燈號如果亮代表投入 8 顆 3 分球。如下圖所示：

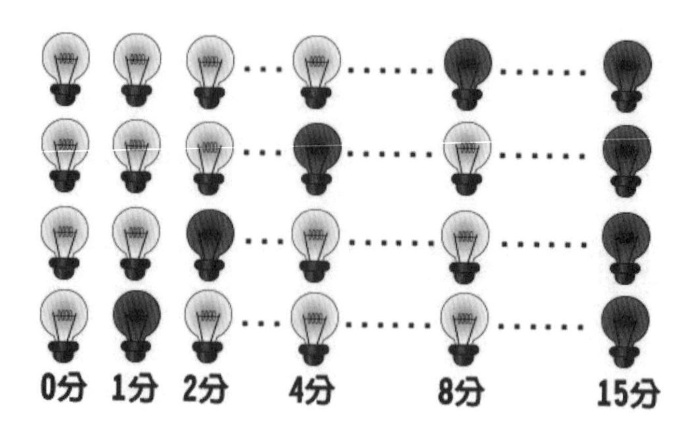

請問下面哪一個燈號代表投入 13 顆 3 分球？

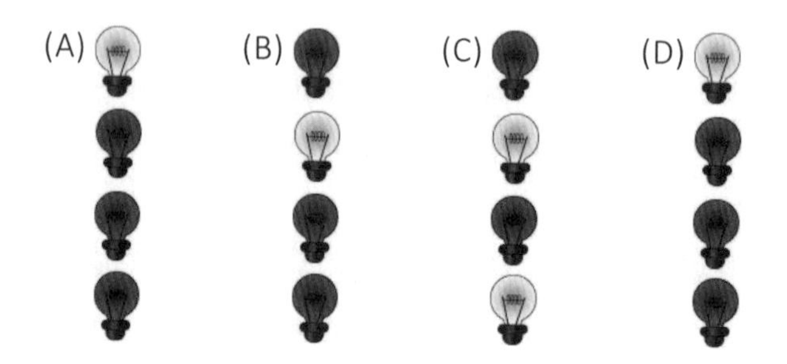

1-3-4 動物園巡邏最佳化路線

「大樂趣野生動物園」下班前的安全巡邏的工作，必須一次走完以下圖形的路線。請問下列哪個選項所安排的巡視順序，可以把每條路線都走到，但又不會重複走任一路線？如果草食性動物為第 1 個巡邏點，禽鳥類為第 2 個巡邏點，海洋生物為 3 個巡邏點，肉食性動物為第 4 個巡邏點，爬蟲類為第 5 個巡邏點，則最佳化巡邏路線為哪一個選項？

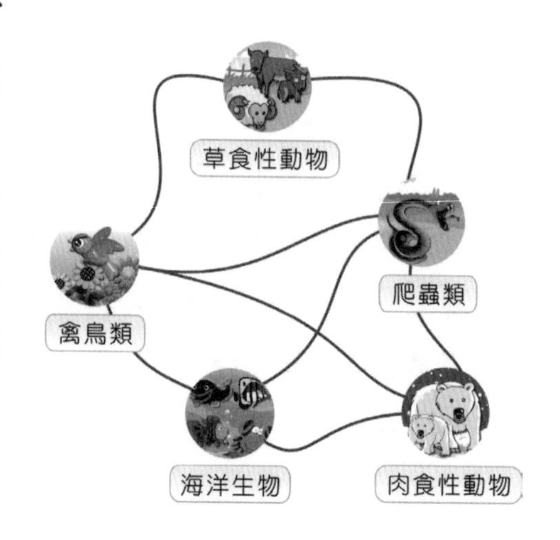

(A)421534235　　(B)321542534　　(D)543251235　　(D)154325324

1-3-5 餐飲轉盤

右圖所示為圓形餐飲轉盤，服務人員習慣將下一種食物放在前一個食物位置隔開兩個編號，請問下面 4 種食物，如果依各食物編號順序放入轉盤中（此題假設從轉盤的第 1 個編號開始放入），當該服務人員放置完第 4 種食物後，轉盤的食物擺放外觀為何？

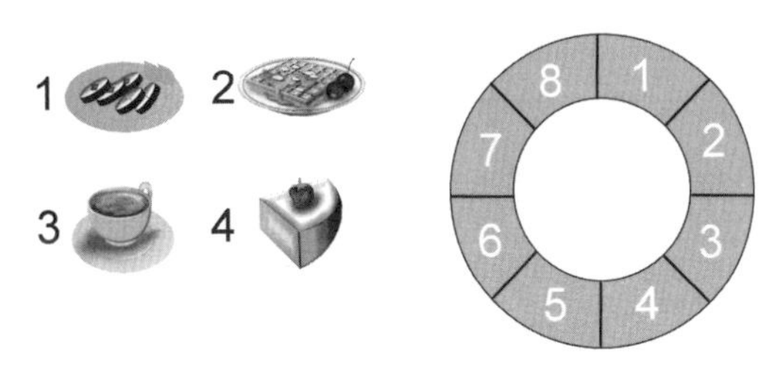

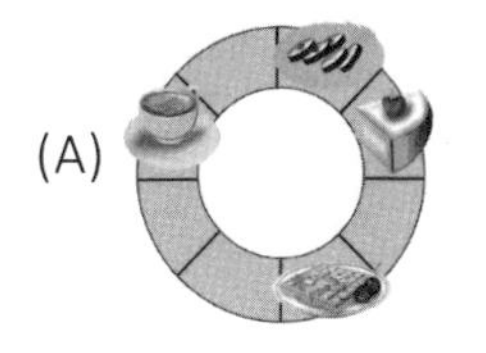

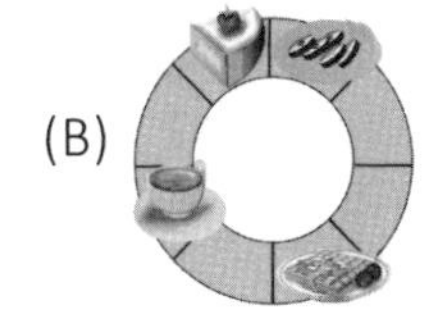

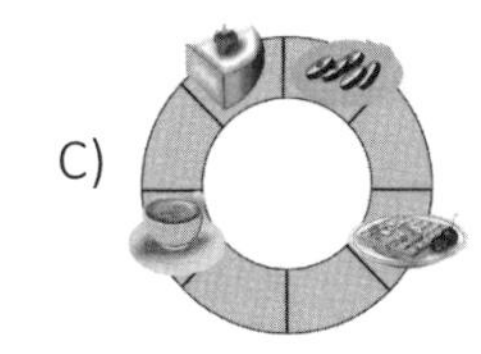

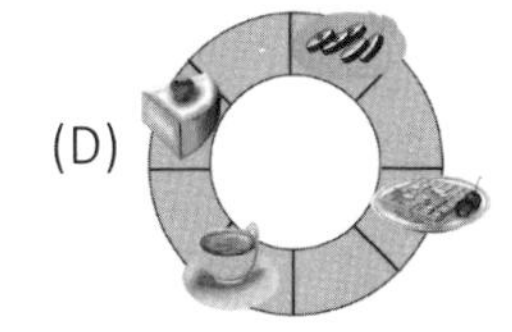

1-3-6 繪圖機器人

畢卡索繪畫家結合自動化科技製作了一台簡易的繪圖機器人，可利用一串數字控制機器人繪圖的方式，該繪圖機器人的程式設計為：遇到奇數位數字：機器人必須畫出水平線（正數往右畫、負數往左畫）。遇到偶數位數字：機器人必須畫出垂直線（正數往上畫、負數往下畫）。請問下達的指令為「-3, -2, 4, 5」，則會畫出哪一個圖形？

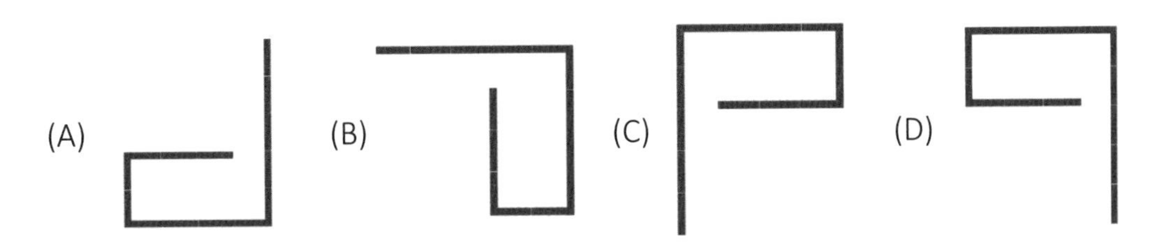

1-3-7 將影像以字串編碼

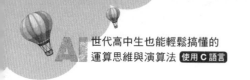

假設圖片是由許多小方格組成，且每小一方格只有一種顏色，圖片僅有三種顏色：黑色（Black）、白色（White）、灰色（Gray）。當圖片經過編碼後會形成一串英文字母與數字交互組成的字串，每組英文字母與數字所組成的單元：數字代表該顏色連續的次數，例如：B3 表示 3 個連續的黑色（Black），W2 表示 2 個連續的白色（White），G5 表示 5 個連續的灰色（Gray）。請問以下哪一張圖片的編碼字串為 "B3W2G4B3W2G4B2G4W1" ？

(A) 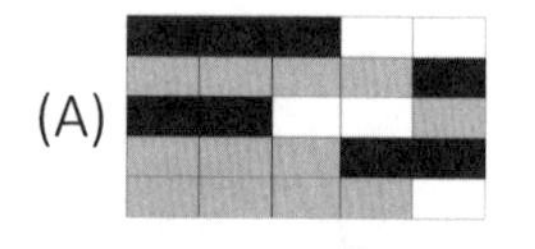 (B) 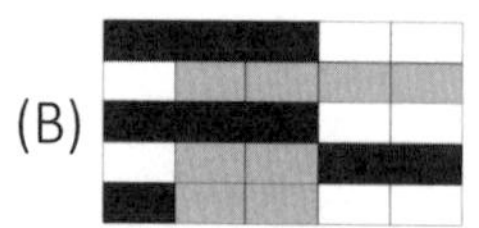 (C) 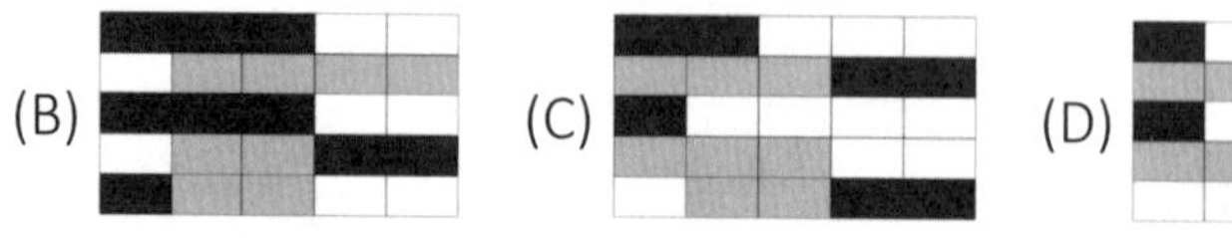 (D) 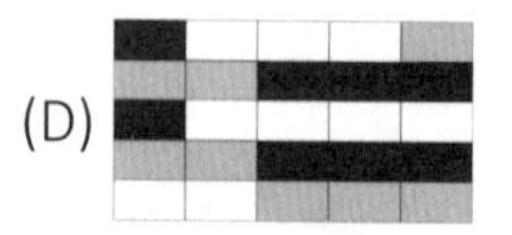

1-3-8 電腦繪圖指令實作

阿燦在電腦繪圖課時，學到了 7 道指令，每道指令功能如下：

- BT – 畫出大三角型
- ST – 畫出小三小型
- BC – 畫出大圓型
- SC – 畫出小圓型
- BR – 畫出大方型
- SR – 畫出小方型
- Repeat(a1 a2 a3 ...)b - 重複括號內所有指令 b 次，例如 Repeat(SC)2 表示連續畫出兩個小圓形

這套軟體會根據指令自動配色，每畫出一個圖形後，會自動換行。也就是說，一列中不會出現兩個以上的圖形，例如指令如下：

```
BC ST Repeat(SC SR)2 BT
```

則該軟體隨機配色後畫出如下的圖形：

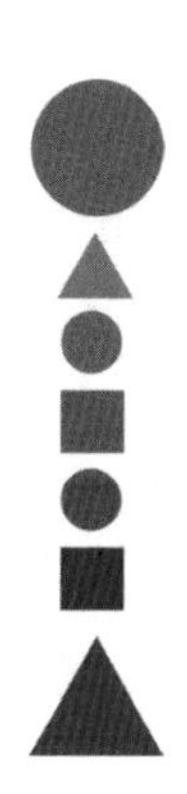

試問學生阿燦在練習時，畫出了以下圖案，請問他下了哪道指令？

(A) BT Repeat(BC SR)2 BR BC

(B) BT Repeat(BC SR)2 BC BR

(C) BR Repeat(BC SR)2 BC BR

(D) BC Repeat(BC SR)2 BC BT

1-3-9 炸彈超人遊戲

在一款「新無敵炸彈超人遊戲」中有 4 個玩家在不同的位置，周圍有放置炸彈，請問哪一位玩家引爆炸彈的機率最高？

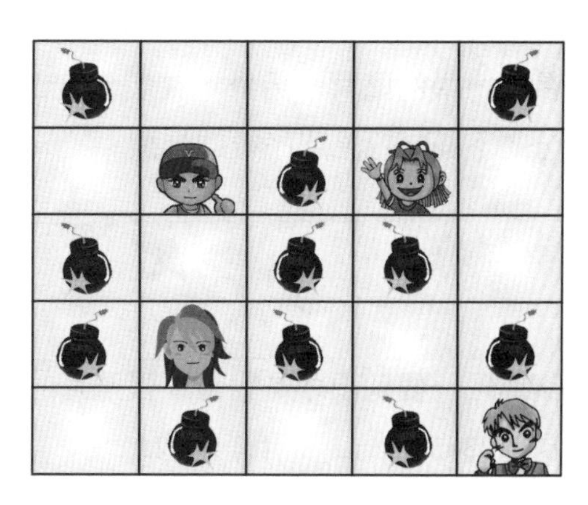

(A) 第 2 列第 2 行的男玩家

(B) 第 2 列第 4 行的女玩家

(C) 第 4 列第 2 行的女玩家

(D) 第 5 列第 5 行的男玩家

1-3-10 高雄愛河雷射字母秀

高雄愛河有一個雷射字母秀，造景藝術上的字母（LOVE RIVER）會依某一種時間規則改變字母造景外觀，字母顏色改變的順序為：實體黑色變綠色，綠色變中空白色，中空白色變實體黑色。各字母變換造景的時間設定規則如下：

實體黑色維持 4 分鐘，綠色維持 1 分鐘，中空白色維持 2 分鐘

如果現在字母藝術效果的字顏色外觀如下圖：

請問在 6 分 10 秒後，造景藝術上的字母外觀會變成？

(A)  (B)  (C)  (D) 

1-3-11 定格動畫

「數位創意多媒體有限公司」的動畫師在製作動畫時，不小心將動畫出現的照片順序打亂了，而無法判斷照片順序是否正確？但動畫師還記得第一張和最後一張的圖片。另外，在製作這部定格動畫時的每張圖片，一次只變動一部分，下圖為打亂順序後的外觀：

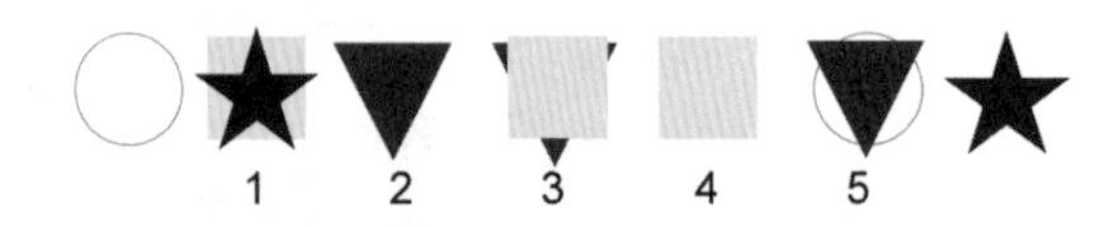

請問哪一個選項才是動畫 5 張照片的正確順序？

(A) 12345 (B) 54321 (C) 12453 (D) 52341

1-3-12 校園防疫看護義工組成

「安家大學」為配合政府防疫政策，組成校園防疫看護團隊，希望在任何系所需要義工協助時，義工只需通過單一道路，就可以抵達各系所的防護檢查點，此題假設在不考慮多個系所同時提出需求，請問校園防疫看護團隊的組成至少需要有幾人？

(A) 1 人　(B) 2 人
(C) 3 人　(D) 4 人

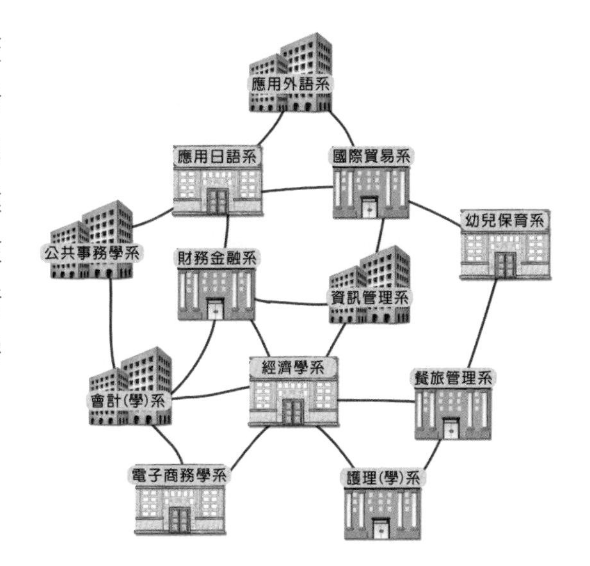

1-3-13 自動轉彎玩具汽車

有一部玩具汽車碰到交叉路口就會自動轉彎，並沿著路徑由上往下行進到最後目的地，請問從右圖中的起始點開始走，最後會走到哪一個出口？

(A) A 出口　(B) B 出口
(C) C 出口　(D) D 出口

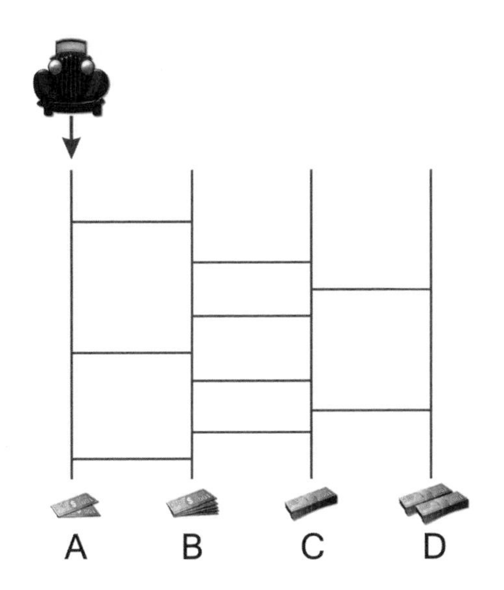

1-3-14 紅包抽抽樂機器人

一款微型自動紅包抽抽樂機器人，每個洞中放入了現金，這款小玩具中有三台機器人負責自動抽紅包，每台機器人會接收到相同的指令，並執行相同的動作。可接收的指令有 4 種：上、下、左、右，且機器人的動作是同步的，請問下列哪一個指令抽到的紅包金額最大？

10	5	20	100	10
20		50		5
100	50	5	20	50
10	100		10	20
20	5	50	50	30

(A) 左、上　　(B) 下、左

(C) 右、下　　(D) 上、下

1-3-15 尋寶遊戲樂無窮

在一個尋寶遊戲中，有幾個提示告知尋寶人寶物的位置，提示説明如下：

1. 寶物在 A 棟建築物的下方
2. 寶物在 B 棟建築物的右側
3. 寶物在 C 棟建築物的上方

請問哪一個選項最不可能是寶物的位置？

(A) 位置 1　　(B) 位置 2

(C) 位置 3　　(D) 位置 4

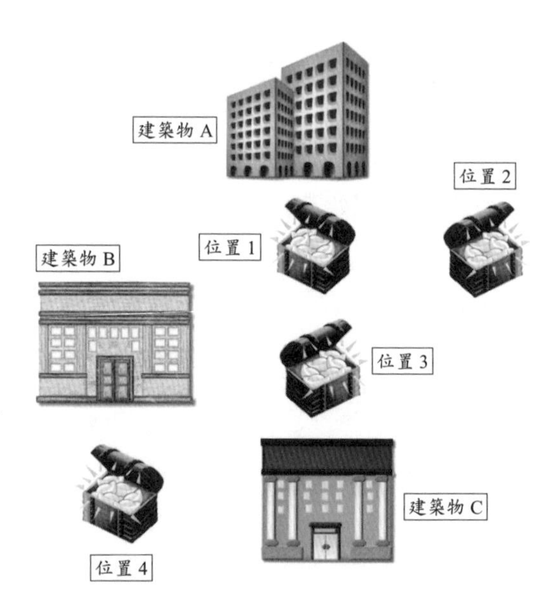

1-3-16 背包問題最佳解

「背包問題」是一種組合最佳化的經典問題，通常會利用貪婪演算法來取得最佳解。背包問題可以描述為：給定一組獎品，每種物品有自己的重量和價格，在限定總重量的情況下，如何選擇才能使總價格最高。(假設不能選擇重複的物品)。例如在一次社區尾牙的摸彩活動中，每位住戶可以準備一個載重小於或等於 10 kg 的置物袋，有如右圖的幾種獎品可以選擇：

請問在最佳的情況下，可以拿到最大價值的總金額為？

(A)2350 元　　(B)2250 元

(C)1950 元　　(D)2750 元

1-3-17 等差級數娃娃擺放櫃

史密斯小姐對於家中三角形外觀的娃娃有一定的擺放習慣，她習慣將娃娃由上而下、由左而右依序擺放，不過每擺放下一個娃娃時，會習慣和前一個娃娃相差兩個空位置，請問史密斯小姐放入 6 個娃娃後，三角櫃的擺放外觀為何？

(A) 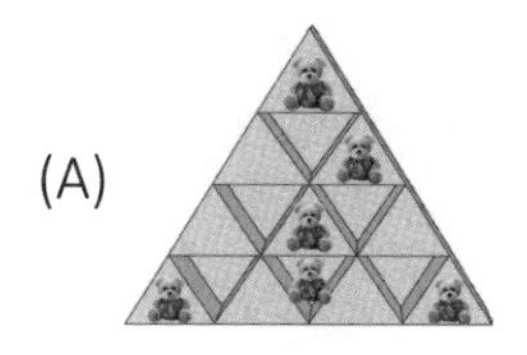

(B) 

(C) 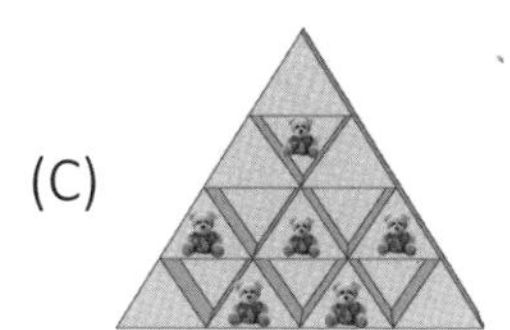

(D) 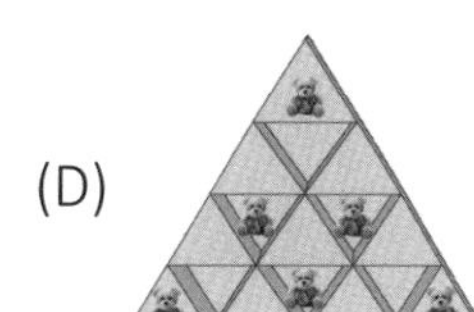

1-4 演算法的專家筆記

在韋氏辭典中將演算法定義為：「在有限步驟內解決數學問題的程式。」如果運用在計算機領域中，我們也可以把演算法定義成：「為了解決某一個工作或問題，所需要有限數目的機械性或重複性指令與計算步驟。」演算法是程式設計領域中最重要的關鍵，常常被視為設計電腦程式的第一步，也是一種計畫和問題的解決方法，這個方法裡面包含步驟跟指示。

沒有運算思維，電鍋也煮不出好吃的米飯，有了演算法，電腦也能煮出香噴噴的咖哩雞肉飯!

接下來當各位認識了演算法的定義後，我們還要說明描述演算法所必須符合的五個條件：

演算法特性	內容與說明
輸入（Input）	0 個或多個輸入資料，這些輸入必須有清楚的描述或定義。
輸出（Output）	至少會有一個輸出結果，不可以沒有輸出結果。
明確性（Definiteness）	每一個指令或步驟必須是簡潔明確而不含糊的。
有限性（Finiteness）	在有限步驟後一定會結束，不會產生無窮迴路。
有效性（Effectiveness）	步驟清楚且可行，能讓使用者用紙筆計算而求出答案。

1-4-1 演算法表現方式

日常生活中也有許多工作可以利用演算法來描述，例如員工的工作報告、寵物的飼養過程、廚師準備美食的食譜、學生的功課表等，甚至連我們平時經常使用的搜尋引擎都必須藉由不斷更新演算法來運作。

大企業面試也必須測驗演算法程度

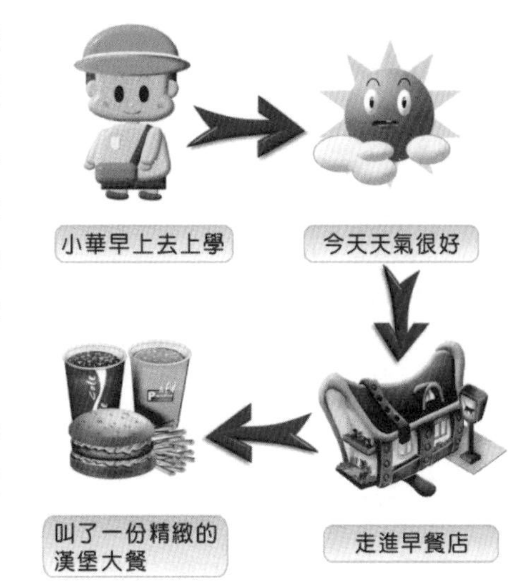

接下來要思考的是該用什麼方法來表達演算法最為適當呢？其實演算法的主要目的是在提供給人們閱讀了解所執行的工作流程與步驟，演算法則是學習如何解決事情的辦法，只要能夠清楚表現演算法的五項特性即可。常用的演算法有一般文字敘述如中文、英文、數字等，特色是使用文字或語言敘述來說明演算步驟，右圖為學生小華早上上學並買早餐的簡單文字演算法。

流程圖（Flow Diagram）則是一種程式設計領域中最通用的演算法表示法，必須使用某些特定圖形符號。為了流程圖之可讀性及一致性，目前通用美國國家標準協會 ANSI 制定的統一圖形符號。以下說明一些常見的符號：

流程圖就是一個程式設計前的規劃藍圖

名稱	說明	符號
起止符號	表示程式的開始或結束	（圓角矩形）
輸入 / 輸出符號	表示資料的輸入或輸出的結果	（平行四邊形）
程序符號	程序中的一般步驟，程序中最常用的圖形	（矩形）

名稱	說明	符號
決策判斷符號	條件判斷的圖形	◇
文件符號	導向某份文件	
流向符號	符號之間的連接線，箭頭方向表示工作流向	↓ →
連結符號	上下流程圖的連接點	○

例如請畫出：輸入一個數值，並判別是奇數或偶數的流程圖。

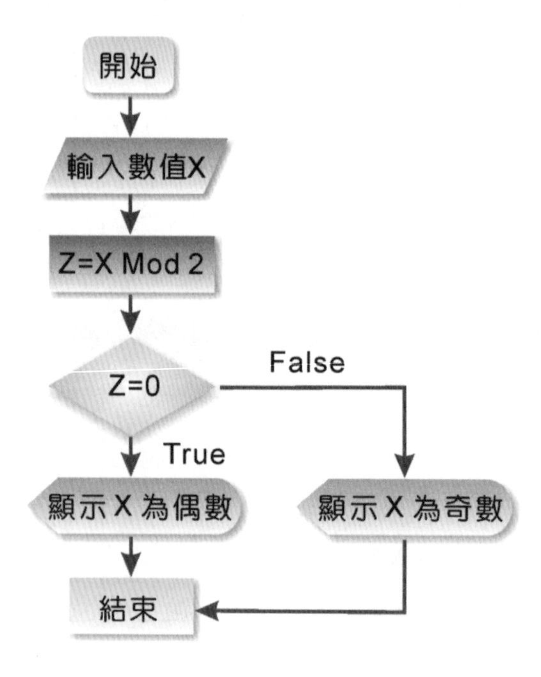

1-4-2 資料結構的秘密

科學家們當初試圖建造電腦的主要原因之一，就是用來儲存及管理一些數位化資料，這也是最初資料結構觀念的緣起。因為當我們要求電腦解決問題時，必須以電腦能快速了解的模式來描述問題，資料結構就是各種描述資料的方法，也就是指電腦中儲存資料的基本架構。

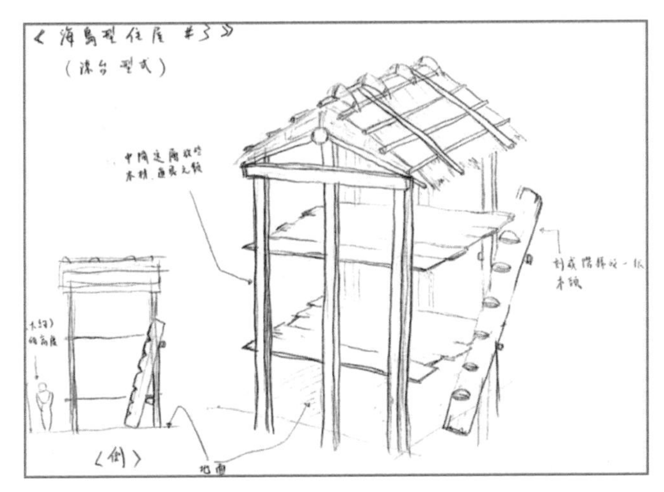

寫程式就像蓋房子一樣，得先規劃出房子的結構圖

簡單來說，資料結構的定義就是一種輔助程式設計最佳化的方法論，它不僅討論到儲存的資料與儲存資料的方法，同時也考慮到彼此之間的關係與運算，達到讓程式加快執行速度與減少記憶體佔用空間等功用。

圖書館的書籍管理也是一種資料結構的應用

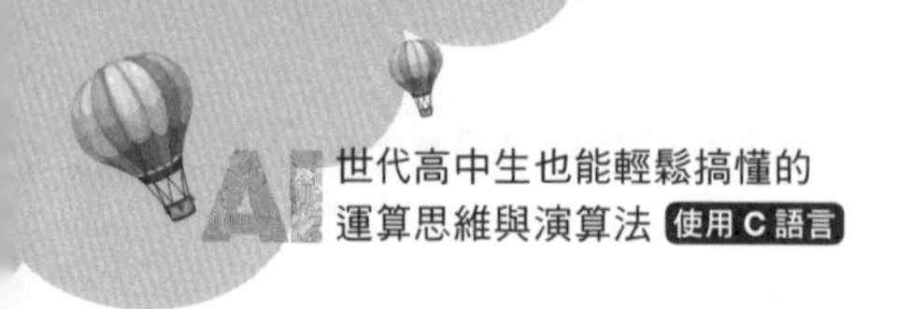

資料結構無疑就是資料進入電腦化處理的一套完整邏輯，決定了電腦中資料的順序與存放在記憶體中的位置。

TIPS 資料（Data）指的就是一種未經處理的原始文字（Word）、數字（Number）、符號（Symbol）或圖形（Graph）等，例如姓名或我們常看到的課表、通訊錄等等都可泛稱是一種「資料」。當資料經過處理（Process）過程，以特定的方式有系統的整理、歸納甚至進行分析後，就成為「資訊」（Information）。

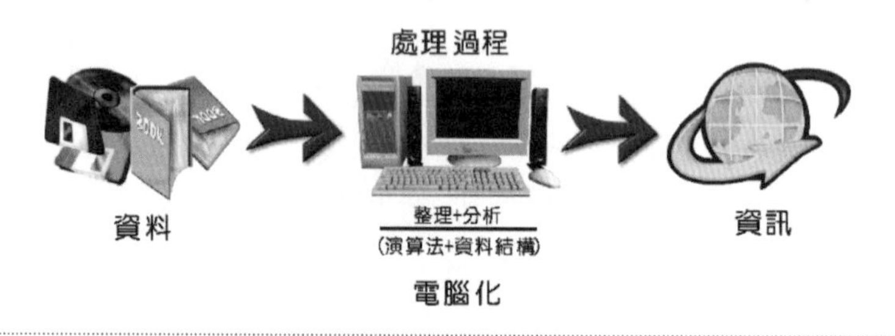

我們知道一個程式能否快速而有效率的完成預定的任務，取決於是否選對了資料結構，而程式是否能清楚而正確的把問題解決，則取決於演算法。所以各位可以直接這麼認為：「資料結構加上演算法等於有效率的可執行程式。」

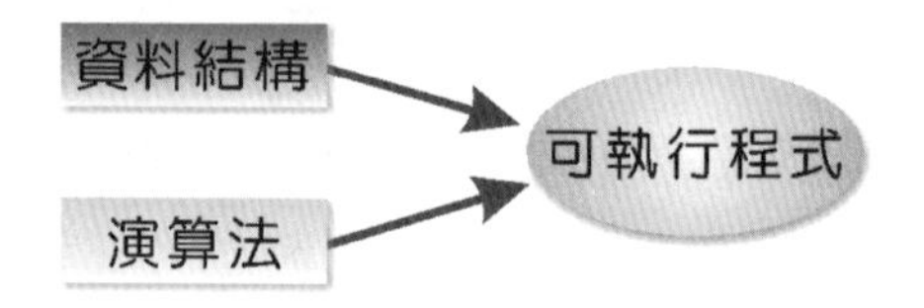

程式設計師必須選擇各種資料結構來進行資料的新增、修改、刪除、儲存等動作，當資料儲存在記憶體中，根據目的妥善結構化資料，就能提高使用效率，如果在選擇資料結構時作了錯誤的決定，那程式執行起來的速度將可能變得非常沒有效率，甚至如果選錯了資料型態，那後果更是不堪設想。

不同種類的資料結構適合於不同種類的程式應用，選擇適當的資料結構是讓演算法發揮最大效能的主要考慮因素，精心選擇的資料結構可以帶來較有效

率的演算法。然而，不管是哪種情況，資料結構的選擇都是至關重要的，例如許多超人氣的資料結構，有陣列、鏈結串列、堆疊、佇列、樹狀結構、圖形、雜湊表等。

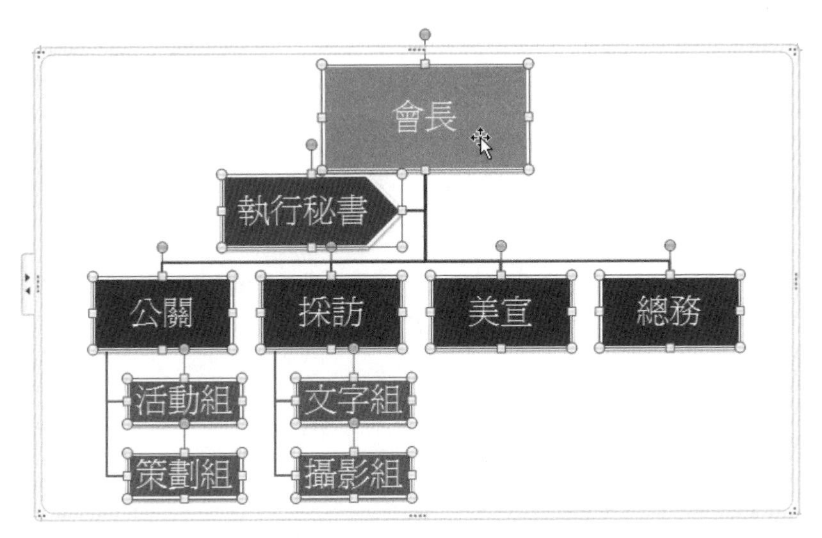

學校社團的組織圖就是樹狀結構的應用

1-5 演算法快樂初體驗

懂得善用演算法，當然是培養程式設計邏輯的重要步驟，許多實際的問題都有多個可行的演算法來解決，但是要從中找出最佳的解決演算法卻是一個挑戰。本節中將介紹一些有趣實用的演算法，讓各位腦筋急轉彎一下。

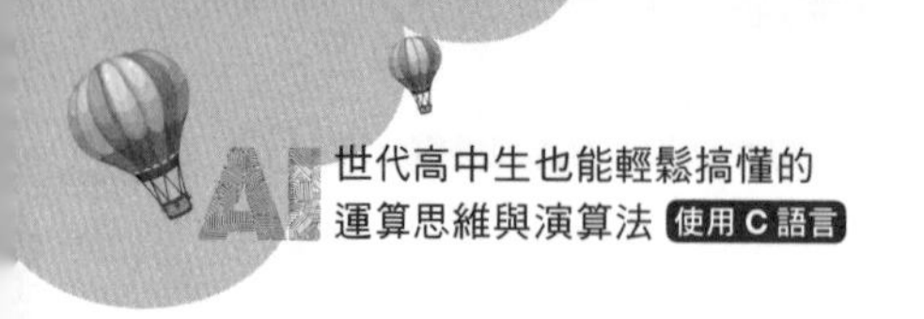

1-5-1 古怪的巴斯卡三角形

巴斯卡（Pascal）三角形演算法，基本上就是計算出每一個三角形位置的數值。在巴斯卡三角形上的每一個數字各對應一個 ${}_{r}C_{n}$，其中 r 代表 row（列），而 n 為 column（欄），其中 r 及 n 都由數字 0 開始。巴斯卡三角形如下：

$${}_{0}C_{0}$$

$${}_{1}C_{0} \quad {}_{1}C_{1}$$

$${}_{2}C_{0} \quad {}_{2}C_{1} \quad {}_{2}C_{2}$$

$${}_{3}C_{0} \quad {}_{3}C_{1} \quad {}_{3}C_{2} \quad {}_{3}C_{3}$$

$${}_{4}C_{0} \quad {}_{4}C_{1} \quad {}_{4}C_{2} \quad {}_{4}C_{3} \quad {}_{4}C_{4}$$

巴斯卡三角形對應的數據如下圖所示：

至於如何計算三角形中的 rCn，各位可以使用以下的公式：

$${}_{r}C_{0} = 1$$
$${}_{r}C_{n} = {}_{r}C_{n-1} * (r - n + 1) / n$$

上述兩個式子所代表的意義是每一列的第 0 欄的值一定為 1。例如：${}_{0}C_{0}$ = 1、${}_{1}C_{0}$ = 1、${}_{2}C_{0}$ = 1、${}_{3}C_{0}$ = 1..... 以此類推。

一旦每一列的第 0 欄元素的值為數字 1 確立後，該列的每一欄的元素值，都可以由同一列前一欄的值，依據底下公式計算得到：

$$ {}_{r}C_{n} = {}_{r}C_{n-1} * (r - n + 1) / n $$

舉例來說：

(1) 第 0 列巴斯卡三角形的求值過程：

當 r=0，n=0，即第 0 列（row=0）、第 0 欄（column=0），所對應的數字為 0。

此時的巴斯卡三角形外觀如下：

1

(2) 第 1 列巴斯卡三角形的求值過程：

- 當 r=1，n=0，代表第 1 列第 0 欄，所對應的數字 ${}_{1}C_{0}$=1。
- 當 r=1，n=1，即第 1 列 (row=1)、第 1 欄 (column=1)，所對應的數字 ${}_{1}C_{1}$。

請代入公式 rCn = rCn-1 *(r- n + 1)/ n：（其中 r=1，n=1）

可以推衍出底下的式子：

```
1C1 = 1C0 * (1 - 1 + 1) / 1=1*1=1
```

得到的結果是 ${}_{1}C_{1}$=1

此時的巴斯卡三角形外觀如下：

1

1　　1

(3) 第 2 列巴斯卡三角形的求值過程：

依上述的計算每一列中各元素值的求值過程，可以推得 ${}_{2}C_{0}$=1、${}_{2}C_{1}$=2、${}_{2}C_{2}$=1。

此時的巴斯卡三角形外觀如下：

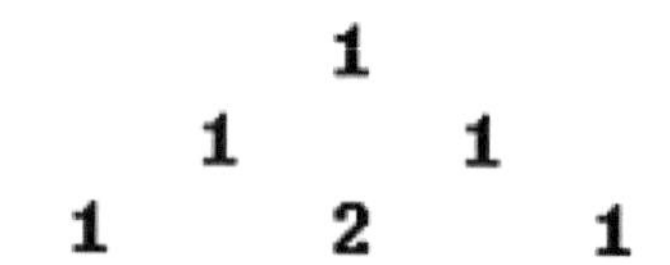

(4) 第 3 列巴斯卡三角形的求值過程：

依上述的計算每一列中各元素值的求值過程，可以推得 ${}_3C_0$=1、${}_3C_1$=3、${}_3C_2$=3、${}_3C_3$=1。

此時的巴斯卡三角形外觀如下：

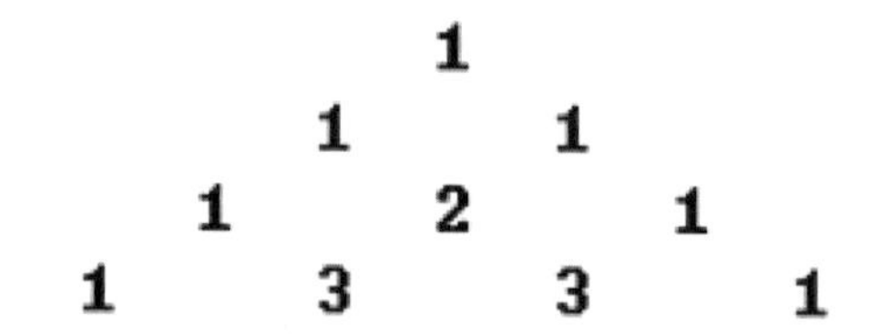

同理，可以陸續推算出第 4 列、第 5 列、第 6 列、…等所有巴斯卡三角形各列的元素。

1-5-2 各個擊破的枚舉法

枚舉法是常見的數學方法，在數量關係中也是較為基礎的方法，算是在日常中使用到最多的一個演算法，核心思想就是當我們發現題目中並沒有用到我們所學的公式或者方程式時，根據問題要求，一一枚舉出所有問題的解答，最終達到解決整個問題的目的，枚舉演算法的最大缺點就是速度太慢。

接下來所舉的例子也很有趣，我們把 3 個相同的小球放入 A，B，C 三個小盒中，請問共有多少種不同的放法？分析枚舉法的關鍵是分類，本題分類的方法有很多，如可以分成這樣三類：3 個球放在一個盒子裡，2 個球放在一個盒子裡，另一個球放一個盒子裡，3 個球分 3 個盒子放。

第一類：3 個球放在一個盒子裡會有以下三種可能性：

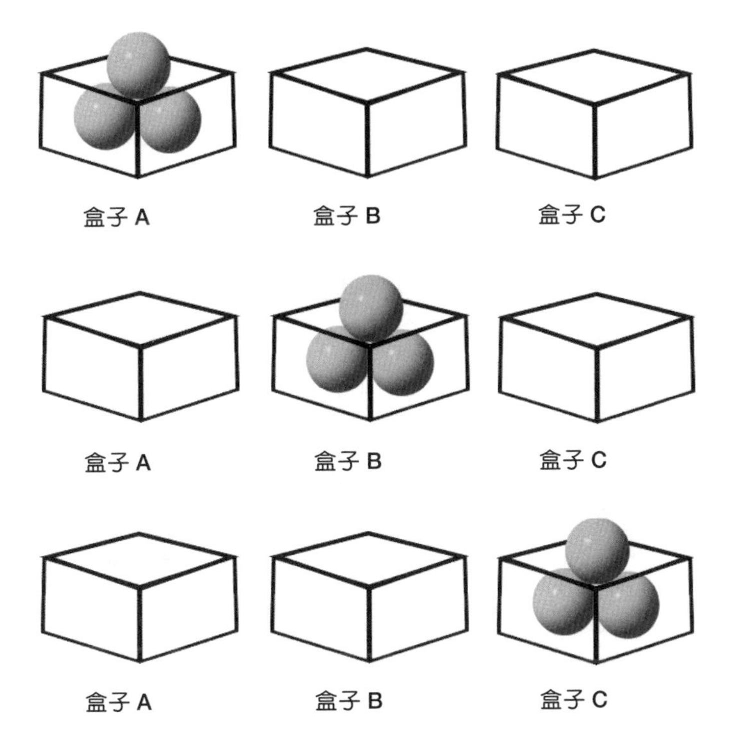

第二類：2 個球放在一個盒子裡，另一個球放一個盒子裡會有以下六種可能性：

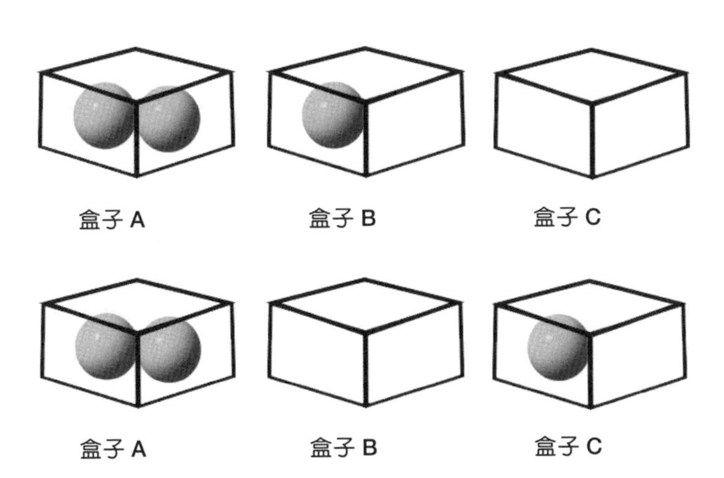

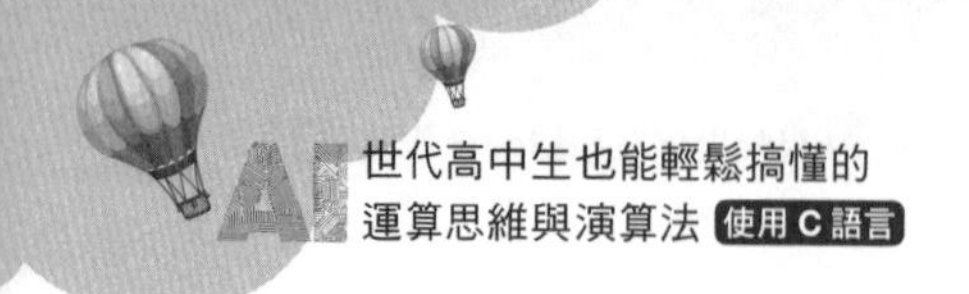

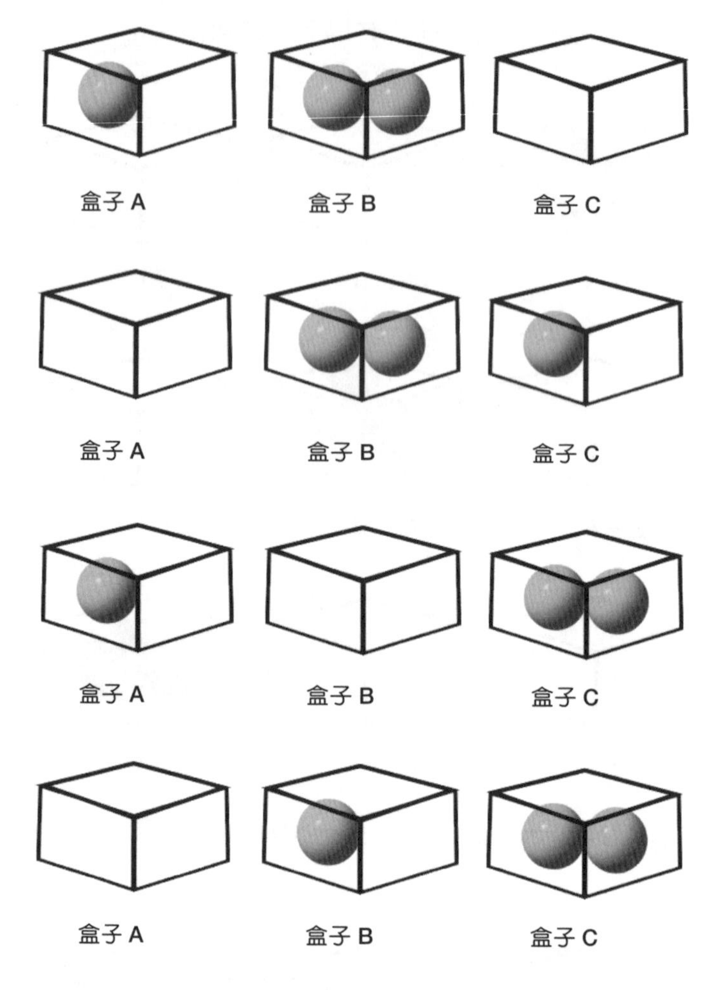

第三類：3 個球分 3 個盒子放，會有以下一種可能性：

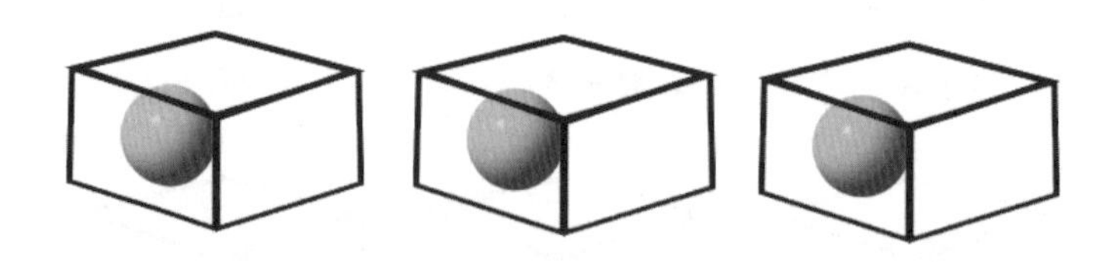

上述 10 種方式便是依據枚舉法的精神所找出的。

1-5-3 質數求解演算法

所謂質數是一種大於 1 的數，除了自身之外，無法被其他整數整除的數，例如：2,3,5,7,11,13,17,19,23,.....。如何快速求出質數，在此特別推薦 Eratosthenes 求質數方法。首先假設要檢查的數是 N，接著請依下列的步驟說明，就可以判斷數字 N 是否為質數？在求質數中過程，可以適時運用一些技巧以減少迴圈的檢查次數，來加速質數的判斷工作。

除了判斷一個數是否為質數外，另外一個衍生的問題就是如何求出小於 N 的所有質數？在此也會一併說明。要求質數很簡單，這個問題可以使用迴圈將數字 N 除以所有小於它的數，若可以整除就不是質數，而且只要檢查至 N 的開根號就可以了。

這是因為如果 N=A*B，如果 A 大於 N 的開根號，但在小於 A 之前就已先檢查過 B 這個數。由於開根號常會碰到浮點數精確度的問題，因此為了讓迴圈檢查的速度加快，也可以使用整數 i 及 i * i <= N 的判斷式來決定要檢查到哪一個數就停止。

參考程式碼：[CH01_01.c]

```
01   i=2;
02   while (i<=n)
03   {
04        no_prime=0;
05        for (j=2;j<i;j++)
06             if (i%j==0)
07             {
08                  no_prime=1;
09                  break;/* 跳出迴圈 */
10             }
11   }
```

【執行結果】

```
請輸入n的值,n表示2~n之間的所有質數:50
2 3 5 7 11 13 17 19 23 29 31 37 41 43 47

--------------------------------

Process exited after 1.868 seconds with return value 0
請按任意鍵繼續 . . .
```

1-5-4 青蛙跳臺階演算法

青蛙跳臺階演算法情況是一隻青蛙一次可以跳上 1 個臺階，也可以跳上 2 個臺階，求該青蛙跳上 n 個臺階總共有多少種跳法。說明如下：

1 個臺階：

只有1種跳法, 即JumpStep[1]=1

2 個臺階：

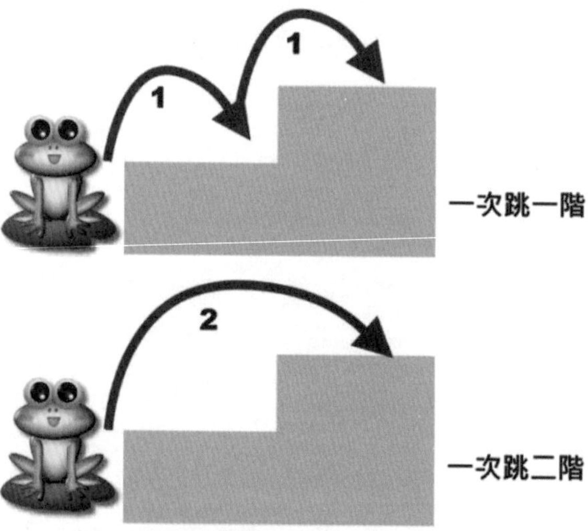

共有2種跳法, 即JumpStep[2]=2

3 個臺階的情形可以分析成底下兩種情況：

1. 可以由最後只跳一個臺階而得，此時和 JumpStep[2] 情況相同。
2. 也可以由最後只跳兩個臺階而得，此時和 JumpStep[1] 情況相同。

   也就是說：

   JumpStep[3]= JumpStep[3-1]+ JumpStep[3-2]

   = JumpStep[2] +JumpStep[1]

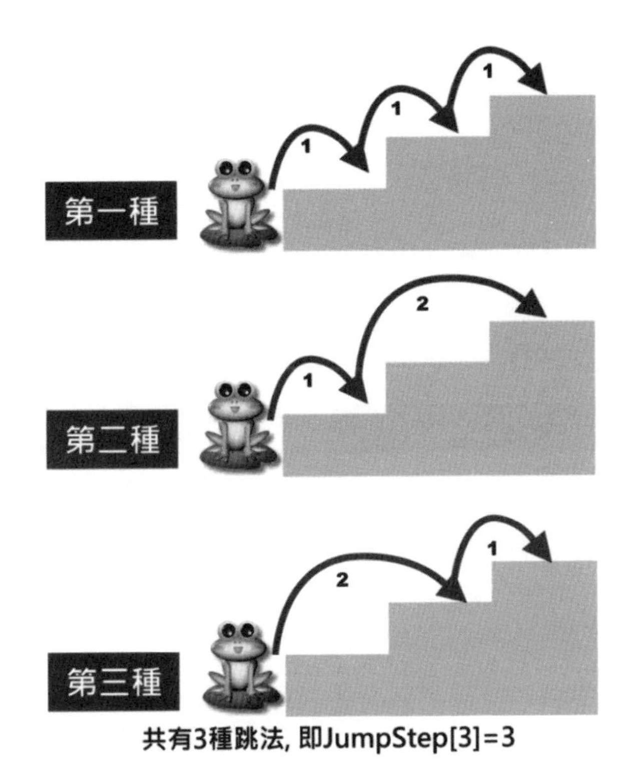

共有3種跳法, 即JumpStep[3]=3

最後可以得到解題的通式為：

JumpStep[n]= JumpStep[n-1]+ JumpStep[n-2]

課後評量

1. 請簡述大數據（Big Data）及其特性。

2. 請問以下 C 程式片段是否相當嚴謹地表現出演算法的意義？

```
01  count = 0;
02  while(count < > 3)
```

3. 演算法必須符合哪五項條件？

4. 請簡述機器學習（ML）。

5. 請簡述人工智慧（AI）。

6. 請簡介 GPU（Graphics Processing Unit）。

7. 邏輯閘左方有 1 個或 2 個輸入，右方為輸出，其輸出不是 0 就是 1，以下為三種邏輯閘真值表的說明：

<table>
<tr><th>符號說明</th><th>真值表</th></tr>
<tr><td>A, B → X
及閘（AND gate）</td><td>
<table>
<tr><td>A</td><td>B</td><td>X = A · B</td></tr>
<tr><td>0</td><td>0</td><td>0</td></tr>
<tr><td>0</td><td>1</td><td>0</td></tr>
<tr><td>1</td><td>0</td><td>0</td></tr>
<tr><td>1</td><td>1</td><td>1</td></tr>
</table>
</td></tr>
<tr><td>A, B → X
或閘（OR gate）</td><td>
<table>
<tr><td>A</td><td>B</td><td>X = A + B</td></tr>
<tr><td>0</td><td>0</td><td>0</td></tr>
<tr><td>0</td><td>1</td><td>1</td></tr>
<tr><td>1</td><td>0</td><td>1</td></tr>
<tr><td>1</td><td>1</td><td>1</td></tr>
</table>
</td></tr>
</table>

<table>
<tr><th>符號說明</th><th>真值表</th></tr>
<tr><td>A——▷○——X
反向器（Invertor）</td><td><table><tr><td>A</td><td>$X = \overline{A}$</td></tr><tr><td>0</td><td>1</td></tr><tr><td>1</td><td>0</td></tr></table></td></tr>
</table>

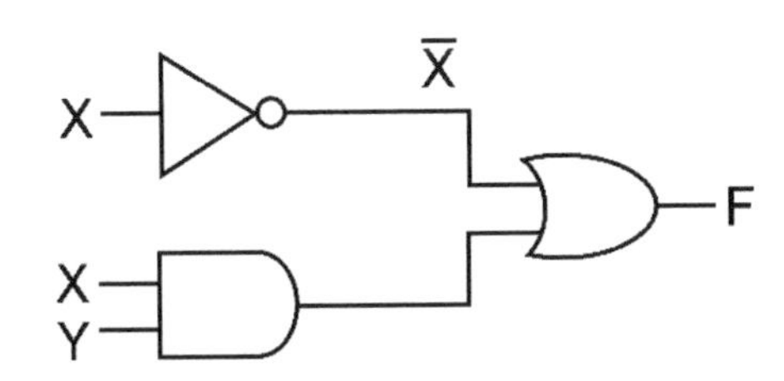

請問在哪一種情況下 F 的輸出結果為 OFF ？

(A) X 為 OFF，Y 為 OFF

(B) X 為 OFF，Y 為 ON

(C) X 為 ON，Y 為 OFF

(D) X 為 ON，Y 為 ON

運算思維動動腦解答

1-3-1 線上軟體通關密碼

解答 **(A)** 其中選項 (B) 只有一個特殊字元，不符合條件 (3)。

其中選項 (C) 沒有任何特殊字元，不符合條件 (3)。

其中選項 (D) 沒有大寫英文字母，不符合條件 (1)。

1-3-2以數字加密提高資訊安全

解答 **(B)** 12345678901234567890 1234

加密後的示意圖如右圖：

從上圖的加密後的示意圖，可以得知原始訊息由上到下每 6 個字為一行依序讀取，得到的數字為選項 (B)12345678901234567890 1234。

1	7	3	9
2	8	4	0
3	9	5	1
4	0	6	2
5	1	7	3
6	2	8	4

1-3-3 三分球比賽燈號記錄器

解答 **(A)**

1-3-4 動物園巡邏最佳化路線

解答 **(B)** 321542534

1-3-5 餐飲轉盤

解答 **(A)**

1-3-6 繪圖機器人

解答 **(A)**

1-3-7 將影像以字串編碼

解答 **(A)**

1-3-8 電腦繪圖指令實作

解答 **(B)** BT (BC SR)2 BC BR

1-3-9 炸彈超人遊戲

解答 **(C)** 第 4 列第 2 行的女玩家

其中各選項中的玩家周圍的炸彈數量分別如下：

(A) 第 2 列第 2 行的男玩家周圍的炸彈數量為 4 個。

(B) 第 2 列第 4 行的女玩家周圍的炸彈數量為 4 個。

(C) 第 4 列第 2 行的女玩家周圍的炸彈數量為 5 個。

(D) 第 5 列第 5 行的男玩家周圍的炸彈數量為 2 個。

1-3-10 高雄愛河雷射字母秀

解答 **(D)**

1-3-11 定格動畫

解答 **(D)** 52341

1-3-12 校園防疫看護義工組成

解答 **(C)** 3 人

此處參考解答可以將校園防疫看護義工設服務據點在「應用日語系」、「經 濟學系」、「幼兒保育系」這三個系所安排一位義工，如此一來，當各系所有提供需要防疫義工照顧或協助時，就可以只需通過單一一條校園道路就可以抵達學校各系所的防護檢查點。

1-3-13 自動轉彎玩具汽車

解答 **(A)** A 出口

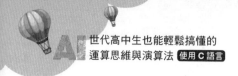

1-3-14 紅包抽抽樂機器人

解答 **(B)** 下、左

(A) 20+100+50+5+5+100=280

(B)50+50+20+20+100+50=290

(C)50+10+5+50+50+20=185

(D)5+5+100+50+50+20=230

1-3-15 尋寶遊戲樂無窮

解答 **(D)** 位置 4

1-3-16 背包問題最佳解

解答 **(A)** 2350 元，即 1000(1 kg)+700(4 kg)+450(2 kg)+200(3 kg)=2350 元

1-3-17 等差級數娃娃擺放櫃

解答 **(A)**

Chapter

02

方便實用的置物櫃：陣列演算法

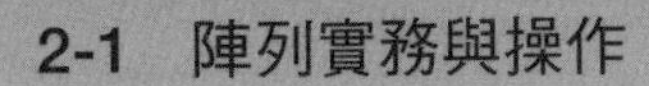

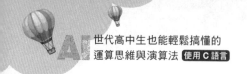

「陣列」(Array)結構就是一排緊密相鄰的可數記憶體，並提供一個能夠直接存取單一資料內容的資料結構。各位可以想像成健身房中使用的置物櫃，每個置物櫃都有編號，根據編號就能存取置物櫃中的物品。在程式撰寫時，只要使用單一陣列名稱配合索引值(Index)，就能處理一群相同型態的資料。

陣列就像自己家前面的信箱，每個信箱都有住址，而信箱號碼就是索引。

2-1 陣列實務與操作

通常程式語言的陣列實作之使用可以區分為一維陣列、二維陣列與多維陣列等等，其基本的運作原理都相同。如果想要存取陣列中的資料時，則配合索引值找出資料在陣列的位置。其實多維陣列(二維或以上陣列)也必須在一維的實體記憶體中表示，因為記憶體位置都是依線性順序遞增。依照不同的語言，又可區分為兩種方式：

- **以列為主(Row-major)**：一列一列來依序儲存，例如 C/C++、Java、PASCAL 語言的陣列存放方式。
- **以行為主(Column-major)**：一行一行來依序儲存，例如 Fortran 語言的陣列存放方式。

「動動腦」 陣列於某些應用上相當方便，請問 (1) 何種情況下不適用？(2) 如果原有 n 筆資料，請計算欲插入一筆新資料，平均需要移動幾筆資料？

解答 (1) 陣列中同時加入或刪除多筆資料時，會造成資料的大量移動，此種狀況非常不方便。

(2) 因為可能插入位置的機率都一樣為 1/n，所以平均移動資料的筆數為（求期望值）。

$$E=1*\frac{1}{n}+2*\frac{1}{n}+3*\frac{1}{n}+\cdots\cdots+n*\frac{1}{n}$$

$$=\frac{1}{n}*\frac{n*(n+1)}{2}=\frac{n+1}{2}\text{ 筆}$$

2-1-1 一維陣列

在 C 語言中，一維陣列的語法宣告如下：

```
資料型態　陣列名稱 [ 陣列長度 ];
```

- **資料型態**：表示該陣列存放的資料型態，可以是基本的資料型態（如 int，float，char…等），或延伸的資料型態，如結構型態（struct）等。
- **陣列名稱**：命名規則與變數相同。
- **元素個數**：表示陣列可存放的資料個數，為一個正整數常數，且陣列的索引值是從 0 開始。若是只有中括號，即沒有指定常數值，表示是定義不定長度的陣列（陣列的長度會由設定初始值的個數決定）。

例如在 C 語言中定義如下的一維陣列，可以如右圖表示：

```
int Score[5];
```

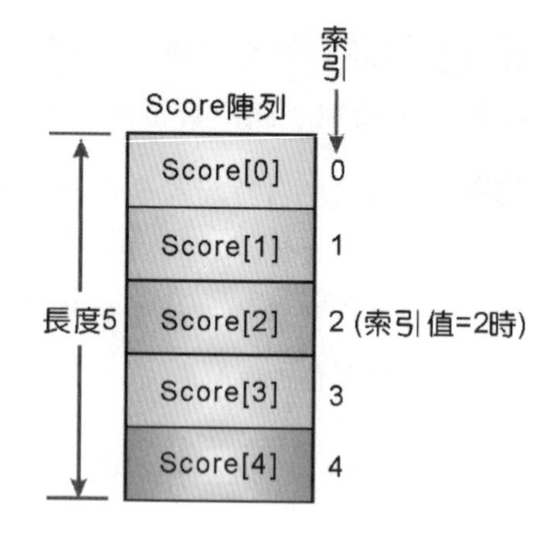

「動動腦」假設 A 為一個具有 1000 個元素的陣列，每個元素為 4 個位元組的實數，若 A[500] 的位置為 1000_{16}，請問 A[1000] 的位址為何？

解答 本題很簡單，主要是位址以 16 進位法表示

$$\rightarrow loc(A[1000]) = loc(A[500]) + (1000-500)*4$$

$$= 4096(1000_{16}) + 2000 = 6096$$

2-1-2 二維陣列

二維陣列（Two-dimension Array）可視為一維陣列的延伸，都是處理相同資料型態資料，差別只在於維度的宣告。例如一個含有 m*n 個元素的二維陣列 A(1:m, 1:n)，m 代表列數，n 代表行數，則 A[4][4] 陣列中各個元素在直觀平面上的排列方式如下：

	行[0]	行[1]	行[2]	行[3]	行[4]
列[0]	[0][0]	[0][1]	[0][2]	[0][3]	[0][4]
列[1]	[1][0]	[1][1]	[1][2]	[1][3]	[1][4]
列[2]	[2][0]	[2][1]	[2][2]	[2][3]	[2][4]

當然在實際的電腦記憶體中是無法以矩陣方式儲存，仍然必須以線性方式，視為一維陣列的延伸來處理。通常依照不同的語言，又可區分為兩種方式：

以列為主（Row-major）

存放順序為 $a_{11},a_{12},...a_{1n},a_{21},a_{22},...,..a_{mn}$，假設 α 為陣列 A 在記憶體中起始位址，d 為單位空間，那麼陣列元素 a_{ij} 與記憶體位址則有下列關係：

$$Loc(a_{ij})=\alpha+n*(i-1)*d+(j-1)*d$$

以行為主（Column-major）

存放順序為 $a_{11},a_{21},...a_{m1},a_{12},a_{22},...,..a_{mn}$，假設 α 為陣列 A 在記憶體中起始位址，d 為單位空間，那麼陣列元素 a_{ij} 與記憶體位址則有下列關係：

$$Loc(a_{ij})=\alpha+(i-1)*d+m*(j-1)*d$$

了解以上的公式後，我們在此以下圖為各位說明。如果宣告陣列 A(1:2, 1:4)，表示法如右：

	第1行	第2行	第3行	第4行
第1列	A(1,1)	A(1,2)	A(1,3)	A(1,4)
第2列	A(2,1)	A(2,2)	A(2,3)	A(2,4)

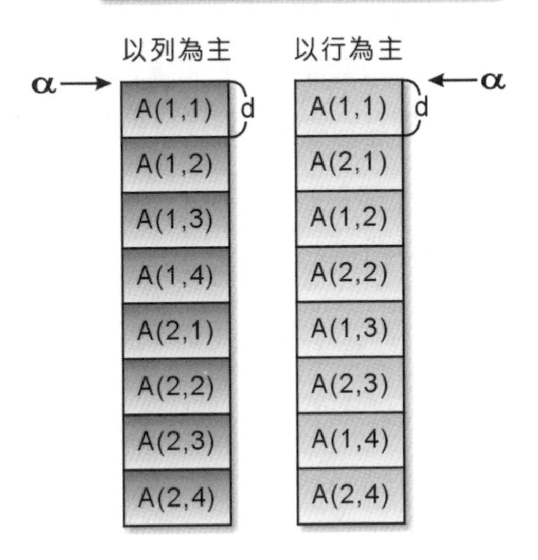

以上兩種計算陣列元素位址的方法，都是以 A(m,n) 或寫成 A(1:m,1:n) 的方式來表示，這樣的方式稱為簡單表示法，且 m 與 n 的起始值一定都是 1。如果我們把陣列 A 宣告成 $A(l_1:u_1,l_2:u_2)$，且對任意 a_{ij}，有 $u_1 \ge i \ge l_1$，$u_2 \ge j \ge l_2$，這種方式稱為「註標表示法」。此陣列共有 (u_1-l_1+1) 列，(u_2-l_2+1) 行。那麼位址計算公式和上面以簡單表示法有些不同，假設 α 仍為起始位址，而且 $m=(u_1-l_1+1),n=(u_2-l_2+1)$。則可導出下列公式：

以列為主（Row-major）

$Loc(a_{ij})=\alpha+((i-l_1+1)-1)*n*d+((j-l_2+1)-1)*d$

$=\alpha+(i-l_1)*n*d+(j-l_2)*d$

以行為主（Column-major）

$Loc(a_{ij})=\alpha+((i-l_1+1)-1)*n*d+((j-l_2+1)-1)*d$

$=\alpha+(i-l_1)*d+(j-l_2)*m*d$

在 C 語言中，二維陣列的宣告格式如下：

```
資料型態 二維陣列名稱 [ 列大小 ] [ 行大小 ] ;
```

以 arr[3][5] 說明，arr 為一個 3 列 5 行的二維陣列，也可以視為 3*5 的矩陣。在存取二維陣列中的資料時，使用的索引值仍然是由 0 開始計算。

動動腦 **現有一二維陣列 A，有 3*5 個元素，陣列的起始位址 A(1,1) 是 100，以列為主（Row-major）排列，每個元素佔 2bytes，請問 A(2,3) 的位址？**

解答 直接代入公式，Loc(A(2,3))=100+(2-1)*5*2+(3-1)*2=114

動動腦 **行列式（Determinant）是數學中的一個函數，可以算出一個值的表達方式，用圖像化的方式讓它變得更好做計算和理解，我們將利用二維陣列的方式來撰寫一個求二階行列式程式範例。二階行列式的計算公式為：**

$$\triangle=\begin{vmatrix} a1 & b1 \\ a2 & b2 \end{vmatrix}=a1*b2-a2*b1$$

參考程式碼：**[CH02_01.c]**

```
sum = arr[0][0]*arr[1][1]-arr[0][1]*arr[1][0];/* 求二階行列式的值 */
```

【執行結果】

```
|a1 b1|
|a2 b2|
請輸入a1:2
請輸入b1:1
請輸入a2:3
請輸入b2:2
|2 1|
|3 2|
sum=1

--------------------------------
Process exited after 9.373 seconds with return value 0
請按任意鍵繼續 . . .
```

2-1-3 三維陣列

三維陣列的表示法和二維陣列一樣，都可視為是一維陣列的延伸，如果陣列為三維陣列時，可以看作是一個立方體。以下是將 arr[2][3][4] 三維陣列想像成空間上的立方體圖形：

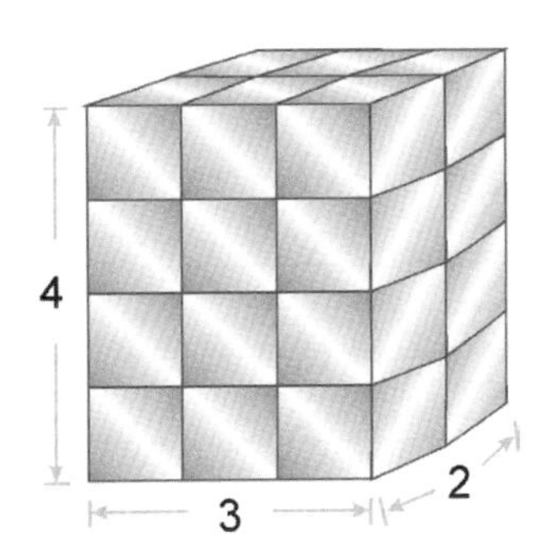

三維陣列若以線性的方式來處理，一樣可分為「以列為主」和「以行為主」兩種方式。如果陣列 A 宣告為 $A(1{:}u_1,1{:}u_2,1{:}u_3)$，表示 A 為一個含有 $u_1*u_2*u_3$ 元素的三維陣列。我們可以把 A(i,j,k) 元素想像成空間上的立方體圖：

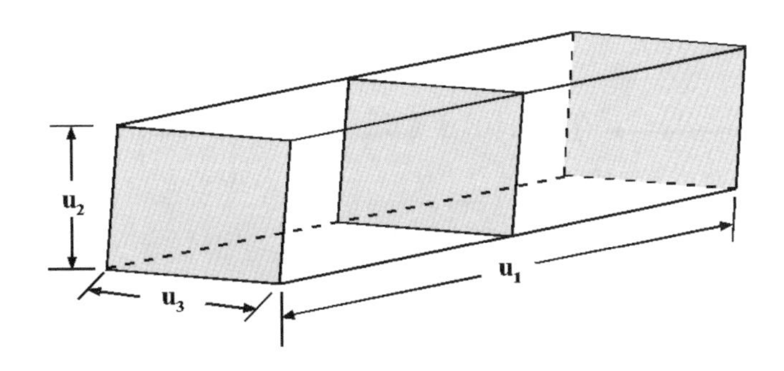

以列為主（Row-major）

我們可以將陣列 A 視為 u_1 個 u_2*u_3 的二維陣列，再將每個陣列視為有 u_2 個一維陣列，每一個一維陣列可包含 u_3 的元素。另外每個元素有 d 個單位空間，且 α 為陣列起始位址。

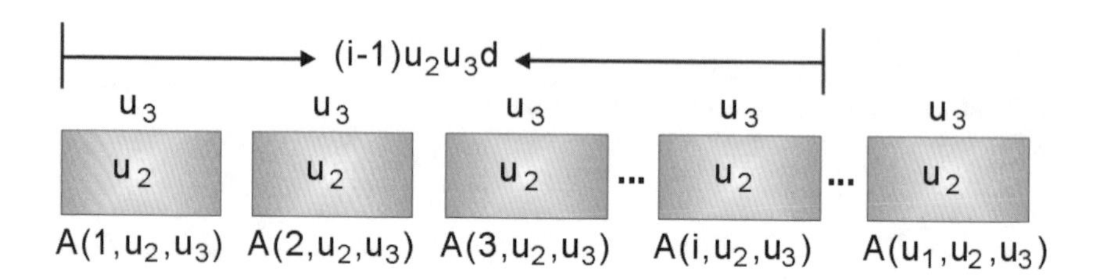

在想像轉換公式時，只要知道我們最終是要把 A(i,j,k) 看看它是在一直線排列的第幾個，所以很簡單可以得到以下位址計算公式：

```
Loc(A(i,j,k))=α+(i-1)u₂u₃d+(j-1)u₃d+(k-1)d
```

若陣列 A 宣告為 $A(l_1{:}u_1,l_2{:}u_2,l_3{:}u_3)$ 模式，則

```
a=u₁-l₁+1,b=u₂-l₂+1,c=u₃-l₃+1;
Loc(A(i,j,k))=α+(i-l₁)bcd+(j-l₂)cd+(k-l₃)d
```

以行為主（Column-major）

將陣列 A 視為 u_3 個 u_2*u_1 的二維陣列，再將每個二維陣列視為有 u_2 個一維陣列，每一陣列含有 u_1 個元素。每個元素有 d 單位空間，且 α 為起始位址：

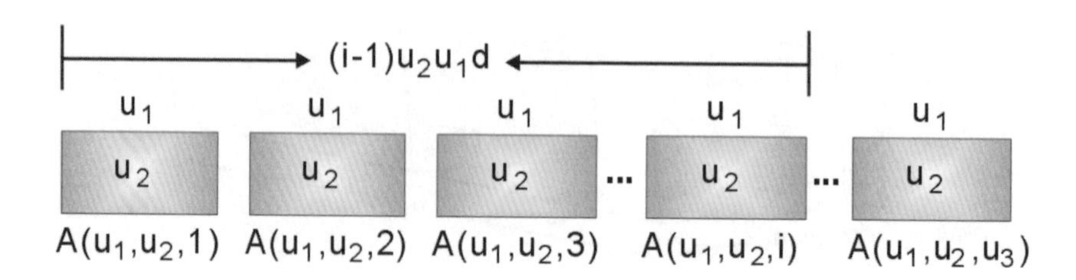

可以得到下列的位址計算公式：

```
Loc(A(i,j,k))=α+(k-1)u₂u₁d+(j-1)u₁d+(i-l)d
```

若陣列宣告為 $A(l_1:u_1,l_2:u_2,l_3:u_3)$ 模式，則

```
a=u₁-l₁+1,b=u₂-l₂+1,c=u₃-l₃+1;
Loc(A(i,j,k))=α+(k-l₃)abd+(j-l₂)ad+(i-l₁)d
```

如果陣列 A 宣告為 $A(1:u_1,1:u_2,1:u_3)$，表示 A 為含有 $u_1*u_2*u_3$ 元素的三維陣列。

動動腦 **A(6,4,2) 是以列為主方式排列，若 α=300，且 d=1，求 A(4,4,1) 的位址。**

解答 這題是以列為主（Row-Major），我們直接代入公式即可：

Loc(A(4,4,1))=300+(4-1)*4*2*1+(4-1)*2*1+(1-1)*1=300+24+6=330

動動腦 **假設有以列為主排列的程式語言，宣告 A(1:3,1:4,1:5) 三維陣列，且 Loc(A(1,1,1))= 100，請求出 Loc(A(1,2,3))= ？**

解答 直接代入公式：Loc(A(1,2,3))=100+(1-1)*4*5*1+(2-1)*5*1+(3-1)*1=107

2-2 矩陣運算演算法

從數學的角度來看，對於 m*n 矩陣（Matrix）的形式，可以利用電腦中 A(m,n) 二維陣列來描述，因此許多矩陣的相關運算與應用，都是使用電腦中的陣列結構來解決。如下圖 A 矩陣，各位是否立即想到了一個宣告為 A(1:3,1:3) 的二維陣列。

$$A=\begin{bmatrix} a_{11} & a_{12} & a_{13} \\ a_{21} & a_{22} & a_{23} \\ a_{31} & a_{32} & a_{33} \end{bmatrix}_{3\times3}$$

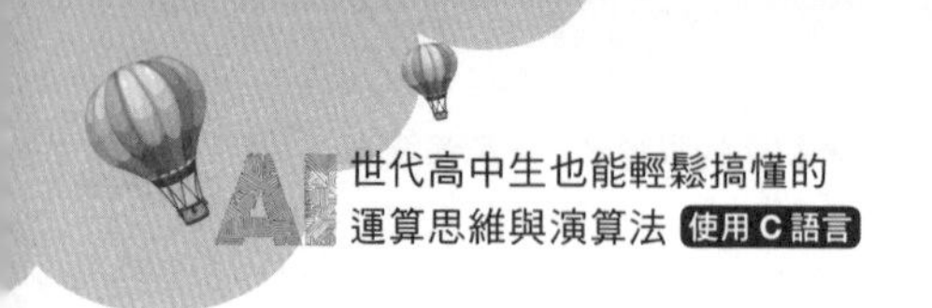

矩陣運算在 3D 繪圖中非常的重要，不只應用在模型的位移、旋轉、縮放等等的變換，也可以用來處理 3D 資料投影至平面的運算。例如在 3D 圖學中也經常使用矩陣，因為它可用來清楚的表示模型資料的投影、擴大、縮小、平移、偏斜與旋轉等等運算。在 AI 的深度學習中，線性代數是一個強大的數學工具箱，也經常遇到需要使用大量的矩陣運算來提高計算效率。

2-2-1 矩陣相加演算法

矩陣的相加運算則較為簡單，前提是相加的兩矩陣列數與行數都必須相等，而相加後矩陣的列數與行數也是相同。必須兩者的列數與行數都相等，例如 $A_{m*n}+B_{m*n}=C_{m*n}$。以下我們就來實際進行一個矩陣相加的例子：

$$\begin{bmatrix} 1 & 3 & 5 \\ 7 & 9 & 11 \\ 13 & 15 & 17 \end{bmatrix}_{3\times 3} + \begin{bmatrix} 9 & 8 & 7 \\ 6 & 5 & 4 \\ 3 & 2 & 1 \end{bmatrix}_{3\times 3} = \begin{bmatrix} 10 & 11 & 12 \\ 13 & 14 & 15 \\ 16 & 17 & 18 \end{bmatrix}_{3\times 3}$$

A 矩陣　　B 矩陣　　C 矩陣

動動腦 請設計一 C 程式來宣告 3 個二維陣列來實作上圖 2 個矩陣相加的過程，並顯示兩矩陣相加後的結果。

參考程式碼：[CH02_02.c]

```
01  for(i=0;i<3;i++)
02      for(j=0;j<3;j++)
03          C[i][j]=A[i][j]+B[i][j];/* 矩陣 C= 矩陣 A+ 矩陣 B */
04
```

【執行結果】

```
[矩陣A和矩陣B相加的結果]
10      11      12
13      14      15
16      17      18

--------------------------------
Process exited after 0.04113 seconds with return value 0
請按任意鍵繼續 . . .
```

2-2-2 矩陣相乘演算法

如果談到兩個矩陣 A 與 B 的相乘，是有某些條件限制。首先必須符合 A 為一個 m*n 的矩陣，B 為一個 n*p 的矩陣，對 A*B 之後的結果為一個 m*p 的矩陣 C。如下圖所示：

$$\begin{bmatrix} a_{11} & \cdots & a_{1n} \\ \vdots & & \vdots \\ a_{m1} & \cdots & a_{mn} \end{bmatrix} \times \begin{bmatrix} b_{11} & \cdots & b_{1p} \\ \vdots & & \vdots \\ b_{n1} & \cdots & b_{np} \end{bmatrix} = \begin{bmatrix} c_{11} & \cdots & c_{1p} \\ \vdots & & \vdots \\ c_{m1} & \cdots & c_{mp} \end{bmatrix}$$

m×n　　n×p　　m×p

$$C_{11}= a_{11} * b_{11}+ a_{12}* b_{21}+\cdots+ a_{1n}* b_{n1}$$

:

:

$$C_{1p}= a_{11}* b_{1p}+ a_{12}* b_{2p}+\cdots+ a_{1n}*b_{np}$$

:

:

$$C_{mp}= a_{m1}* b_{1p}+a_{m2}* b_{2p}+\cdots+ a_{mn}* b_{np}$$

「動動腦」 請設計一 C 程式來實作下列兩個可自行輸入矩陣維數的相乘過程，並輸出相乘後的結果。

參考程式碼：[CH02_03.c]

```
01 void MatrixMultiply(int* arrA,int* arrB,int* arrC,int M,int N,int P)
02 {
03     int i,j,k,Temp;
04     if(M<=0||N<=0||P<=0)
05     {
06         printf("[錯誤：維數M,N,P必須大於0]\n");
07         return;
08     }
09     for(i=0;i<M;i++)
10         for(j=0;j<P;j++)
11         {
12             Temp = 0;
13             for(k=0;k<N;k++)
14                 Temp = Temp + arrA[i*N+k]*arrB[k*P+j];
15             arrC[i*P+j] = Temp;
16         }
17 }
```

【執行結果】

```
請輸入矩陣A的維數(M,N):
M= 2
N= 3
[請輸入矩陣A的各個元素]
a00=6
a01=3
a02=5
a10=8
a11=9
a12=7
請輸入矩陣B的維數(N,P):
N= 3
P= 2
[請輸入矩陣B的各個元素]
b00=5
b01=10
b10=14
b11=7
b20=6
b21=8
[AxB的結果是]
102     121
208     199

--------------------------------
Process exited after 23.77 seconds with return value 2
請按任意鍵繼續 . . .
```

2-2-3 轉置矩陣演算法

「轉置矩陣」(A^t) 就是把原矩陣的行座標元素與列座標元素相互調換，假設 A^t 為 A 的轉置矩陣，則有 $A^t[j,i]=A[i,j]$，如下圖所示：

$$A=\begin{bmatrix}1 & 2 & 3\\4 & 5 & 6\\7 & 8 & 9\end{bmatrix}_{3\times 3} \qquad A^t=\begin{bmatrix}1 & 4 & 7\\2 & 5 & 8\\3 & 6 & 9\end{bmatrix}_{3\times 3}$$

動動腦 請設計一 C 程式來實作 4*4 二維陣列的轉置矩陣：

```
arrA[4][4]={ {1,2,3,4},{5,6,7,8},{9,10,11,12},{13,14,15,16} }
```

參考程式碼：[CH02_04.c]

```
01  /* 進行矩陣轉置的動作 */
02  for(i=0;i<4;i++)
03      for(j=0;j<4;j++)
04          arrB[i][j]=arrA[j][i];
```

【執行結果】

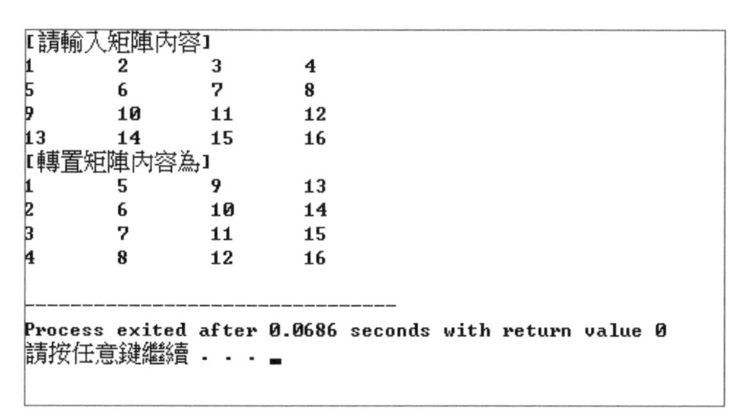

```
[請輸入矩陣內容]
1       2       3       4
5       6       7       8
9       10      11      12
13      14      15      16
[轉置矩陣內容為]
1       5       9       13
2       6       10      14
3       7       11      15
4       8       12      16

--------------------------------
Process exited after 0.0686 seconds with return value 0
請按任意鍵繼續 . . .
```

2-3 稀疏矩陣瘦身演算法

什麼是稀疏矩陣呢？簡單的說：「如果一個矩陣中的大部分元素為零的話，就可以稱為稀疏矩陣」。例如以下的矩陣就是一種典型的稀疏矩陣：

$$\begin{bmatrix} 25 & 0 & 0 & 32 & 0 & -25 \\ 0 & 33 & 77 & 0 & 0 & 0 \\ 0 & 0 & 0 & 55 & 0 & 0 \\ 0 & 0 & 0 & 0 & 0 & 0 \\ 101 & 0 & 0 & 0 & 0 & 0 \\ 0 & 0 & 38 & 0 & 0 & 0 \end{bmatrix}_{6 \times 6}$$

對稀疏矩陣而言，實際儲存的資料項目很少，如果在電腦中利用傳統的二維陣列方式存放，就會十分浪費儲存的空間。特別是當矩陣很大時，考慮儲存一個 1000*1000 的矩陣所需空間需求，而且大部分的元素都是零的話，這樣空間的管理確實不經濟，要改進記憶體空間浪費的方法就是利用三項式（3-tuple）的資料結構。我們把每一個非零項目以 (i,j,item-value) 來表示。就是假如一個稀疏矩陣有 n 個非零項目，那麼可以利用一個 A(0:n,1:3) 的二維陣列來表示，我們稱為壓縮矩陣。

A(0,1) 代表此稀疏矩陣的列數，A(0,2) 代表此稀疏矩陣的行數，而 A(0,3) 則是此稀疏矩陣非零項目的總數。另外每一個非零項目以 (i,j,item-value) 來表示。其中 i 為此非零項目所在的列數，j 為此非零項目所在的行數，item-value 則為此非零項目的值。以上圖 6*6 稀疏矩陣為例，可以如下表示：

A(0,1)=> 表示此矩陣的列數

A(0,2)=> 表示此矩陣的行數

A(0,3)=> 表示此矩陣非零項目的總數

	1	2	3
0	6	6	8
1	1	1	25
2	1	4	32
3	1	6	-25
4	2	2	33
5	2	3	77
6	3	4	55
7	5	1	101
8	6	3	38

1. 若 Loc(A(1,1))=2，Loc(A(2,3))=18，Loc(A(3,2))=28，試求 Loc(A(4,5))=？

2. A(-3:5,-4:2) 陣列的起始位址 A(-3,-4)=100，以列排列為主，請問 Loc(A(1,1))=？

3. 若 A(3,3) 在位置 121，A(6,4) 在位置 159，則 A(4,5) 的位置為何？（單位空間 d=1）

4. 請問底下的多維陣列之宣告是否正確？

```
int  A[3][ ]={{1,2,3},{2,3,4},{4,5,6}};
```

5. 請問此二維陣列中有哪些陣列元素初始值是 0？

```
int A[2][5]={{77, 85, 73}, {68, 89, 79, 94}};
```

6. 求下圖稀疏矩陣的壓縮陣列表示法。

$$\begin{bmatrix} 0 & 0 & 0 & 0 & 3 \\ 1 & 0 & 0 & 0 & 0 \\ 0 & 0 & 0 & 4 & 0 \\ 6 & 0 & 0 & 0 & 7 \\ 0 & 5 & 0 & 0 & 0 \end{bmatrix}$$

APCS 檢定考古題

1. 大部分程式語言都是以列為主的方式儲存陣列。在一個 8x4 的陣列 (array)A 裡，若每個元素需要兩單位的記憶體大小，且若 A[0][0] 的記憶體位址為 108（十進制表示），則 A[1][2] 的記憶體位址為何？ <105 年 3 月觀念題 >

   (A) 120

   (B) 124

   (C) 128

   (D) 以上皆非

   解答 (A) 120

2. 右側程式片段執行過程的輸出為何？ <105 年 10 月觀念題 >

```
int i, sum, arr[10];
for (int i=0; i<10; i=i+1)
    arr[i] = i;

sum = 0;
for (int i=1; i<9; i=i+1)
    sum = sum - arr[i-1] + arr[i] + arr[i+1];
printf ("%d", sum);
```

   (A) 44

   (B) 52

   (C) 54

   (D) 63

   解答 (B) 52，初始值 sum=0，arr[0]=0、arr[1]=1、....arr[9]=9 逐步帶入計算即可求解。

3. 若 A 是一個可儲存 n 筆整數的陣列，且資料儲存於 A[0]~A[n-1]。經過右側程式碼運算後，以下何者敘述不一定正確？ <106 年 3 月觀念題 >

```
int A[n]={ … };
int p = q = A[0];
for (int i=1; i<n; i=i+1) {
    if (A[i] > p)
        p = A[i];
    if (A[i] < q)
        q = A[i];
}
```

   (A) p 是 A 陣列資料中的最大值

   (B) q 是 A 陣列資料中的最小值

   (C) q < p

   (D) A[0] <= p

   解答 (C) q < p

4. 以下程式擬找出陣列 A[ ] 中的最大值和最小值。不過，這段程式碼有誤，請問 A[ ] 初始值如何設定就可以測出程式有誤？ <106 年 3 月觀念題 >

```
int main () {
    int M = -1, N = 101, s = 3;
    int A[] = ______?______;

    for (int i=0; i<s; i=i+1) {
        if (A[i]>M) {
            M = A[i];
        }
        else if (A[i]<N) {
            N = A[i];
        }
    }
printf("M = %d, N = %d\n", M, N);
return 0;
}
```

(A) {90, 80, 100}

(B) {80, 90, 100}

(C) {100, 90, 80}

(D) {90, 100, 80}

解答 (B){80, 90, 100}

就以選項 (A) 為例，其迴圈執行過程如下：

當 i=0，A[0]=90>-1，故執行 M = A[i]，此時 M=90。

當 i=1，A[1]=80<90 且 90<101，故執行 N = A[i]，此時 N=80。

當 i=2，A[2]=100>90，故執行 M = A[i]，此時 M=100。

此選項符合陣列的給定值，因此選項 (A) 無法測試出程式有錯誤。同理，各位就可以試著去試看看其他選項。

5. 經過運算後，右側程式的輸出為何？ <105 年 3 月觀念題 >

```
for (i=1; i<=100; i=i+1) {
    b[i] = i;
}
a[0] = 0;
for (i=1; i<=100; i=i+1) {
    a[i] = b[i] + a[i-1];
}
printf ("%d\n", a[50]-a[30]);
```

(A) 1275

(B) 20

(C) 1000

(D) 810

解答 (D)810

6. 請問右側程式輸出為何？<105 年 3 月觀念題 >

(A) 1

(B) 4

(C) 3

(D) 33

```
int A[5], B[5], i, c;
…
for (i=1; i<=4; i=i+1) {
    A[i] = 2 + i*4;
    B[i] = i*5;
    }
c = 0;
for (i=1; i<=4; i=i+1) {
    if (B[i] > A[i]) {
        c = c + (B[i] % A[i]);
    }
    else {
        c = 1;
    }
}
printf ("%d\n", c);
```

解答 (B)4，逐步將 i=1 帶入計算即可。

7. 定義 a[n] 為一陣列（array），陣列元素的指標為 0 至 n-1。若要將陣列中 a[0] 的元素移到 a[n-1]，右側程式片段空白處該填入何運算式？<105 年 3 月觀念題 >

(A)n+1

(B)n

(C)n-1

(D) n-2

```
int i, hold, n;
…
for (i=0; i<=_____; i=i+1) {
    hold = a[i];
    a[i] = a[i+1];
    a[i+1] = hold;
}
```

解答 (D)n-2，這支程式的作用在於逐一交換位置，最後將陣列中 a[0] 的元素移到 a[n-1]，此例空白處只要填入 n-2 就可以達到題目的要求。

8. 若 A[][] 是一個 MxN 的整數陣列，下列程式片段用以計算 A 陣列每一列的總和，以下敘述何者正確？<106 年 3 月觀念題 >

```
void main () {
    int rowsum = 0;
    for (int i=0; i<M; i=i+1) {
        for (int j=0; j<N; j=j+1) {
            rowsum = rowsum + A[i][j];
        }
    printf("The sum of row %d is %d.\n", i, rowsum);
    }
}
```

(A) 第一列總和是正確，但其他列總和不一定正確

(B) 程式片段在執行時會產生錯誤（run-time error）

(C) 程式片段中有語法上的錯誤

(D) 程式片段會完成執行並正確印出每一列的總和

解答 (A) 第一列總和是正確，但其他列總和不一定正確

9. 若 A[1]、A[2]，和 A[3] 分別為陣列 A[] 的三個元素（element），下列哪個程式片段可以將 A[1] 和 A[2] 的內容交換？ <106 年 3 月觀念題 >

   (A) A[1] = A[2]; A[2] = A[1];

   (B)A[3] = A[1]; A[1] = A[2]; A[2] = A[3];

   (C) A[2] = A[1]; A[3] = A[2]; A[1] = A[3];

   (D) 以上皆可

   解答 (B)A[3] = A[1]; A[1] = A[2]; A[2] = A[3];

   必須以另一個變數 A[3] 去暫存 A[1] 內容值，再將 A[2] 內容值設定給 A[1]，最後再將剛才暫存的 A[3] 內容值設定給 A[2]。

10. 若宣告一個字元陣列 char str[20] = "Hello world!"; 該陣列 str[12] 值為何？ <105 年 10 月觀念題 >

    (A) 未宣告

    (B) \0

    (C) !

    (D) \n

    解答 (B)\0

MEMO

Chapter

超人氣又療癒的排序演算法 03

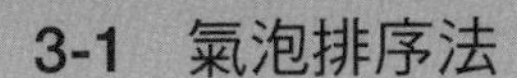

自從人類開始有數字觀念以來，比大小就是大家很喜歡進行的動作，時至今日，我們透過手機 Google 分析就能找出目的地最佳路線建議，都是拜排序（Sorting）演算法所賜。幾乎可以形容是日常生活中最常使用到的一種演算法，目的是將一串不規則的數值資料依照遞增或是遞減的方式重新編排，甚至在年輕人愛玩的遊戲程式設計中，就經常會利用到排序的技巧。

透過 Google 分析就能提供用戶最佳路線建議

「排序」（Sorting）功能對於電腦相關領域而言，是一種非常重要且普遍的演算法。所謂「排序」，就是將一群資料按照某一個特定規則重新排列，使其具有遞增或遞減的次序關係。按照特定規則，用來排序的依據，我們稱為鍵（Key），它所含的值就稱為「鍵值」。基本上，資料在經過排序後，會有下列三點好處：

① 資料較容易閱讀。
② 資料較利於統計及整理。
③ 可大幅減少資料搜尋的時間。

隨著資料結構科學的進步，陸續提出了如氣泡排序法、選擇排序法、插入排序法、快速排序法、謝耳排序法、基數排序法等，各有其特色與優點。接下來我們將要介紹目前超人氣的排序演算法。

參加比賽最重要是分出排名順序

TIPS 穩定的排序是指資料在經過排序後，兩個相同鍵值的記錄仍然保持原來的次序，如下例中 $7_{左}$ 的原始位置在 $7_{右}$ 的左邊（所謂 $7_{左}$ 及 $7_{右}$ 是指相同鍵值一個在左一個在右），穩定的排序（Stable Sort）後 $7_{左}$ 仍應在 $7_{右}$ 的左邊，不穩定排序則有可能 $7_{左}$ 會跑到 $7_{右}$ 的右邊去。例如：

原始資料順序：	$7_{左}$	2	9	$7_{右}$	6
穩定的排序：	2	6	$7_{左}$	$7_{右}$	9
不穩定的排序：	2	6	$7_{右}$	$7_{左}$	9

3-1 氣泡排序法

氣泡排序法又稱為交換排序法，是由觀察水中氣泡變化構思而成，原理是由第一個元素開始，比較相鄰元素大小，如果大小順序有誤，則對調後再進行下一個元素的比較，就彷彿氣泡由水底逐漸冒升到水面上一樣。如此掃描過一次之後就可確保最後一個元素是位於正確的順序。接著再逐步進行第二次掃描，直到完成所有元素的排序關係為止。

以下排序我們利用 55、23、87、62、16 的排序過程，讓各位清楚知道氣泡排序法的演算流程。

由小到大排序：

原始值： 55 23 87 62 16

第一次掃描會先拿第一個元素 55 和第二個元素 23 作比較，如果第二個元素小於第一個元素，則作交換的動作。接著拿 55 和 87 作比較，就這樣一直比較並交換，到第 4 次比較完後即可確定最大值在陣列的最後面。

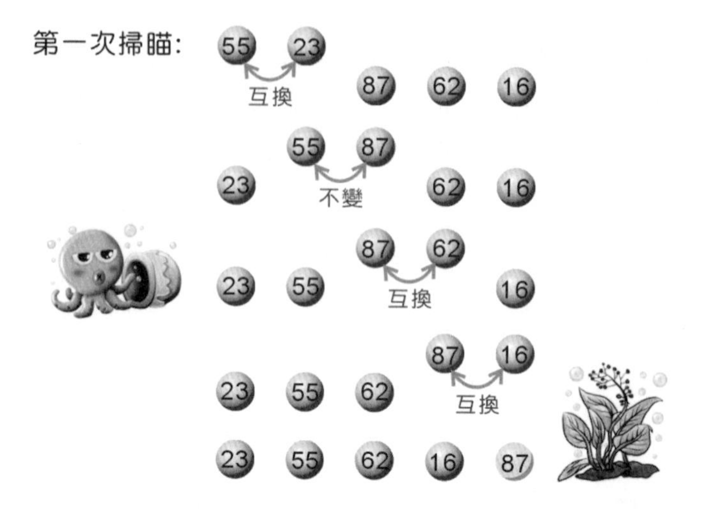

第二次掃描亦從頭比較起，但因最後一個元素在第一次掃描就已確定是陣列最大值，故只需比較 3 次即可把剩餘陣列元素的最大值排到剩餘陣列的最後面。

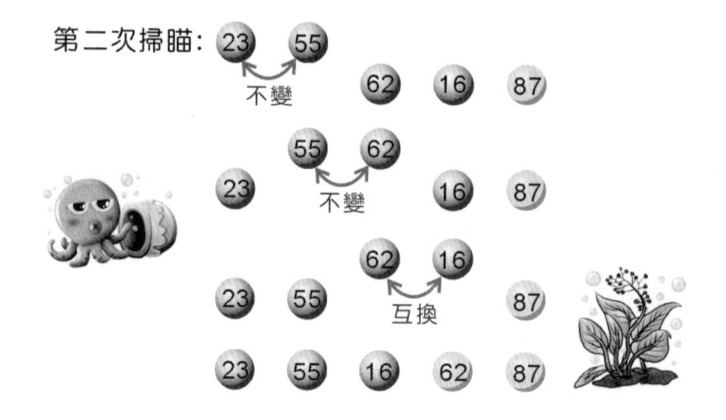

第三次掃描完，完成三個值的排序。

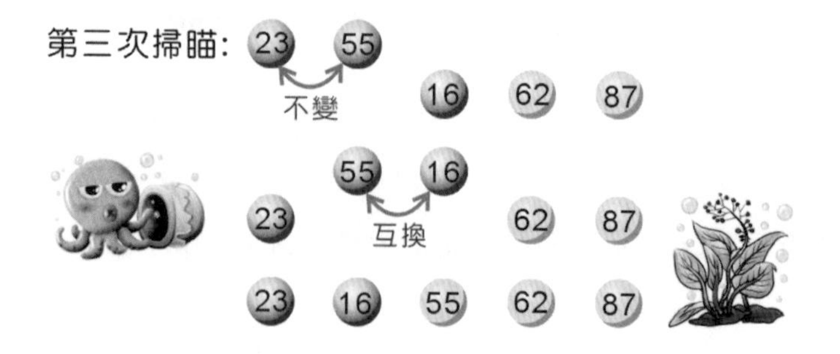

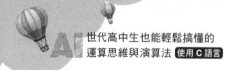

第四次掃描完，即可完成所有排序。

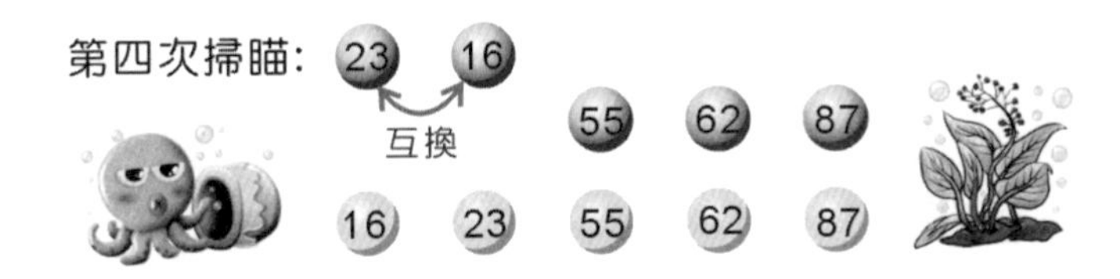

由此可知 5 個元素的氣泡排序法必須執行 5-1 次掃描，第一次掃描需比較 5-1 次，共比較 4+3+2+1=10 次。

「動動腦」請設計一 C 程式，並使用氣泡排序法來將以下的數列排序。

```
16,25,39,27,12,8,45,63
```

參考程式碼：[CH03_01.c]

```
01  for (i=7;i>0;i--) /* 掃描次數 */
02  {
03      for (j=0;j<i;j++)/* 比較、交換次數 */
04      {
05          if (data[j]>data[j+1]) /* 比較相鄰兩數，如第一數較大則交換 */
06          {
07              tmp=data[j];
08              data[j]=data[j+1];
09              data[j+1]=tmp;
10          }
11      }
12      printf(" 第 %d 次排序後的結果是：",8-i); /* 把各次掃描後的結果印出 */
13      for (j=0;j<8;j++)
14          printf("%3d",data[j]);
15      printf("\n");
16  }
```

【執行結果】

```
氣泡排序法：
原始資料為： 16 25 39 27 12  8 45 63
第 1 次排序後的結果是： 16 25 27 12  8 39 45 63
第 2 次排序後的結果是： 16 25 12  8 27 39 45 63
第 3 次排序後的結果是： 16 12  8 25 27 39 45 63
第 4 次排序後的結果是： 12  8 16 25 27 39 45 63
第 5 次排序後的結果是：  8 12 16 25 27 39 45 63
第 6 次排序後的結果是：  8 12 16 25 27 39 45 63
第 7 次排序後的結果是：  8 12 16 25 27 39 45 63
排序後結果為：  8 12 16 25 27 39 45 63

--------------------------------
Process exited after 0.06315 seconds with return value 0
請按任意鍵繼續 . . .
```

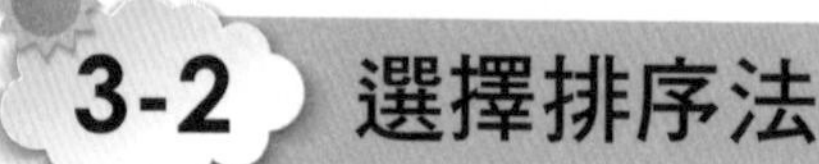

3-2 選擇排序法

選擇排序法（Selection Sort）也算是一種枚舉法的應用，概念就是反覆從未排序的數列中取出最小的元素，加入到另一個數列，結果即為已排序好的數列。選擇排序法可使用兩種方式排序，一為在所有的資料中，當由大至小排序，則將最大值放入第一位置；若由小至大排序時，則將最大值放入位置末端。例如一開始在所有的資料中挑選一個最小項放在第 1 個位置（假設是由小到大），再從第二筆開始挑選一個最小項放在第 2 個位置，依樣重複，直到完成排序為止。

以下我們仍然利用 55、23、87、62、16 數列的由小到大排序過程，來說明選擇排序法的演算流程。

原始值： 55 23 87 62 16

首先找到此數列中最小值後與第一個元素交換。

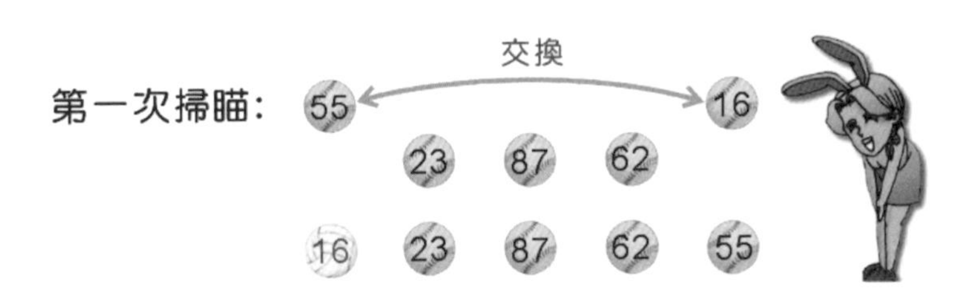

從第二個值找起，找到此數列中（不包含第一個）的最小值，再和第二個值交換。

從第三個值找起，找到此數列中（不包含第一、二個）的最小值，再和第三個值交換。

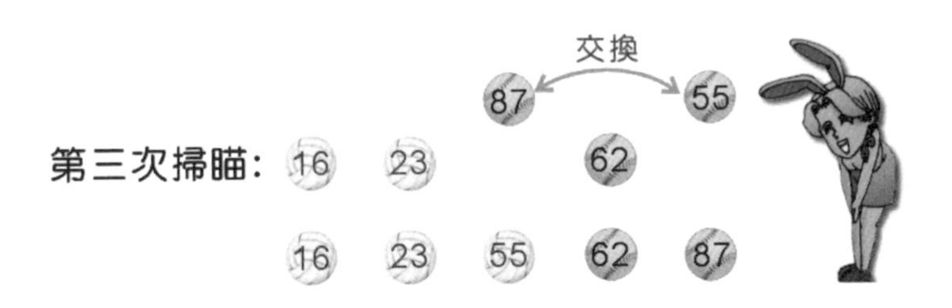

從第四個值找起，找到此數列中（不包含第一、二、三個）的最小值，再和第四個值交換，則此排序完成。

動動腦 請設計一 C 程式，並使用選擇排序法來將以下的數列排序。

```
16,25,39,27,12,8,45,63
```

參考程式碼：**[CH03_02.c]**

```
01  void select (int data[])
02  {
03      int i,j,tmp,k;
04      for(i=0;i<7;i++) /* 掃描 5 次 */
05      {
06          for(j=i+1;j<8;j++) /* 由 i+1 比較起，比較 5 次 */
07          {
08              if(data[i]>data[j]) /* 比較第 i 及第 j 個元素 */
09              {
10                  tmp=data[i];
11                  data[i]=data[j];
12                  data[j]=tmp;
13              }
14          }
15      }
16      printf("\n");
17  }
```

【執行結果】

```
原始資料為： 16 25 39 27 12  8 45 63
-----------------------------------
排序後資料：  8 12 16 25 27 39 45 63

------------------------------
Process exited after 0.05102 seconds with return value 0
請按任意鍵繼續 . . .
```

3-3 插入排序法

插入排序法（Insert Sort）則是將陣列中的元素，逐一與已排序好的資料作比較，如前兩個元素先排好，再將第三個元素插入適當的位置，所以這三個元素仍然是已排序好，接著再將第四個元素加入，重複此步驟，直到排序完成為止。各位可以看做是在一串有序的記錄 R_1、R_2...R_i 中插入新的記錄 R，使得 i+1 個記錄排序妥當。

以下我們仍然利用 55、23、87、62、16 數列的由小到大排序過程，來說明插入排序法的演算流程。下圖中，在步驟二，以 23 為基準與其他元素比較後，放到適當位置（55 的前面），步驟三則拿 87 與其他兩個元素比較，接著 62 在比較完前三個數後插入 87 的前面…將最後一個元素比較完後即完成排序：

由小到大排序:

步驟一 55

步驟二 55 23

步驟三 23 55 87

步驟四 23 55 87 62

步驟五 23 55 62 87 16

完成排序 16 23 55 62 87

動動腦 請設計一 C 程式，並使用插入排序法來將以下的數列排序。

```
16,25,39,27,12,8,45,63
```

參考程式碼：[CH03_03.c]

```
01  void inser(int data[])
02  {
03      int i; /*i 為掃描次數 */
04      int j; /* 以 j 來定位比較的元素 */
05      int tmp; /*tmp 用來暫存資料 */
06      for (i=1;i<SIZE;i++) /* 掃描迴圈次數為 SIZE-1*/
07      {
08          tmp=data[i];
09          j=i-1;
10          while (j>=0 && tmp<data[j]) /* 如果第二元素小於第一元素 */
11          {
12              data[j+1]=data[j]; /* 就把所有元素往後推一個位置 */
13              j--;
14          }
15          data[j+1]=tmp; /* 最小的元素放到第一個元素 */
16          printf(" 第 %d 次掃瞄：",i);
17          showdata(data);
18      }
19  }
```

【執行結果】

```
請輸入第 1 個元素：16
請輸入第 2 個元素：25
請輸入第 3 個元素：39
請輸入第 4 個元素：27
請輸入第 5 個元素：12
請輸入第 6 個元素：8
請輸入第 7 個元素：45
請輸入第 8 個元素：63
您輸入的原始陣列是： 16 25 39 27 12  8 45 63
第 1 次掃瞄： 16 25 39 27 12  8 45 63
第 2 次掃瞄： 16 25 39 27 12  8 45 63
第 3 次掃瞄： 16 25 27 39 12  8 45 63
第 4 次掃瞄： 12 16 25 27 39  8 45 63
第 5 次掃瞄：  8 12 16 25 27 39 45 63
第 6 次掃瞄：  8 12 16 25 27 39 45 63
第 7 次掃瞄：  8 12 16 25 27 39 45 63

--------------------------------
Process exited after 12 seconds with return value 0
請按任意鍵繼續 . . .
```

3-4 謝耳排序法

我們知道如果原始記錄之鍵值大部份已排序好的情況下，插入排序法會非常有效率，因為它無需做太多的資料搬移動作。「謝耳排序法」則是 D. L. Shell 在 1959 年 7 月所發明的一種排序法，可以減少插入排序法中資料搬移的次數，以加速排序進行。排序的原理是將資料區分成特定間隔的幾個小區塊，以插入排序法排完區塊內的資料後再漸漸減少間隔的距離。

以下我們利用 63、92、27、36、45、71、58、7 數列的由小到大排序過程，來說明謝耳排序法的演算流程。

首先將所有資料分成 Y：(8div2) 即 Y=4，稱為劃分數。請注意！劃分數不一定要是 2，最好能夠是質數。但為演算法方便，所以我們習慣選 2。一開始的間隔設定為 8/2 區隔成：

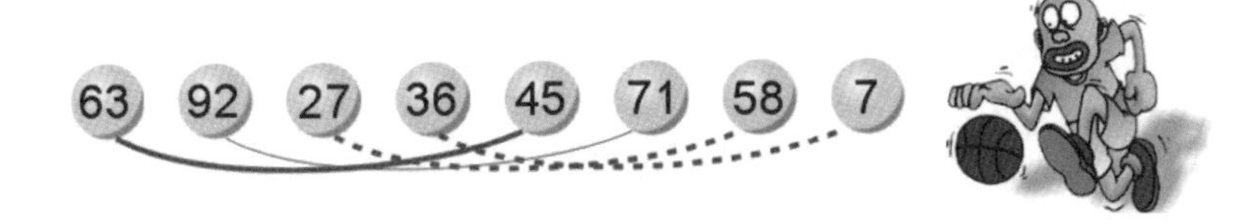

如此一來可得到四個區塊分別是：(63,45)(92,71)(27,58)(36,7)，再各別用插入排序法排序成為：(45,63)(71,92)(27,58)(7,36)。

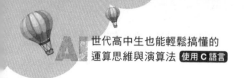

接著再縮小間隔為 (8/2)/2 成：

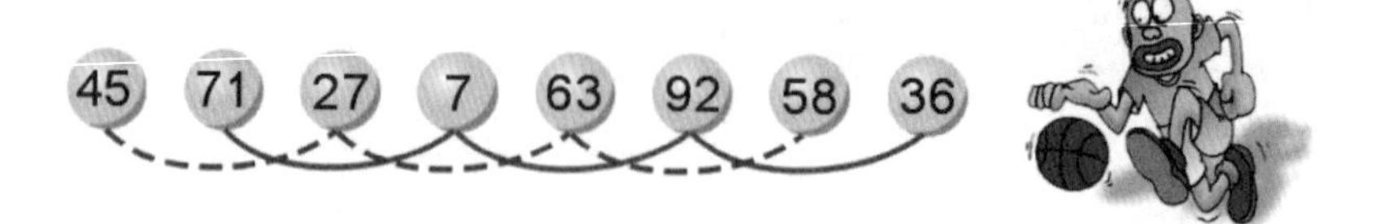

(45,27,63,58)(71,7,92,36) 分別用插入排序法後得到：

最後再以 ((8/2)/2)/2 的間距做插入排序，也就是每一個元素進行排序得到最後的結果：

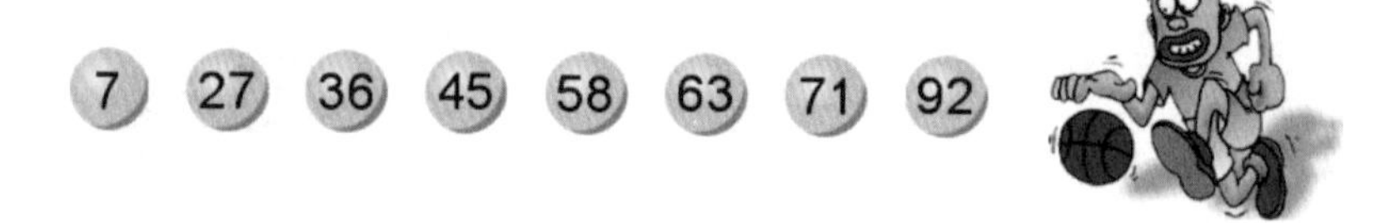

動動腦 請設計一 C 程式，並使用謝耳排序法來將以下的數列排序。

```
16,25,39,27,12,8,45,63
```

參考程式碼：[CH03_04.c]

```
01  void shell(int data[],int size)
02  {
03      int i;          /*i 為掃描次數 */
04      int j;          /* 以 j 來定位比較的元素 */
05      int k=1;        /*k 列印計數 */
06      int tmp;        /*tmp 用來暫存資料 */
07      int jmp;        /* 設定間距位移量 */
08      jmp=size/2;
09      while (jmp != 0)
10      {
```

```
11          for (i=jmp ;i<size ;i++)
12          {
13              tmp=data[i];
14              j=i-jmp;
15              while(tmp<data[j] && j>=0)  /* 插入排序法 */
16              {
17                  data[j+jmp] = data[j];
18                  j=j-jmp;
19              }
20              data[jmp+j]=tmp;
21          }
22          printf("第 %d 次排序過程：",k++);
23          showdata (data);
24          printf("-----------------------------------------\n");
25          jmp=jmp/2;      /* 控制迴圈數 */
26      }
27  }
```

【執行結果】

```
原始陣列是：       16 25 39 27 12  8 45 63
-----------------------------------------
第 1 次排序過程：  12  8 39 27 16 25 45 63
-----------------------------------------
第 2 次排序過程：  12  8 16 25 39 27 45 63
-----------------------------------------
第 3 次排序過程：   8 12 16 25 27 39 45 63
-----------------------------------------

--------------------------------
Process exited after 0.08056 seconds with return value 0
請按任意鍵繼續 . . .
```

3-5 快速排序法

快速排序（Quicksort）是由 C. A. R. Hoare 所發展的，又稱分割交換排序法，是目前公認效率最佳的排序法，也是使用分治法（Divide and Conquer）的方式，主要會先在資料中找到一個隨機自行設定一個虛擬中間值，並依此中間

值將所有打算排序的資料分為兩部份。其中小於中間值的資料放在左邊，而大於中間值的資料放在右邊，再以同樣的方式分別處理左右兩邊的資料，直到排序完為止。操作與分割步驟如下：假設有 n 筆 R1、R2、R3...Rn 記錄，其鍵值為 k_1、k_2、$k_3 \ldots k_n$：

① 先假設 K 的值為第一個鍵值。

② 由左向右找出鍵值 K_i，使得 $K_i>K$。

③ 由右向左找出鍵值 K_j 使得 $K_j<K$。

④ 如果 $i<j$，那麼 K_i 與 K_j 互換，並回到步驟②。

⑤ 若 $i \geq j$ 則將 K 與 K_j 交換，並以 j 為基準點分割成左右部份。然後再針對左右兩邊進行步驟①至⑤，直到左半邊鍵值 = 右半邊鍵值為止。

> **TIPS** 分治法（Divide and conquer）是一種很重要的演算法，我們可以應用分治法來逐一拆解複雜的問題，核心精神在將一個難以直接解決的大問題依照不同的概念，分割成兩個或更多的子問題，以便各個擊破，分而治之。這個演算法應用相當廣泛，如快速排序法（quick sort）、遞迴式（recursion）、大整數乘法。

下面為您示範快速排序法將下列資料的排序過程：

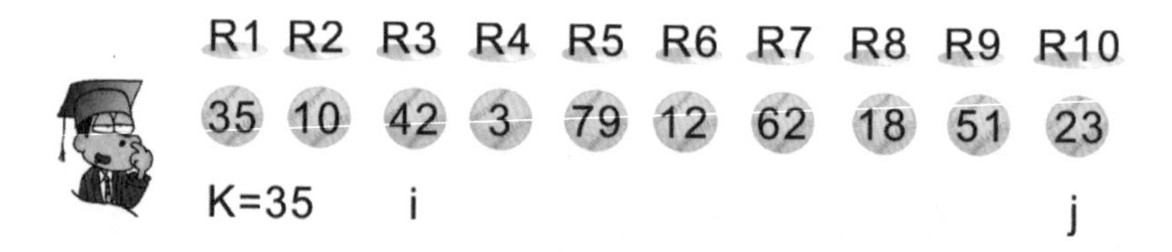

因為 $i<j$ 故交換 K_i 與 K_j，然後繼續比較：

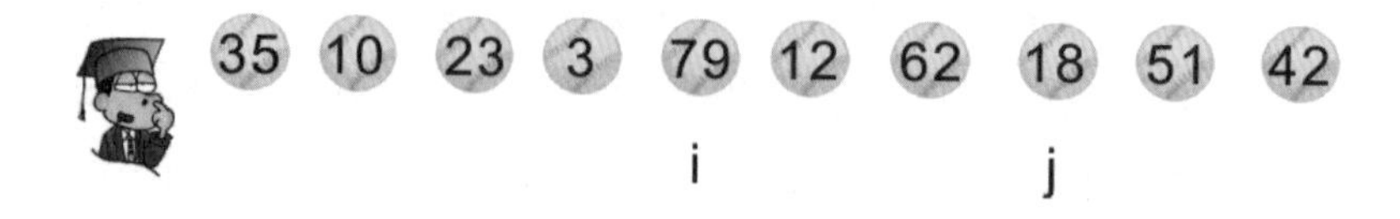

因為 i<j 故交換 K_i 與 K_j，然後繼續比較：

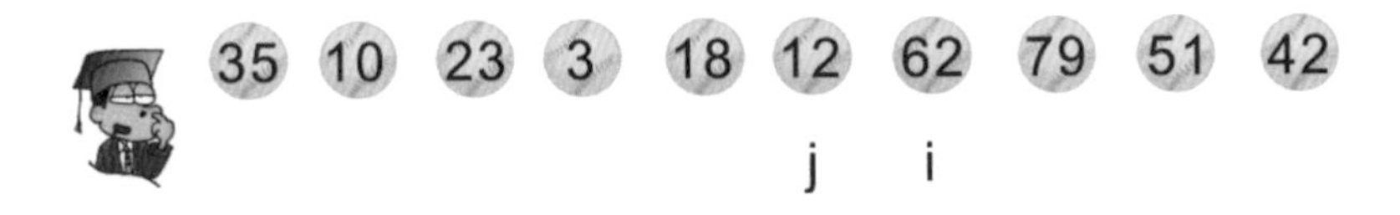

因為 i ≥ j 故交換 K 與 K_j，並以 j 為基準點分割成左右兩半：

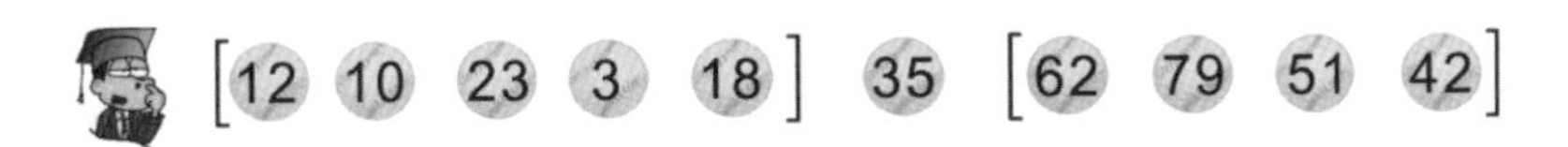

由上述這幾個步驟，各位可以將小於鍵值 K 放在左半部；大於鍵值 K 放在右半部，依上述的排序過程，針對左右兩部份分別排序。過程如下：

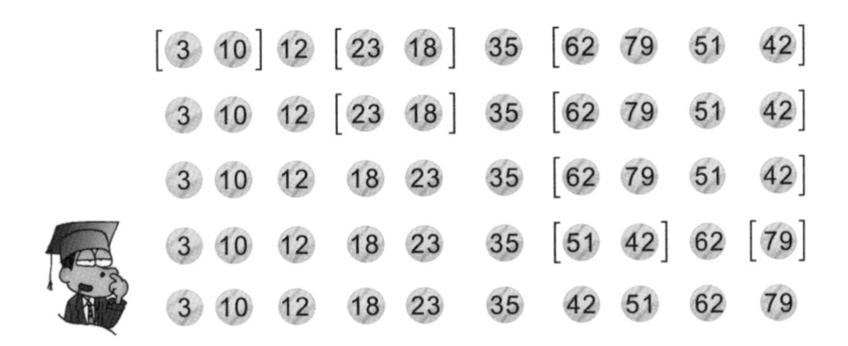

動動腦 請設計一 C 程式，可以自行輸入需要排序資料的筆數，這些資料請以亂數產生，並使用快速排序法將數字排序。

參考程式碼：[CH03_05.c]

```
01  #include <stdio.h>
02  #include <stdlib.h>
03  #include <time.h>
04
05  void inputarr(int*,int);
06  void showdata(int*,int);
07  void quick(int*,int,int,int);
```

```
08  int process = 0;
09  int main(void)
10  {
11      int size,data[100]={0};
12      srand((unsigned)time(NULL));
13      printf(" 請輸入陣列大小 (100 以下)：");
14      scanf("%d",&size);
15      printf(" 您輸入的原始資料是：");
16      inputarr (data,size);
17      showdata (data,size);
18      quick(data,size,0,9);
19      printf("\n 排序結果：");
20      showdata(data,size);
21
22      return 0;
23  }
24  void inputarr(int data[],int size)
25  {
26      int i;
27      for (i=0;i<size;i++)
28          data[i]=(rand()%99)+1;
29  }
30  void showdata(int data[],int size)
31  {
32      int i;
33      for (i=0;i<size;i++)
34          printf("%3d",data[i]);
35      printf("\n");
36
37  }
38  void quick(int d[],int size,int lf,int rg)
39  {
40      int i,j,tmp;
41      int lf_idx;
42      int rg_idx;
43      int t;
44      /*1: 第一筆鍵值為 d[lf]*/
45      if(lf<rg)
46      {
47          lf_idx=lf+1;
48          rg_idx=rg;
49  step2:
50          printf("[ 處理過程 %d]=> ",process++);
```

```
51          for(t=0;t<size;t++)
52              printf("[%2d] ",d[t]);
53          printf("\n");
54          for(i=lf+1;i<=rg;i++)/*2: 由左向右找出一個鍵值大於 d[lf] 者 */
55          {
56
57
58              if(d[i]>=d[lf])
59              {
60                  lf_idx=i;
61                  break;
62              }
63              lf_idx++;
64          }
65          for(j=rg;j>=lf+1;j--)/*3: 由右向左找出一個鍵值小於 d[lf] 者 */
66          {
67
68
69              if(d[j]<=d[lf])
70              {
71                  rg_idx=j;
72                  break;
73              }
74              rg_idx--;
75          }
76          if(lf_idx<rg_idx) /*4-1: 若 lf_idx<rg_idx*/
77          { /* 則 d[lf_idx] 和 d[rg_idx] 互換 */
78              tmp = d[lf_idx];
79              d[lf_idx] = d[rg_idx];
80              d[rg_idx] = tmp;
81              goto step2; /*4-2: 並繼續執行步驟 2*/
82          }
83          if(lf_idx>=rg_idx) /*5-1: 若 lf_idx 大於等於 rg_idx*/
84          { /* 則將 d[lf] 和 d[rg_idx] 互換 */
85              tmp = d[lf];
86              d[lf] = d[rg_idx];
87              d[rg_idx] = tmp;
88                  /*5-2: 並以 rg_idx 為基準點分成左右兩半 */
89              quick(d,size,lf,rg_idx-1); /* 以遞迴方式分別為左右兩半進行排序 */
90              quick(d,size,rg_idx+1,rg); /* 直至完成排序 */
91          }
92      }
93  }
```

【執行結果】

```
請輸入陣列大小(100以下):10
您輸入的原始資料是:  2 79 78 62 98 70 23 81 38 12
[處理過程0]=> [ 2] [79] [78] [62] [98] [70] [23] [81] [38] [12]
[處理過程1]=> [ 2] [79] [78] [62] [98] [70] [23] [81] [38] [12]
[處理過程2]=> [ 2] [79] [78] [62] [12] [70] [23] [81] [38] [98]
[處理過程3]=> [ 2] [79] [78] [62] [12] [70] [23] [38] [81] [98]
[處理過程4]=> [ 2] [38] [78] [62] [12] [70] [23] [79] [81] [98]
[處理過程5]=> [ 2] [38] [23] [62] [12] [70] [78] [79] [81] [98]
[處理過程6]=> [ 2] [38] [23] [12] [62] [70] [78] [79] [81] [98]
[處理過程7]=> [ 2] [12] [23] [38] [62] [70] [78] [79] [81] [98]
[處理過程8]=> [ 2] [12] [23] [38] [62] [70] [78] [79] [81] [98]
[處理過程9]=> [ 2] [12] [23] [38] [62] [70] [78] [79] [81] [98]
[處理過程10]=> [ 2] [12] [23] [38] [62] [70] [78] [79] [81] [98]

排序結果:  2 12 23 38 62 70 78 79 81 98

--------------------------------
Process exited after 9.796 seconds with return value 0
請按任意鍵繼續 . . .
```

3-6 基數排序法

基數排序法和我們之前所討論到的排序法有些不太一樣，它並不需要進行元素間的比較動作，而是屬於一種分配排序方式。基數排序法依比較的方向可分為最有效鍵優先（Most Significant Digit First, MSD）和最無效鍵優先（Least Significant Digit First, LSD）兩種。MSD 法是從最左邊的位數開始比較，而 LSD 則是從最右邊的位數開始比較。

以下範例我們以 LSD 將三位數的整數資料來加以排序，它是依個位數、十位數、百位數來進行排序。請直接看 LSD 例子的說明，便可清楚知道它的動作原理：

原始資料如下：

59	95	7	34	60	168	171	259	372	45	88	133

STEP 1 把每個整數依其個位數字放到串列中：

個位數字	0	1	2	3	4	5	6	7	8	9
資料	60	171	372	133	34	95 45		7	168 88	59 259

合併後成為：

60	171	372	133	34	95	45	7	168	88	59	259

STEP 2 再依其十位數字，依序放到串列中：

十位數字	0	1	2	3	4	5	6	7	8	9
資料	7			133 34	45	59 259	60 168	171 372	88	95

合併後成為：

7	133	34	45	59	259	60	168	171	372	88	95

STEP 3 再依其百位數字，依序放到串列中：

百位數字	0	1	2	3	4	5	6	7	8	9
資料	7 34 45 59 60 88 95	133 168 171	259	372						

最後合併即完成排序：

7	34	45	59	60	88	95	133	168	171	259	372

動動腦 請設計一 C 程式，並使用基數排序法來排序。

參考程式碼：[CH03_06.c]

```
01  void radix(int data[],int size)
02  {
03      int i,j,k,n,m;
04      for (n=1;n<=100;n=n*10)/*n 為基數，由個位數開始排序 */
05      {
06          int tmp[10][100]={0};
07          /* 設定暫存陣列，[0~9 位數 ][ 資料個數 ]，所有內容均為 0 */
08          for (i=0;i<size;i++)/* 比對所有資料 */
09          {
10              m=(data[i]/n)%10;
11              /* m為n 位數的值，如 36 取十位數 (36/10)%10=3 */
12              tmp[m][i]=data[i];/* 把 data[i] 的值暫存於 tmp 裡 */
13          }
14          k=0;
15          for (i=0;i<10;i++)
16          {
17              for(j=0;j<size;j++)
18              {
19                  if(tmp[i][j] != 0)
20              /* 因一開始設定 tmp ={0}，故不為 0 者即為 */
21                  {
22                      data[k]=tmp[i][j];
23                  /* data 暫存在 tmp 裡的值，把 tmp 裡的值放 */
24                      k++; /* 回 data[ ] 裡 */
25                  }
26              }
27          }
28          printf("經過 %3d 位數排序後：",n);
29          showdata(data,size);
30      }
31  
32  }
```

【執行結果】

```
請輸入陣列大小(100以下)：10
您輸入的原始資料是：
  346  345   42  249  782  371  673  269  869  431
經過  1位數排序後：  371  431   42  782  673  345  346  249  269  869
經過 10位數排序後：  431   42  345  346  249  269  869  371  673  782
經過100位數排序後：   42  249  269  345  346  371  431  673  782  869

--------------------------------
Process exited after 10.92 seconds with return value 0
請按任意鍵繼續 . . .
```

3-7 雞尾酒排序法

雞尾酒排序法（Cocktail Sort）又叫雙向氣泡排序法（Bidirectional Bubble Sort）、搖晃排序法（Shaker Sort）、波浪排序法（Ripple Sort）、搖曳排序法（Shuffle Sort）、飛梭排序法（Shuttle Sort）、歡樂時光排序法（Happy Hour Sort）。

傳統汽泡排序法的特點是由左至右進行比較，如果排序資料的筆數為 n，則必須執行 n-1 次的迴圈，每個迴圈必須進行 n-1 次的比較，但是雞尾酒排序法為氣泡排序法的改良，第一個迴圈會先從左到右比較，每回會利用氣泡排序法，經過第一個迴圈會找到最大值，並將此最大值放在最右邊的索引位置。接著再從次右邊的索引從右到左方向的比較，經過這一次向左方向的迴圈可以找到最小值，並將此最小值放在最左邊的索引位置。

下一步再從尚未排序的索引值進行第二次向右迴圈的比較，如此一來會找到第二大的值。找到後再從尚未排序的索引值進行第二次向左迴圈的比較，如此一來會找到第二小的值。只要在執行迴圈工作時，沒有更動到任何值的位置，就表示排序完成。這一點和氣泡排序法必須執行完迴圈內所有的指令有所不同。

因此，如果序列資料大部份已排好，最佳的時間複雜度為 O(n)，另外最壞情況及平均情況的時間複雜度為 $O(n^2)$。接著就以實際例子為各位示範完整的排序過程。

原始資料：

排序過程中圓形數字代表尚未排序資料，方形數字代表已排序資料。排序過程如下：

第 1 次向右迴圈，會找到最大值，找到最大值放在最右邊索引位置。

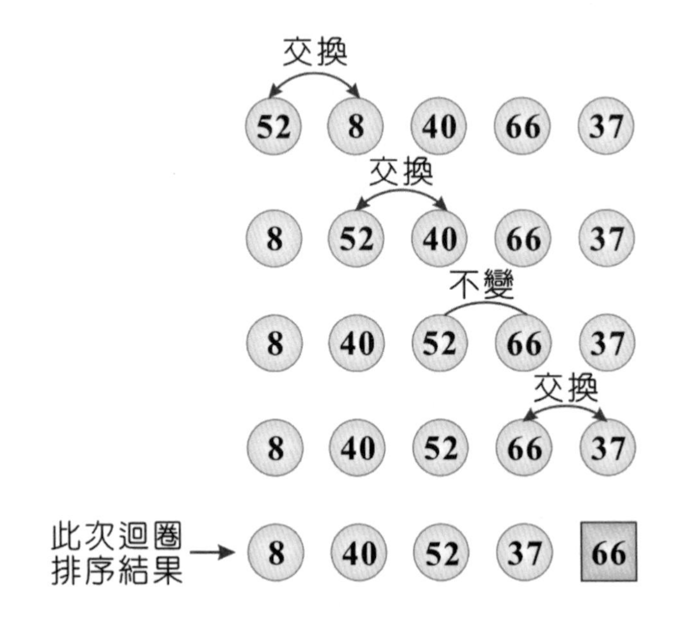

接著針對未排序的資料執行第一次向左迴圈，找到最小值，放在最左邊索引位置。

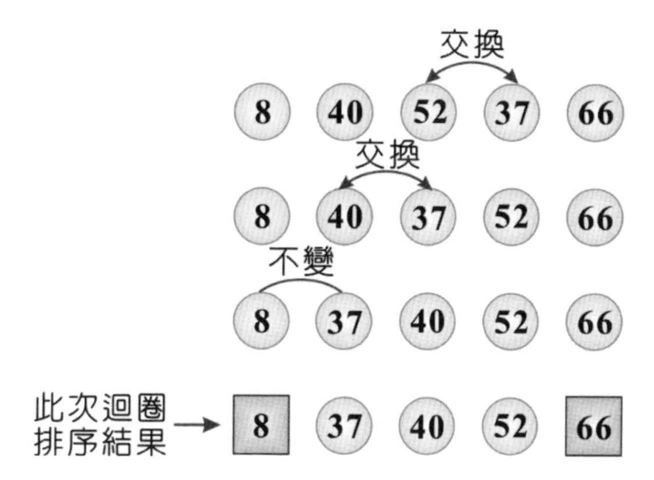

接著繼續執行第 2 次迴圈，執行過程如下：

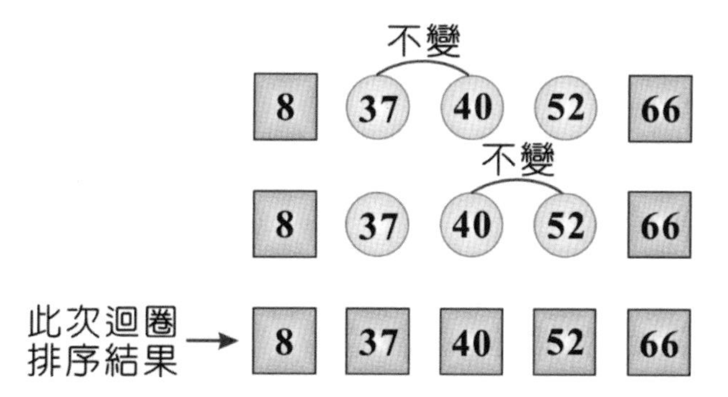

這次迴圈的比較過程中並沒有任何資料的交換動作，表示排序工作已完成。

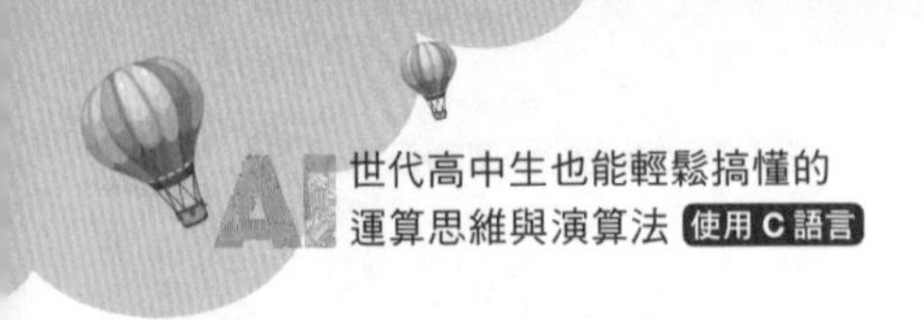

課後評量

1. 排序的資料是以陣列資料結構來儲存，則 (A) 氣泡排序法 (B) 選擇排序法 (C) 插入排序法中，請問何者的資料搬移量最大，試討論之。
2. 待排序鍵值如下：8、7、2、4、6，請使用選擇排序法列出每回合的結果。
3. 請簡述基數排序法的主要特點。
4. 下列敘述正確與否？請說明原因。
   (1) 不論輸入資料為何，插入排序（Insertion Sort）的元素比較總數較泡沫排序（Bubble Sort）的元素比較次數之總數為少。
   (2) 若輸入資料已排序完成，則再利用堆積排序（Heap Sort）只需 O(n) 時間即可排序完成。n 為元素個數。
5. 何謂穩定的排序？請試著舉出三種穩定的排序？

Chapter

夢裡尋她千百度的搜尋演算法 04

資料處理過程中，是否能在最短時間內搜尋到所需要的資料，是一個相當值得資訊從業人員關心的議題。所謂搜尋（Search）指的是從資料檔案中找出滿足某些條件的記錄之動作，用以搜尋的條件稱為「鍵值」（Key），就如同排序所用的鍵值一樣，我們平常在電話簿中找某人的電話，那麼這個人的姓名就成為在電話簿中搜尋電話資料的鍵值。

我們每天都在搜尋許多標的物

4-1 搜尋演算法簡介

如果是以搜尋過程中被搜尋的表格或資料是否異動來分類，區分為靜態搜尋（Static Search）及動態搜尋（Dynamic Search）。靜態搜尋是指資料在搜尋過程中，該搜尋資料不會有增加、刪除、或更新等行為，例如符號表搜尋就屬於一種靜態搜尋。而動態搜尋則是指所搜尋的資料，在搜尋過程中會經常性地增加、刪除、或更新。

在 Google 中搜尋資料就是一種動態搜尋

4-1-1 循序搜尋法

循序搜尋法又稱線性搜尋法，是一種最簡單的搜尋法。它的方法是將資料一筆一筆的循序逐次搜尋。所以不管資料順序為何，都是得從頭到尾走訪過一次。此法的優點是檔案在搜尋前不需要作任何的處理與排序，缺點為搜尋速度較慢。如果資料沒有重複，找到資料就可中止搜尋的話，在最差狀況是未找到資料，需作 n 次比較，最好狀況則是一次就找到，只需 1 次比較。

我們就以一個例子來說明，假設已存在數列 74,53,61,28,99,46,88，如果要搜尋 28 需要比較 4 次；搜尋 74 僅需比較 1 次；搜尋 88 則需搜尋 7 次，這表示當搜尋的數列長度 n 很大時，利用循序搜尋是不太適合的，它是一種適用在小檔案的搜尋方法。在日常生活中，我們經常會使用到這種搜尋法，例如各位想在衣櫃中找衣服時，通常會從櫃子最上方的抽屜逐層尋找。

在抽屜中逐層找尋東西，也是一種循序搜尋法的應用

「動動腦」請設計一 C 程式，以亂數產生 1 ～ 150 間的 80 個整數，並實作循序搜尋法的過程。

參考程式碼：[CH04_01.c]

```
01  #include <stdio.h>
02  #include <stdlib.h>
03
04  int main( )
05  {
06      int i,j,find,val=0,data[80]={0};
07      for (i=0;i<80;i++)
08          data[i]=(rand()%150+1);
09      while (val!=-1)
10      {
11          find=0;
12          printf(" 請輸入搜尋鍵值 (1-150)，輸入 -1 離開：");
13          scanf("%d",&val);
14          for (i=0;i<80;i++)
15          {
16              if(data[i]==val)
17              {
18                  printf(" 在第 %3d 個位置找到鍵值 [%3d]\n",i+1,data[i]);
19                  find++;
20              }
21          }
```

```
22          if(find==0 && val !=-1)
23              printf("###### 沒有找到 [%3d]######\n",val);
24      }
25      printf("資料內容：\n");
26      for(i=0;i<10;i++)
27      {
28          for(j=0;j<8;j++)
29              printf("%2d[%3d]  ",i*8+j+1,data[i*8+j]);
30          printf("\n");
31      }
32
33      return 0;
34  }
```

【執行結果】

```
請輸入搜尋鍵值(1-150)，輸入-1離開：76
######沒有找到 [ 76]######
請輸入搜尋鍵值(1-150)，輸入-1離開：77
######沒有找到 [ 77]######
請輸入搜尋鍵值(1-150)，輸入-1離開：79
在第  7個位置找到鍵值 [ 79]
請輸入搜尋鍵值(1-150)，輸入-1離開：-1
資料內容：
 1[ 42]   2[ 18]   3[ 35]   4[101]   5[120]   6[125]   7[ 79]   8[109]
 9[113]  10[ 15]  11[  6]  12[ 96]  13[ 32]  14[ 28]  15[ 62]  16[ 42]
17[146]  18[ 93]  19[ 28]  20[ 37]  21[142]  22[ 55]  23[  3]  24[  4]
25[143]  26[ 83]  27[ 22]  28[117]  29[ 69]  30[ 96]  31[ 48]  32[127]
33[ 72]  34[139]  35[ 70]  36[113]  37[ 18]  38[ 50]  39[ 86]  40[145]
41[ 54]  42[112]  43[123]  44[ 34]  45[124]  46[ 15]  47[142]  48[ 62]
49[ 54]  50[119]  51[ 48]  52[ 45]  53[113]  54[ 58]  55[ 88]  56[110]
57[ 24]  58[142]  59[ 80]  60[ 29]  61[ 17]  62[ 36]  63[141]  64[ 43]
65[139]  66[107]  67[ 41]  68[ 93]  69[ 65]  70[149]  71[147]  72[106]
73[141]  74[130]  75[ 71]  76[ 51]  77[  7]  78[ 52]  79[ 94]  80[ 99]

--------------------------------
Process exited after 9.254 seconds with return value 0
請按任意鍵繼續 . . .
```

4-1-2 二分搜尋法

如果要搜尋的資料已經事先排序好，則可使用二分搜尋法來進行搜尋。二分搜尋法是將資料分割成兩等份，再比較鍵值與中間值的大小，如果鍵值小於中間值，可確定要找的資料在前半段的元素，否則在後半部。如此分割數次直到找到或確定不存在為止。例如以下已排序數列 2、3、5、8、9、11、12、16、18，而所要搜尋值為 11 時。

首先跟第五個數值 9 比較：

因為 11 > 9，所以和後半部的中間值 12 比較：

因為 11 < 12，所以和前半部的中間值 11 比較：

因為 11=11，表示搜尋完成，如果不相等則表示找不到。

動動腦 請設計一 C 程式，以亂數產生 1 ～ 150 間的 50 個整數，並實作二分搜尋法的過程與步驟。

參考程式碼：[CH04_02.c]

```
01  #include<stdio.h>
02  #include<stdlib.h>
03
04  int main()
05  {
06      int i,j,val=1,num,data[50]={0};
07      for (i=0;i<50;i++)
```

```
08        {
09            data[i]=val;
10            val+=(rand()%5+1);
11        }
12        while (1)
13        {
14            num=0;
15            printf("請輸入搜尋鍵值(1-150)，輸入-1結束：");
16            scanf("%d",&val);
17            if(val==-1)
18                break;
19            num=bin_search(data,val);
20            if(num==-1)
21                printf("##### 沒有找到[%3d] #####\n",val);
22            else
23                printf("在第 %2d個位置找到 [%3d]\n",num+1,data[num]);
24        }
25        printf("資料內容：\n");
26        for(i=0;i<5;i++)
27        {
28            for(j=0;j<10;j++)
29                printf("%3d-%-3d",i*10+j+1,data[i*10+j]);
30            printf("\n");
31        }
32        printf("\n");
33        system("pause");
34        return 0;
35    }
36    int bin_search(int data[50],int val)
37    {
38        int low,mid,high;
39        low=0;
40        high=49;
41        printf("搜尋處理中......\n");
42        while(low <= high && val !=-1)
43        {
44            mid=(low+high)/2;
45            if(val<data[mid])
46            {
47                printf("%d 介於位置 %d[%3d] 及中間值 %d[%3d]，找左半邊\n",val,
                          low+1,data[low],mid+1,data[mid]);
48                high=mid-1;
```

```
49             }
50             else if(val>data[mid])
51             {
52                 printf("%d 介於中間值位置 %d[%3d] 及 %d[%3d]，找右半邊\n",val,
                           mid+1,data[mid],high+1,data[high]);
53                 low=mid+1;
54             }
55             else
56                 return mid;
57         }
58         return -1;
59     }
```

【執行結果】

```
請輸入搜尋鍵值(1-150)，輸入-1結束：58
搜尋處理中......
58 介於位置 1[  1]及中間值 25[ 72]，找左半邊
58 介於中間值位置 12[ 39] 及 24[ 68]，找右半邊
58 介於中間值位置 18[ 50] 及 24[ 68]，找右半邊
在第 21個位置找到 [ 58]
請輸入搜尋鍵值(1-150)，輸入-1結束：-1
資料內容：
  1-1     2-3     3-6     4-11    5-12    6-17    7-22    8-26    9-30    10-33
 11-38   12-39   13-40   14-42   15-45   16-47   17-49   18-50   19-53   20-56
 21-58   22-60   23-65   24-68   25-72   26-75   27-78   28-80   29-82   30-86
 31-87   32-90   33-92   34-94   35-98   36-103  37-106  38-109  39-114  40-115
 41-120  42-124  43-126  44-129  45-133  46-137  47-142  48-144  49-146  50-150

請按任意鍵繼續 . . .
```

4-1-3 內插搜尋法

內插搜尋法（Interpolation Search）又叫做插補搜尋法，是二分搜尋法的改版。它是依照資料位置的分佈，利用公式預測資料的所在位置，再以二分法的方式漸漸逼近。使用內插法是假設資料平均分佈在陣列中，而每一筆資料的差距是相當接近或有一定的距離比例。其內插法的公式為：

```
Mid=low +((key - data[low] )/(data[high] - data[low]))*(high - low)
```

其中 key 是要尋找的鍵，data[high]、data[low] 是剩餘待尋找記錄中的最大值及最小值，對資料筆數為 n，其插補搜尋法的步驟如下：

① 將記錄由小到大的順序給予 1,2,3...n 的編號

② 令 low=1，high=n

③ 當 low<high 時，重複執行步驟④及步驟⑤

④ 令 Mid=low + ((key- data[low])/(data[high]- data[low]))*(high- low)

⑤ 若 key<key_{Mid} 且 high ≠ Mid-1 則令 high=Mid-1

⑥ 若 key=key_{Mid} 表示成功搜尋到鍵值的位置

⑦ 若 key>key_{Mid} 且 low ≠ Mid+1 則令 low=Mid+1

動動腦 **請設計一個 C 程式，以亂數產生 1 ～ 150 間的 50 個整數，並實作內插搜尋法的過程與步驟。**

參考程式碼：[CH04_03.c]

```
01  #include<stdio.h>
02  #include<stdlib.h>
03
04  int interpolation(int*,int);
05  int main(void)
06  {
07      int i,j,val=1,num,data[50]={0};
08      for (i=0;i<50;i++)
09      {
10          data[i]=val;
11          val+=(rand()%5+1);
12      }
13      while(1)
14      {
15          num=0;
16          printf("請輸入搜尋鍵值 (1-150)，輸入 -1 結束：");
17          scanf("%d",&val);
18          if(val==-1)
19              break;
```

```
20         num=interpolation(data,val);
21         if(num==-1)
22             printf("##### 沒有找到 [%3d] #####\n",val);
23         else
24             printf(" 在第 %2d 個位置找到 [%3d]\n",num+1,data[num]);
25     }
26     printf(" 資料內容：\n");
27     for(i=0;i<5;i++)
28     {
29         for(j=0;j<10;j++)
30             printf("%3d-%-3d",i*10+j+1,data[i*10+j]);
31         printf("\n");
32     }
33     system("pause");
34     return 0;
35 }
36 int interpolation(int data[50],int val)
37 {
38     int low,mid,high;
39     low=0;
40     high=49;
41     printf(" 搜尋處理中 ......\n");
42     while(low<= high && val !=-1)
43     {
44         mid=low+((val-data[low])*(high-low)/(data[high]-data[low]));
                                   /* 內插法公式 */
45         if (val==data[mid])
46             return mid;
47         else if (val < data[mid])
48         {
49             printf("%d 介於位置 %d[%3d] 及中間值 %d[%3d]，找左半邊 \n",val,
                   low+1,data[low],mid+1,data[mid]);
50             high=mid-1;
51         }
52         else if(val > data[mid])
53         {
54             printf("%d 介於中間值位置 %d[%3d] 及 %d[%3d]，找右半邊 \n",val,
                   mid+1,data[mid],high+1,data[high]);
55             low=mid+1;
56         }
57     }
58     return -1;
59 }
```

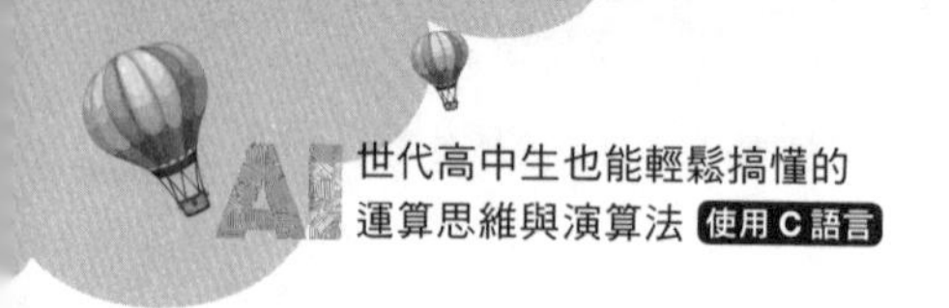

【執行結果】

```
請輸入搜尋鍵值(1-150)，輸入-1結束：69
搜尋處理中......
69 介於中間值位置 23[ 65] 及 50[150]，找右半邊
69 介於中間值位置 24[ 68] 及 50[150]，找右半邊
69 介於位置 25[ 72]及中間值 25[ 72]，找左半邊
##### 沒有找到[ 69] #####
請輸入搜尋鍵值(1-150)，輸入-1結束：72
搜尋處理中......
72 介於中間值位置 24[ 68] 及 50[150]，找右半邊
在第 25個位置找到 [ 72]
請輸入搜尋鍵值(1-150)，輸入-1結束：-1
資料內容：
  1-1     2-3     3-6     4-11    5-12    6-17    7-22    8-26    9-30    10-33
 11-38   12-39   13-40   14-42   15-45   16-47   17-49   18-50   19-53   20-56
 21-58   22-60   23-65   24-68   25-72   26-75   27-78   28-80   29-82   30-86
 31-87   32-90   33-92   34-94   35-98   36-103  37-106  38-109  39-114  40-115
 41-120  42-124  43-126  44-129  45-133  46-137  47-142  48-144  49-146  50-150
請按任意鍵繼續 . . .
```

4-2 認識雜湊演算法

雜湊法是利用雜湊函數來計算一個鍵值所對應的位址，進而建立雜湊表格，且依賴雜湊函數來搜尋找到各鍵值存放在表格中的位址，搜尋速度與資料多少無關，在沒有碰撞和溢位下，一次讀取即可，更包括保密性高，因為不事先知道雜湊函數就無法搜尋的優點。

當我們選擇雜湊函數時，要特別注意不宜過於複雜，設計原則上至少必須符合計算速度快與碰撞頻率儘量小兩項特點。常見的雜湊法有除法、中間平方法、折疊法及數位分析法。

雜湊表是一種儲存記錄的連續記憶體，能透過雜湊函數的應用，快速存取與搜尋資料。所謂雜湊函數（hashing function）就是將本身的鍵值，經由特定的數學函數運算或使用其他的方法，轉換成相對應的資料儲存位址。

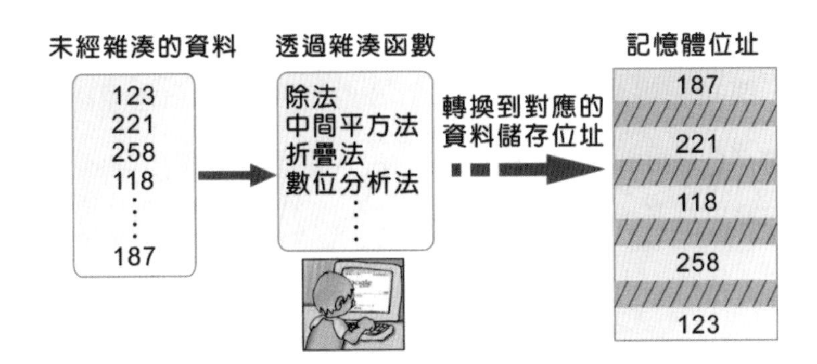

現在我們先來介紹有關雜湊函數的相關名詞：

- **bucket（桶）**：雜湊表中儲存資料的位置，每一個位置對應到唯一的一個位址（bucket address），桶就好比一筆記錄。
- **slot（槽）**：每一筆記錄中可能包含好幾個欄位，而 slot 指的就是「桶」中的欄位。
- **collision（碰撞）**：若兩筆不同的資料，經過雜湊函數運算後，對應到相同的位址時，稱為碰撞。
- **溢位**：如果資料經過雜湊函數運算後，所對應到的 bucket 已滿，則會使 bucket 發生溢位。
- **雜湊表**：儲存記錄的連續記憶體。雜湊表是一種類似資料表的索引表格，其中可分為 n 個 bucket，每個 bucket 又可分為 m 個 slot，如下圖所示：

	索引	姓名	電話
bucket →	0001	Allen	07-773-1234
	0002	Jacky	07-773-5525
	0003	May	07-773-6604
		↑ slot	↑ slot

- **同義字（Synonym）**：當兩個識別字 I_1 及 I_2，經雜湊函數運算後所得的數值相同，即 $f(I_1)=f(I_2)$，則稱 I_1 與 I_2 對於 f 這個雜湊函數是同義字。
- **載入密度（Loading Factor）**：所謂載入密度是指識別字的使用數目除以雜湊表內槽的總數：

$$\alpha(\text{載入密度}) = \frac{n(\text{識別字的使用數目})}{s(\text{每一個桶內的槽數}) * b(\text{桶的數目})}$$

如果 α 值愈大則表示雜湊空間的使用率越高，碰撞或溢位的機率會越高。

- **完美雜湊（Perfect Hashing）**：指沒有碰撞又沒有溢位的雜湊函數。

在此建議各位，通常在設計雜湊函數應該遵循底下幾個原則：

① 降低碰撞及溢位的產生。
② 雜湊函數不宜過於複雜，越容易計算越佳。
③ 儘量把文字的鍵值轉換成數字的鍵值，以利雜湊函數的運算。
④ 所設計的雜湊函數計算而得的值，儘量能均勻地分佈在每一桶中，不要太過於集中在某些桶內，這樣就可以降低碰撞，並減少溢位的處理。

4-2-1 除法

最簡單的雜湊法是將資料除以某一個常數後，取餘數來當索引。例如在一個有 13 個位置的陣列中，只使用到 7 個位址，值分別是 12,65,70,99,33,67,48。那我們就可以把陣列內的值除以 13，並以其餘數來當索引，我們可以用下例這個式子來表示：

```
h(key)=key mod B
```

在這個例子中，我們所使用的 B=13。一般而言，會建議各位在選擇 B 時，B 最好是質數。而上例所建立出來的雜湊表為：

索引	資料
0	65
1	
2	67
3	
4	
5	70
6	
7	33
8	99
9	48
10	
11	
12	12

以下我們將用除法作為雜湊函數，將下列數字儲存在 11 個空間：323,458,25,340,28,969,77，請問其雜湊表外觀為何？

令雜湊函數為 h(key)=key mod B，其中 B=11 為一質數，這個函數的計算結果介於 0 ～ 10 之間（包括 0 及 10 二數），則 h(323)=4、h(458)=7、h(25)=3、h(340)=10、h(28)=6、h(969)=1、h(77)=0。

索引	資料
0	77
1	969
2	
3	25
4	323
5	
6	28
7	458
8	
9	
10	340

4-2-2 中間平方法

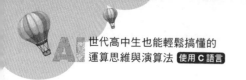

中間平方法和除法相當類似，它是把資料乘以自己，之後再取中間的某段數字做索引。在下例中我們用中間平方法，並將它放在 100 位址空間，其操作步驟如下：

將 12,65,70,99,33,67,51 平方後如下：

```
144,4225,4900,9801,1089,4489,2601
```

我們取百位數及十位數作為鍵值，分別為

```
14、22、90、80、08、48、60
```

上述這 7 個數字的數列就是對應原先 12,65,70,99,33,67,51 等，7 個數字存放在 100 個位址空間的索引鍵值，即

```
f(14)=12
f(22)=65
f(90)=70
f(80)=99
f(8)=33
f(48)=67
f(60)=51
```

若實際空間介於 0 ～ 9（即 10 個空間），但取百位數及十位數的值介於 0 ～ 99（共有 100 個空間），所以我們必須將中間平方法第一次所求得的鍵值，再行壓縮 1/10 才可以將 100 個可能產生的值對應到 10 個空間，即將每一個鍵值除以 10 取整數（下例我們以 DIV 運算子作為取整數的除法），我們可以得到下列的對應關係：

```
f(14 DIV 10)=12              f(1)=12
f(22 DIV 10)=65              f(2)=65
f(90 DIV 10)=70              f(9)=70
f(80 DIV 10)=99      ⟶       f(8)=99
f(8 DIV 10) =33              f(0)=33
f(48 DIV 10)=67              f(4)=67
f(60 DIV 10)=51              f(6)=51
```

4-2-3 折疊法

折疊法是將資料轉換成一串數字後，先將這串數字先拆成數個部份，最後再把它們加起來，就可以計算出這個鍵值的 Bucket Address。例如有一資料，轉換成數字後為 2365479125443，若以每 4 個字為一個部份則可拆為：2365,4791,2544,3。將四組數字加起來後即為索引值：

```
  2365
  4791
  2544
+    3
------
  9703 → bucket address
```

在折疊法中有兩種作法，如上例直接將每一部份相加所得的值作為其 bucket address，這種作法我們稱為「移動折疊法」。但雜湊法的設計原則之一就是降低碰撞，如果您希望降低碰撞的機會，我們可以將上述每一部份的數字中的奇數位段或偶數位段反轉，再行相加來取得其 bucket address，這種改良式的作法我們稱為「邊界折疊法（folding at the boundaries）」。

請看下例的說明：

狀況一：將偶數位段反轉

```
  2365（第 1 位段屬於奇數位段故不反轉）
  1974（第 2 位段屬於偶數位段要反轉）
  2544（第 3 位段屬於奇數位段故不反轉）
+    3（第 4 位段屬於偶數位段要反轉）
------
  6886 → bucket address
```

狀況二：將奇數位段反轉

```
  5632（第 1 位段屬於奇數位段要反轉）
  4791（第 2 位段屬於偶數位段故不反轉）
  4452（第 3 位段屬於奇數位段要反轉）
+    3（第 4 位段屬於偶數位段故不反轉）
------
 14878 → bucket address
```

4-2-4 數位分析法

數位分析法適用於資料不會更改，且為數字型態的資料，在決定雜湊函數時先逐一檢查資料的相對位置及分佈情形，將重複性高的部份刪除。例如下面這個電話表，它是相當有規則性的，除了區碼全部是 07 外，在中間三個數字的變化也不大，假設位址空間大小 m=999，我們必須從下列數字擷取適當的數字，即數字比較不集中，分佈範圍較為平均（或稱亂度高），最後決定取最後那四個數字的末三碼。故最後可得雜湊表為：

電話
07-772-2234
07-772-4525
07-774-2604
07-772-4651
07-774-2285
07-772-2101
07-774-2699
07-772-2694

⇨

索引	電話
234	07-772-2234
525	07-772-4525
604	07-774-2604
651	07-772-4651
285	07-774-2285
101	07-772-2101
699	07-774-2699
694	07-772-2694

相信看完上面幾種雜湊函數之後，各位可以發現雜湊函數並沒有一定規則可尋，可能是其中的某一種方法，也可能同時使用好幾種方法，所以雜湊時常被用來處理資料的加密及壓縮。

1. 請問使用二元搜尋法（Binary Search）的前提條件是什麼？
2. 有關二元搜尋法，下列敘述何者正確？
   (A) 檔案必須事先排序
   (B) 當排序資料非常小時，其時間會比循序搜尋法慢
   (C) 排序的複雜度比循序搜尋法高
   (D) 以上皆正確
3. 假設 A[i]=2i，1 ≤ i ≤ n。若欲搜尋鍵值為 2k-1，請以插補搜尋法進行搜尋，試求須比較幾次才能確定此為一失敗搜尋？
4. 試寫出下列一組資料 (1,2,3,6,9,11,17,28,29,30,41,47,53,55,67,78)，以插補法找到 9 的過程。
5. 用雜湊法將下列 7 個數字存在 0、1...6 的 7 個位置：101、186、16、315、202、572、463。若欲存入 1000 開始的 11 個位置，又應該如何存放？
6. 何謂雜湊函數？試以除法及摺疊法（Folding Method），並以 7 位電話號碼當資料說明。
7. 試述 Hashing 與一般 Search 技巧有何不同？

APCS 檢定考古題

1. 以下哪組資料若依序存入陣列中，將無法直接使用二分搜尋法搜尋資料？<105 年 10 月觀念題 >

   (A) a, e, i, o, u

   (B) 3, 1, 4, 5, 9

   (C) 10000, 0,-10000

   (D) 1, 10, 10, 10, 100

   解答 (B) 3, 1, 4, 5, 9，二分搜尋法的特性必須資料事先排序，不論是由小到大或由大到小，選項 (B) 資料沒有進行排序所以無法直接使用二分搜尋法搜尋資料。

2. 給定一個 1x8 的陣列 A，A={0, 2, 4, 6, 8, 10, 12, 14}。以下函式 Search(x) 真正目的是找到 A 之中大於 x 的最小值。然而，這個函式有誤。請問下列哪個函式呼叫可測出函式有誤？<106 年 3 月觀念題 >

```
int A[8]={0, 2, 4, 6, 8, 10, 12, 14};
int Search (int x) {
    int high = 7;
    int low = 0;
    while (high > low) {
        int mid = (high + low)/2;
        if (A[mid] <= x) {
            low = mid + 1;
        }
        else {
            high = mid;
        }
    }
    return A[high];
}
```

   (A) Search(-1)

   (B) Search(0)

   (C) Search(10)

   (D) Search(16)

   解答 (D)Search(16)，這個函式 Search(x) 的主要功能是找到 A 之中大於 x 的最小值。從程式碼中可以看出此函式主要利用二分搜尋法來找尋答案

Chapter

05 火車過山洞的串列結構

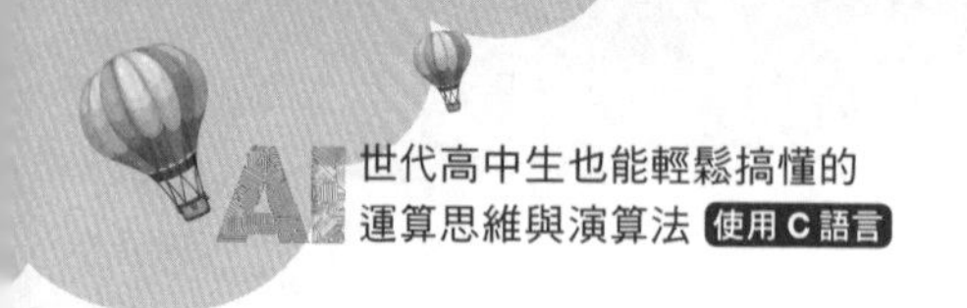

鏈結串列（Linked List），或簡稱為串列，是由許多相同資料型態的項組成，然後依特定順序排列而成的線性串列，特性是在電腦記憶體中位置以不連續、隨機（Random）的方式儲存，優點是資料的插入或刪除都相當方便。當有新資料加入就向系統要一塊記憶體空間，資料刪除後，就把空間還給系統，不需要移動大量資料。

日常生活中常用的收納文
件夾，要放幾層就幾層，
也是一種串列的應用喔！

日常生活中有許多串列的抽象運用，例如可以把鏈結串列想像成自強號火車，有多少人就只掛多少節的車廂，當假日人多，需要較多車廂時可多掛些車廂，人少了就把車廂數量減少，作法十分彈性。

5-1 單向串列

「單向鏈結串列」（Single Linked List）或稱單向串列，就是最簡單的一種串列結構，由一個串列節點和兩個欄位，即資料欄及指標欄組成，而指標欄將會指向下一個元素的記憶體所在位置。如右圖所示：

1	資料欄位
2	鏈結欄位

在「單向串列」中第一個節點是「串列指標首」，而指向最後一個節點的鏈結欄位設為 NULL，表示它是「串列指標尾」，代表不指向任何地方。例如串列 A={a, b, c, d, x}，其單向串列資料結構如下：

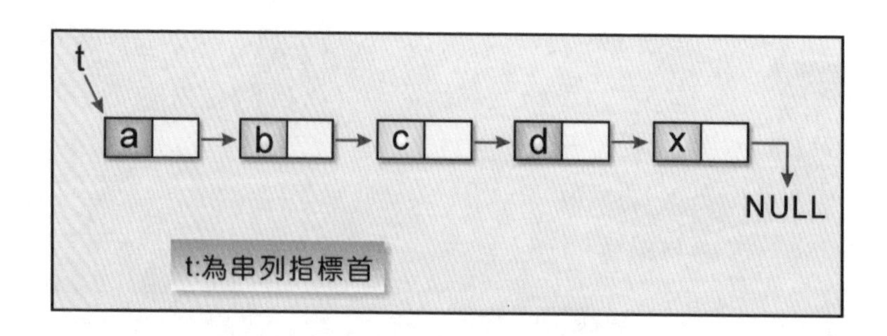

由於串列中所有節點都知道節點本身的下一個節點在那裡，「串列指標首」就顯得相當重要，只要有串列首存在，就可以對整個串列進行走訪、加入及刪除節點等動作。

5-1-1 建立單向串列

現在我們使用 C 語言宣告一學生成績串列節點的結構宣告，並且包含下面兩個資料欄位；姓名（name）、成績（score），與一個指標欄位（next）。如下所示：

```
struct student
{
    char name[20];
    int score;
    struct student *next;
} s1,s2;
```

當各位完成結構資料型態定義，就可以動態建立鏈結串列中的每個節點。例如要將 s1 的 next 變數指向 s2 的記憶體位址，而且 s2 的 next 變數指向 NULL：

```
s1.next = &s2;
s2.next = NULL;
```

由於串列的基本特性就是 next 變數將會指向下一個節點的記憶體位址，這時 s1 節點與 s2 節點間的關係就如下圖所示：

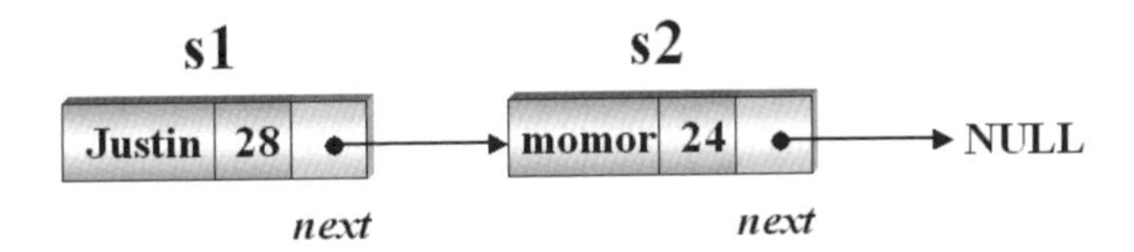

5-1-2 走訪單向串列

單向鏈結串列的走訪（traverse），是使用指標運算來拜訪串列中的每個節點。在此我們延續 5-1-1 節中的範例，如果要走訪已建立三個節點的單向鏈結串列，可利用結構指標 ptr 來作為串列的讀取旗標，一開始是指向串列首。每次讀完串列的一個節點，就將 ptr 往下一個節點位址移動，直到 ptr 指向 NULL 為止。如下圖所示：

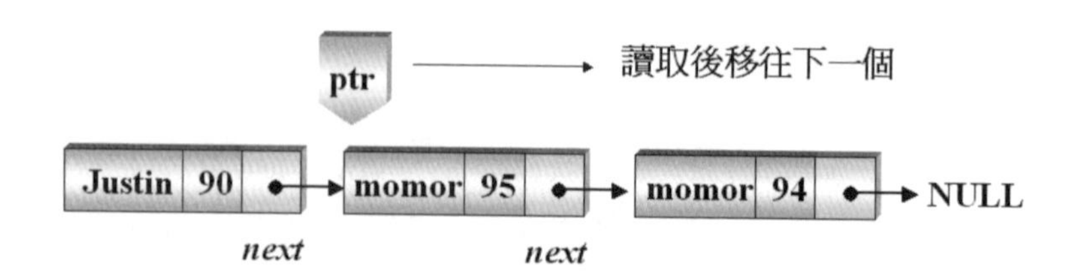

動動腦 請設計一 C 程式，可以讓使用者輸入資料來新增學生資料節點，與建立一個單向鏈結串列。當使用者輸入結束後，可走訪此串列並顯示其內容，並求取目前此串列中所有學生的數學與英文資料成員的平均成績。此學生節點的結構資料型態如下：

```
struct student
{
    char name[20];
    int Math;
    int Eng;
    char no[10];
    struct student *next;
}
```

參考程式碼：[CH05_01.c]

```
01  /*
02  [示範]:建立五個學生成績的單向鏈結串列，
03             並走訪每一個節點來列印成績
04  */
```

```
05  #include <stdio.h>
06  #include <stdlib.h>
07
08  struct list
09  {
10      int num;
11      char name[10];
12      int score;
13      struct list *next;
14  };
15  typedef struct list node;
16  typedef node *link;
17
18  int main()
19  {
20      link newnode,ptr,delptr; /* 宣告三個串列結構指標 */
21      int i;
22      printf(" 請輸入 5 筆學生資料：\n");
23      delptr=(link)malloc(sizeof(node)); /*delptr 暫當串列首 */
24      if (!delptr)
25      {
26          printf("[Error!! 記憶體配置失敗 !]\n");
27          exit(1);
28      }
29      printf(" 請輸入座號：");
30      scanf("%d",&delptr->num);
31      printf(" 請輸入姓名：");
32      scanf("%s",delptr->name);
33      printf(" 請輸入成績：");
34      scanf("%d",&delptr->score);
35      ptr=delptr;  /* 保留串列首，以 ptr 為目前節點指標 */
36      for (i=1;i<5;i++)
37      {
38          newnode=(link)malloc(sizeof(node));  /* 建立新節點 */
39          if(!newnode)
40          {
41              printf("[Error!! 記憶體配置失敗 !\n");
42              exit(1);
43          }
44          printf(" 請輸入座號：");
45          scanf("%d",&newnode->num);
46          printf(" 請輸入姓名：");
47          scanf("%s",newnode->name);
```

```
48            printf(" 請輸入成績：");
49            scanf("%d",&newnode->score);
50            newnode->next=NULL;
51            ptr->next=newnode;   /* 把新節點加在串列後面 */
52            ptr=ptr->next;       /* 讓 ptr 保持在串列的最後面 */
53        }
54        printf("\n  學  生  成  績\n");
55        printf(" 座號\t姓名\t成績\n====================\n");
56        ptr=delptr;              /* 讓 ptr 回到串列首 */
57        while(ptr!=NULL)
58        {
59            printf("%3d\t%-s\t%3d\n",ptr->num,ptr->name,ptr->score);
60            delptr=ptr;
61            ptr=ptr->next;       /*ptr 依序往後走訪串列 */
62            free(delptr);        /* 釋回記憶體空間 */
63        }
64        system("pause");
65        return 0;
66    }
```

【執行結果】

```
請輸入 5 筆學生資料：
請輸入座號：1
請輸入姓名：Axel
請輸入成績：90
請輸入座號：2
請輸入姓名：Tom
請輸入成績：98
請輸入座號：3
請輸入姓名：John
請輸入成績：95
請輸入座號：4
請輸入姓名：Andy
請輸入成績：96
請輸入座號：5
請輸入姓名：Michael
請輸入成績：95

  學  生  成  績
 座號    姓名     成績
====================
  1      Axel      90
  2      Tom       98
  3      John      95
  4      Andy      96
  5      Michael   95
請按任意鍵繼續 . . .
```

5-1-3 單向串列插入節點

在單向串列中插入新節點，如同在一列自強號火車中加入新的車廂，會產生三種情況：加於第一個節點之前、加於最後一個節點之後，以及加於此串列中間任一位置。接下來我們利用圖解方式說明如下：

- **新節點插入第一個節點之前，即成為此串列的首節點：**只需把新節點的指標指向串列的原來第一個節點，再把串列指標首移到新節點上即可。

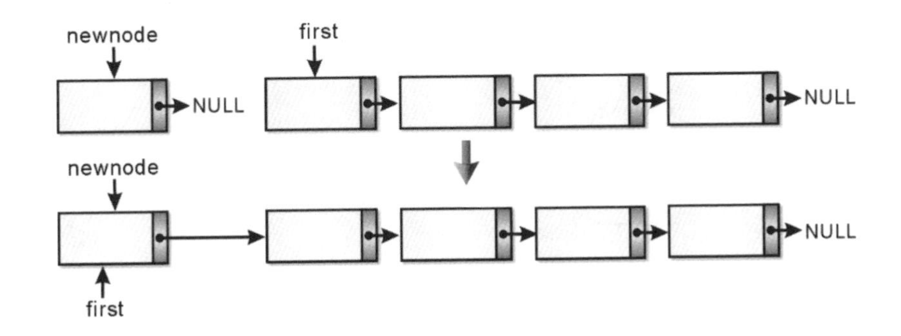

C 的演算法如下：

```
newnode->next=first;
first-=newnode;
```

- **新節點插入最後一個節點之後：**只需把串列的最後一個節點的指標指向新節點，新節點再指向 NULL 即可。

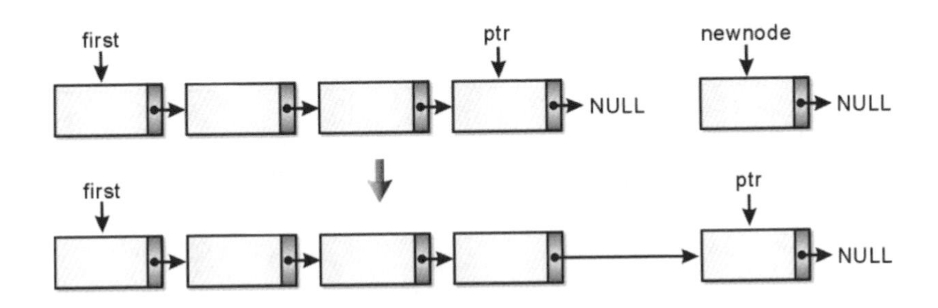

C 的演算法如下：

```
ptr->next=newnode;
newnode->next=NULL;
```

- **將新節點插入串列中間的位置**：例如插入的節點是在 X 與 Y 之間，只要將 X 節點的指標指向新節點，新節點的指標指向 Y 節點即可。如下圖所示：

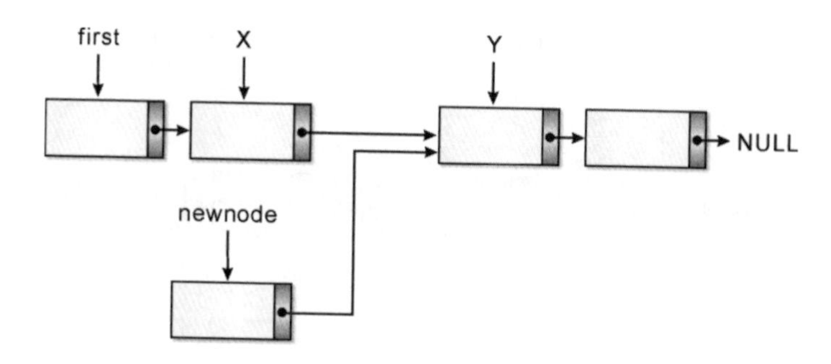

接著把插入點指標指向的新節點：

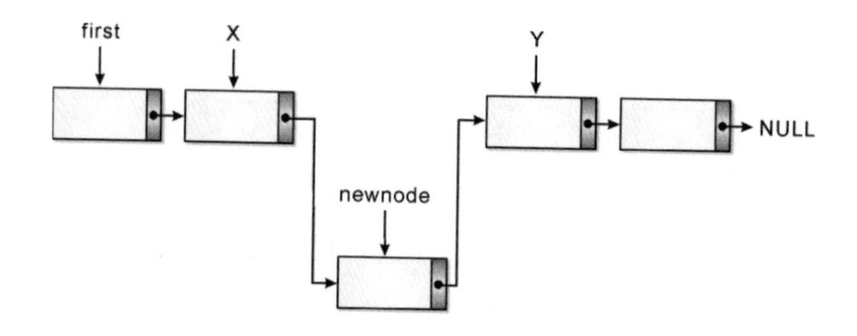

C 的演算法如下：

```
newnode->next=x->next;
x->next=newnode;
```

動動腦 請設計一 C 程式，建立一個員工資料的單向鏈結串列，並且允許可以在串列首、串列尾及串列中間等三種狀況下插入新節點。最後離開時，列出此串列的最後所有節點的資料欄內容。結構成員型態如下：

```
struct employee
{
    int num,score;
    char name[10];
    struct employee *next;
};
```

參考程式碼：[CH05_02.c]

```
01  #include <stdio.h>
02  #include <stdlib.h>
03  #include <string.h>
04
05  struct employee
06  {
07      int num,score;
08      char name[10];
09      struct employee *next;
10  };
11  typedef struct employee node;
12  typedef node *link;
13
14  link findnode(link head,int num)
15  {
16      link ptr;
17      ptr=head;
18      while(ptr!=NULL)
19      {
20          if(ptr->num==num)
21              return ptr;
22          ptr=ptr->next;
23      }
24      return ptr;
25  }
26
27  link insertnode(link head,link ptr,int num,int score,char name[10])
```

```
28  {
29      link InsertNode;
30      InsertNode=(link)malloc(sizeof(node));
31      if(!InsertNode)
32          return NULL;
33      InsertNode->num=num;
34      InsertNode->score=score;
35      strcpy(InsertNode->name,name);
36      InsertNode->next=NULL;
37      if(ptr==NULL)/* 插入第一個節點 */
38      {
39          InsertNode->next=head;
40          return InsertNode;
41      }
42      else
43      {
44          if(ptr->next==NULL)/* 插入最後一個節點 */
45          {
46              ptr->next=InsertNode;
47          }
48          else /* 插入中間節點 */
49          {
50              InsertNode->next=ptr->next;
51              ptr->next=InsertNode;
52          }
53      }
54      return head;
55  }
56
57
58  int main()
59  {
60      link head,ptr,newnode;
61      int new_num, new_score;
62      char new_name[10];
63      int i,j,position=0,find;
64      int data[12][2]={ 1001,32367,1002,24388,1003,27556,1007,31299,
65      1012,42660,1014,25676,1018,44145,1043,52182,1031,32769,1037,21100,
        1041,32196,1046,25776};
66      char namedata[12][10]={{"Allen"},{"Scott"},{"Marry"},{"John"},
67      {"Mark"},{"Ricky"},{"Lisa"},{"Jasica"},{"Hanson"},{"Amy"},{"Bob"},{"Jack"}};
68      printf(" 員工編號 薪水 員工編號 薪水 員工編號 薪水 員工編號 薪水 \n");
69      printf("------------------------------------------------------\n");
```

```
70
71      for(i=0;i<3;i++)
72      {
73          for (j=0;j<4;j++)
74              printf("[%4d] $%5d ",data[j*3+i][0],data[j*3+i][1]);
75          printf("\n");
76      }
77      printf("-------------------------------------------------------\n");
78      head=(link)malloc(sizeof(node)); /* 建立串列首 */
79      if(!head)
80      {
81          printf("Error!! 記憶體配置失敗 !!\n");
82          exit(1);
83      }
84      head->num=data[0][0];
85      for (j=0;j<10;j++)
86          head->name[j]=namedata[0][j];
87      head->score=data[0][1];
88      head->next=NULL;
89      ptr=head;
90      for(i=1;i<12;i++) /* 建立串列 */
91      {
92          newnode=(link)malloc(sizeof(node));
93          newnode->num=data[i][0];
94          for (j=0;j<10;j++)
95              newnode->name[j]=namedata[i][j];
96          newnode->score=data[i][1];
97          newnode->next=NULL;
98          ptr->next=newnode;
99          ptr=ptr->next;
100     }
101     while(1)
102     {
103         printf("\n");
104         printf(" 請輸入要插入其後的員工編號, 如輸入的編號不在此串列中,\n");
105         printf(" 新輸入的員工節點將視為此串列的串列首, 要結束插入過程, 請輸入 -1:");
106         scanf("%d",&position);
107         if(position==-1) /* 迴圈中斷條件 */
108             break;
109         else
110         {
111             ptr=findnode(head,position);
112             printf(" 請輸入新插入的員工編號:");
```

```
113             scanf("%d",&new_num);
114             printf(" 請輸入新插入的員工薪水：");
115             scanf("%d",&new_score);
116             printf(" 請輸入新插入的員工姓名：");
117             scanf("%s",new_name);
118             head=insertnode(head,ptr,new_num,new_score,new_name);
119         }
120     }
121     ptr=head;
122     printf("\n\t 員工編號 姓名 \t 薪水 \n");
123     printf("\t==============================\n");
124     while(ptr!=NULL)
125     {
126         printf("\t[%2d]\t[ %-7s]\t[%3d]\n",ptr->num,ptr->name,ptr->score);
127         ptr=ptr->next;
128     }
129     system("pause");
130     return 0;
131 }
```

【執行結果】

```
員工編號 薪水 員工編號 薪水 員工編號 薪水 員工編號 薪水
-------------------------------------------------------
[1001] $32367 [1007] $31299 [1018] $44145 [1037] $21100
[1002] $24388 [1012] $42660 [1043] $52182 [1041] $32196
[1003] $27556 [1014] $25676 [1031] $32769 [1046] $25776
-------------------------------------------------------

請輸入要插入其後的員工編號,如輸入的編號不在此串列中,
新輸入的員工節點將視為此串列的串列首,要結束插入過程,請輸入-1：1012
請輸入新插入的員工編號：1010
請輸入新插入的員工薪水：40000
請輸入新插入的員工姓名：Daniel

請輸入要插入其後的員工編號,如輸入的編號不在此串列中,
新輸入的員工節點將視為此串列的串列首,要結束插入過程,請輸入-1：-1

        員工編號     姓名         薪水
        ==============================
        [1001]  [ Allen  ]      [32367]
        [1002]  [ Scott  ]      [24388]
        [1003]  [ Marry  ]      [27556]
        [1007]  [ John   ]      [31299]
        [1012]  [ Mark   ]      [42660]
        [1010]  [ Daniel ]      [40000]
        [1014]  [ Ricky  ]      [25676]
        [1018]  [ Lisa   ]      [44145]
        [1043]  [ Jasica ]      [52182]
        [1031]  [ Hanson ]      [32769]
        [1037]  [ Amy    ]      [21100]
        [1041]  [ Bob    ]      [32196]
        [1046]  [ Jack   ]      [25776]
請按任意鍵繼續 . . .
```

5-1-4 單向串列刪除節點

在單向鏈結型態的資料結構中，如果要在串列中刪除一個節點，如同一列火車中拿掉原有的車廂，依據所刪除節點的位置會有三種不同的情形：

■ **刪除串列的第一個節點：**只要把串列指標首指向第二個節點即可。如下圖所示：

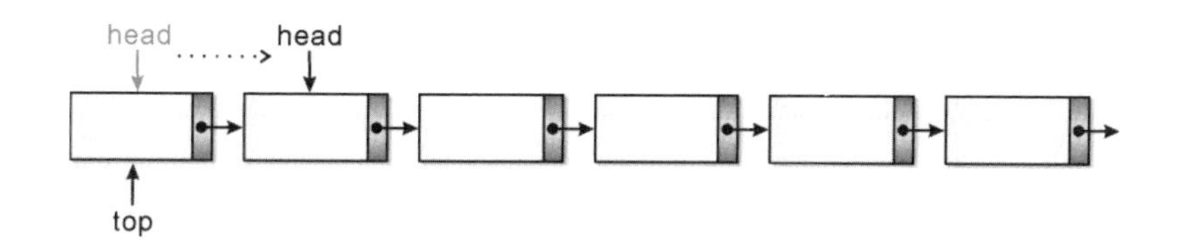

C 的演算法如下：

```
top=head;
head=head->next;
free(top);
```

■ **刪除串列後的最後一個節點：**只要指向最後一個節點 ptr 的指標，直接指向 NULL 即可。如下圖所示：

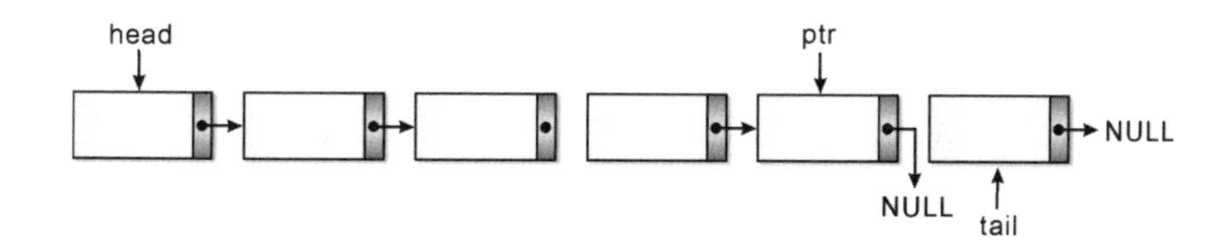

C 的演算法如下：

```
ptr->next=tail;
ptr->next=NULL;
free(tail);
```

- **刪除串列內的中間節點**：只要將刪除節點的前一個節點的指標，指向欲刪除節點的下一個節點即可。如下圖所示：

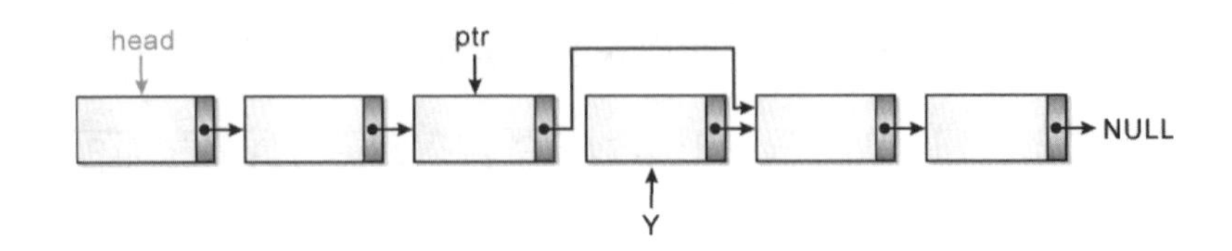

C 的演算法如下：

```
Y=ptr->next;
ptr->next=Y->next;
free(Y);
```

「動動腦」請設計一 C 程式，在一員工資料的串列中刪除節點，並且允許所刪除的節點有串列首、串列尾及串列中間等三種狀況。最後離開時，列出此串列的最後所有節點的資料欄內容。結構成員型態如下：

```
struct employee
{
    int num,score;
    char name[10];
    struct employee *next;
};
```

參考程式碼：[CH05_03.c]

```
01 #include <stdio.h>
02 #include <stdlib.h>
03 #include <string.h>
04 struct employee
05 {
06     int num,score;
07     char name[10];
08     struct employee *next;
09 };
10 typedef struct employee node;
```

```
11  typedef node *link;
12  link del_ptr(link head,link ptr);
13  int main()
14  {
15      link head,ptr,newnode;
16      int i,j,find;
17      int findword=0;
18      char namedata[12][10]={{"Allen"},{"Scott"},{"Marry"},{"John"},
                                 {"Mark"},{"Ricky"},{"Lisa"},{"Jasica"},
                                 {"Hanson"},{"Amy"},{"Bob"},{"Jack"}};
19      int data[12][2]={ 1001,32367,1002,24388,1003,27556,1007,31299,
20      1012,42660,1014,25676,1018,44145,1043,52182,1031,32769,1037,21100,
            1041,32196,1046,25776};
21      printf("員工編號 薪水 員工編號 薪水 員工編號 薪水 員工編號 薪水\n");
22      printf("------------------------------------------------------\n");
23
24      for(i=0;i<3;i++)
25      {
26          for (j=0;j<4;j++)
27              printf("%2d [%3d] ",data[j*3+i][0],data[j*3+i][1]);
28          printf("\n");
29      }
30      head=(link)malloc(sizeof(node)); /* 建立串列首 */
31      if(!head)
32      {
33          printf("Error!! 記憶體配置失敗!!\n");
34          exit(1);
35      }
36      head->num=data[0][0];
37      strcpy(head->name,namedata[0]);
38      head->score=data[0][1];
39      head->next=NULL;
40
41      ptr=head;
42      for(i=1;i<12;i++) /* 建立串列 */
43      {
44          newnode=(link)malloc(sizeof(node));
45          newnode->num=data[i][0];
46          strcpy(newnode->name,namedata[i]);
47          newnode->score=data[i][1];
48          newnode->num=data[i][0];
49          newnode->next=NULL;
50          ptr->next=newnode;
51          ptr=ptr->next;
52      }
53      while(1)
```

```
54      {
55          printf("\n 請輸入要刪除的員工編號，要結束刪除過程，請輸入 -1：");
56          scanf("%d",&findword);
57          if(findword==-1) /* 迴圈中斷條件 */
58              break;
59          else
60          {
61              ptr=head;
62              find=0;
63              while (ptr!=NULL)
64              {
65                  if(ptr->num==findword)
66                  {
67                      ptr=del_ptr(head,ptr);
68                      find++;
69                      head=ptr;
70                      break;
71                  }
72                  ptr=ptr->next;
73              }
74              if(find==0)
75              printf("###### 沒有找到 ######\n");
76          }
77      }
78      ptr=head;
79      printf("\n\t 座號 \t 姓名 \t 成績 \n"); /* 列印剩餘串列資料 */
80      printf("\t==============================\n");
81      while(ptr!=NULL)
82      {
83          printf("\t[%2d]\t[ %-10s]\t[%3d]\n",ptr->num,ptr->name,ptr->score);
84          ptr=ptr->next;
85      }
86      system("pause");
87      return 0;
88  }
89  link del_ptr(link head,link ptr) /* 刪除節點副程式 */
90  {
91      link top;
92      top=head;
93      if(ptr->num==head->num) /*[ 情形 1]: 刪除點在串列首 */
94      {
95          head=head->next;
96              printf(" 已刪除第 %d 號員工 姓名：%s 薪資 :%d\n",ptr->num,ptr->
                    name,ptr->score);
97      }
98      else
```

```
99          {
100             while(top->next!=ptr) /* 找到刪除點的前一個位置 */
101                 top=top->next;
102             if(ptr->next==NULL) /* 刪除在串列尾的節點 */
103             {
104                 top->next=NULL;
105                 printf(" 已刪除第 %d 號員工 姓名：%s 薪資:%d\n",ptr->num,ptr->
                        name,ptr->score);
106             }
107             else /* 刪除在串列中的任一節點 */
108             {
109                 top->next=ptr->next;
110                     printf(" 已刪除第 %d 號員工 姓名：%s 薪資:%d\n",ptr->num,ptr->
                        name,ptr->score);
111             }
112         }
113         free(ptr); /* 釋放記憶體空間 */
114         return head; /* 回傳串列 */
115 }
```

【執行結果】

```
員工編號 薪水 員工編號 薪水 員工編號 薪水 員工編號 薪水
-------------------------------------------------------
1001  [32367]  1007  [31299]  1018  [44145]  1037  [21100]
1002  [24388]  1012  [42660]  1043  [52182]  1041  [32196]
1003  [27556]  1014  [25676]  1031  [32769]  1046  [25776]

請輸入要刪除的員工編號,要結束刪除過程,請輸入-1：1003
已刪除第 1003 號員工 姓名：Marry 薪資:27556

請輸入要刪除的員工編號,要結束刪除過程,請輸入-1：-1

        座號        姓名        成績
        ==============================
        [1001]  [ Allen     ]  [32367]
        [1002]  [ Scott     ]  [24388]
        [1007]  [ John      ]  [31299]
        [1012]  [ Mark      ]  [42660]
        [1014]  [ Ricky     ]  [25676]
        [1018]  [ Lisa      ]  [44145]
        [1043]  [ Jasica    ]  [52182]
        [1031]  [ Hanson    ]  [32769]
        [1037]  [ Amy       ]  [21100]
        [1041]  [ Bob       ]  [32196]
        [1046]  [ Jack      ]  [25776]
請按任意鍵繼續 . . .
```

5-1-5 單向串列的反轉

看完了節點的刪除及插入後，各位可以發現在這種具有方向性的串列結構中增刪節點是相當容易的一件事。就是要從頭到尾列印整個串列似乎也不難，不過如果要反轉過來列印就真得需要某些技巧了。我們知道在鏈結串列中的節點特性是知道下一個節點的位置，可是卻無從得知它的上一個節點位置，不過如果要將串列反轉，則必須使用三個指標變數。請看下圖說明：

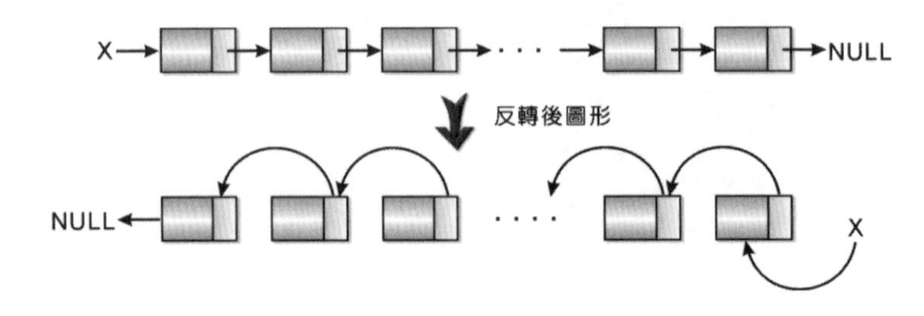

在以下圖示說明，我們使用了 p、q、r 三個指標變數，它的運算過程如下：

■ **執行 while 迴路前**

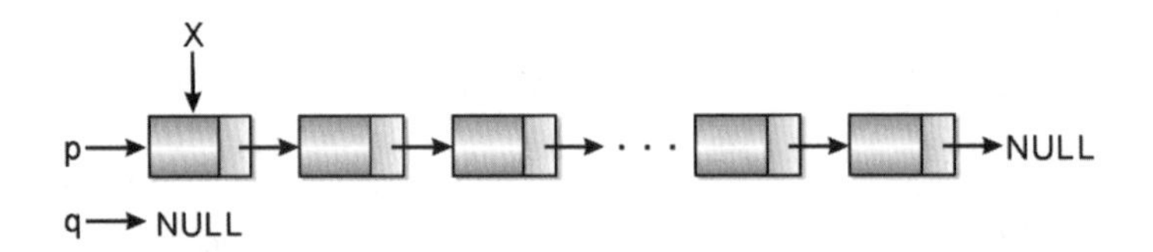

■ **第一次執行 while 迴路**

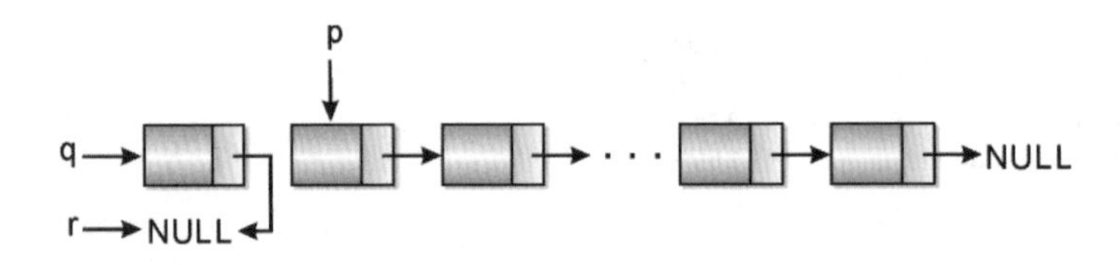

■ **第二次執行 while 迴路**

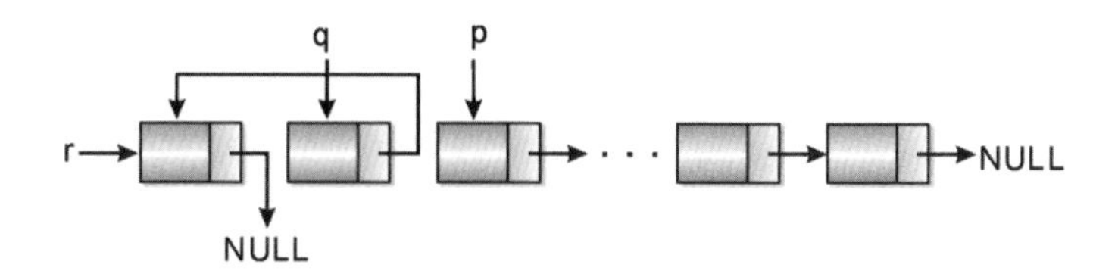

當執行到 p=NULL 時，整個串列也就整個反轉過來了。

「動動腦」請設計一 C 程式，延續範例 5.1.3，將員工資料的串列節點依照座號反轉列印出來。

參考程式碼：[CH05_04.c]

```
01  #include <stdio.h>
02  #include <stdlib.h>
03
04
05  struct employee
06  {
07      int num,score;
08      char name[10];
09      struct employee *next;
10  };
11  typedef struct employee node;
12  typedef node *link;
13
14  int main()
15  {
16      link head,ptr,newnode,last,before;
17      int i,j,findword=0;
18      char namedata[12][10]={{"Allen"},{"Scott"},{"Marry"},
19      {"Jon"},{"Mark"},{"Ricky"},{"Lisa"},{"Jasica"},
20      {"Hanson"},{"Amy"},{"Bob"},{"Jack"}};
21      int data[12][2]={ 1001,32367,1002,24388,1003,27556,1007,31299,
22      1012,42660,1014,25676,1018,44145,1043,52182,1031,32769,1037,21100,
        1041,32196,1046,25776};
23      head=(link)malloc(sizeof(node)); /* 建立串列首 */
24      if(!head)
25      {
```

```
26          printf("Error!! 記憶體配置失敗!!\n");
27          exit(1);
28      }
29      head->num=data[0][0];
30      for (j=0;j<10;j++)
31          head->name[j]=namedata[0][j];
32      head->score=data[0][1];
33      head->next=NULL;
34      ptr=head;
35      for(i=1;i<12;i++) /* 建立鏈結串列 */
36      {
37          newnode=(link)malloc(sizeof(node));
38          newnode->num=data[i][0];
39          for (j=0;j<10;j++)
40              newnode->name[j]=namedata[i][j];
41          newnode->score=data[i][1];
42          newnode->next=NULL;
43          ptr->next=newnode;
44          ptr=ptr->next;
45      }
46      ptr=head;
47      i=0;
48      printf(" 原始員工串列節點資料:\n");
49      while (ptr!=NULL)
50      { /* 列印串列資料 */
51          printf("[%2d %6s %3d] -> ",ptr->num,ptr->name,ptr->score);
52          i++;
53          if(i>=3) /* 三個元素為一列 */
54          {
55              printf("\n");
56              i=0;
57          }
58          ptr=ptr->next;
59      }
60      ptr=head;
61      before=NULL;
62      printf("\n 反轉後串列節點資料:\n");
63      while(ptr!=NULL) /* 串列反轉, 利用三個指標 */
64      {
65          last=before;
66          before=ptr;
67          ptr=ptr->next;
68          before->next=last;
69      }
```

```
70      ptr=before;
71      while(ptr!=NULL)
72      {
73          printf("[%2d %6s %3d] -> ",ptr->num,ptr->name,ptr->score);
74          i++;
75          if(i>=3)
76          {
77              printf("\n");
78              i=0;
79          }
80          ptr=ptr->next;
81      }
82      system("pause");
83      return 0;
84 }
```

【執行結果】

```
原始員工串列節點資料：
[1001  Allen 32367] -> [1002  Scott 24388] -> [1003  Marry 27556] ->
[1007    Jon 31299] -> [1012   Mark 42660] -> [1014  Ricky 25676] ->
[1018   Lisa 44145] -> [1043 Jasica 52182] -> [1031 Hanson 32769] ->
[1037    Amy 21100] -> [1041    Bob 32196] -> [1046   Jack 25776] ->

反轉後串列節點資料：
[1046   Jack 25776] -> [1041    Bob 32196] -> [1037    Amy 21100] ->
[1031 Hanson 32769] -> [1043 Jasica 52182] -> [1018   Lisa 44145] ->
[1014  Ricky 25676] -> [1012   Mark 42660] -> [1007    Jon 31299] ->
[1003  Marry 27556] -> [1002  Scott 24388] -> [1001  Allen 32367] ->
請按任意鍵繼續 . . .
```

5-1-6 單向串列的連結

對於兩個或以上鏈結串列的連結（concatenation），其實作法也很容易；只要將串列的首尾相連即可。如下圖所示：

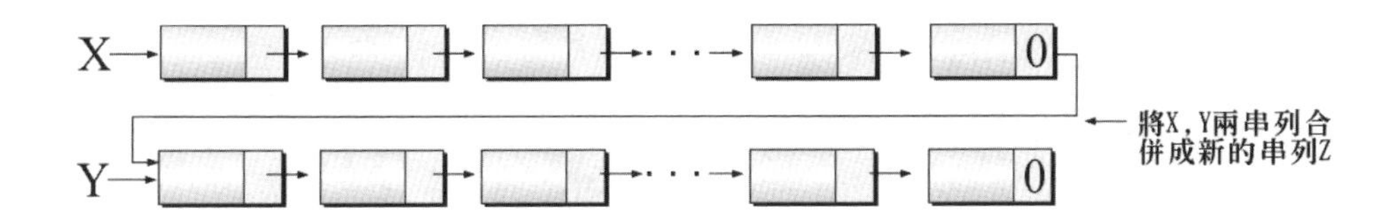

「動動腦」 以下請設計一 C 程式，將兩組學生成績串列連結起來，並輸出新的學生成績串列。

參考程式碼：[CH05_05.c]

```
01  /*
02  [示範]:單向串列的連結功能
03  */
04  #include <stdio.h>
05  #include <stdlib.h>
06  #include <time.h>
07  
08  struct list
09  {
10      int num,score;
11      char name[10];
12      struct list *next;
13  };
14  typedef struct list node;
15  typedef node *link;
16  link concatlist(link,link);
17  
18  int main()
19  {
20      link head,ptr,newnode,last,before;
21      link head1,head2;
22      int i,j,findword=0,data[12][2];
23      /*第一組串列的姓名 */
24      char namedata1[12][10]={{"Allen"},{"Scott"},{"Marry"},
25      {"Jon"},{"Mark"},{"Ricky"},{"Lisa"},{"Jasica"},
26      {"Hanson"},{"Amy"},{"Bob"},{"Jack"}};
27      /*第二組串列的姓名 */
28      char namedata2[12][10]={{"May"},{"John"},{"Michael"},
29      {"Andy"},{"Tom"},{"Jane"},{"Yoko"},{"Axel"},
30      {"Alex"},{"Judy"},{"Kelly"},{"Lucy"}};
31      srand((unsigned)time(NULL));
32      for (i=0;i<12;i++)
33      {
34          data[i][0]=i+1;
35          data[i][1]=rand()%50+51;
36      }
37      head1=(link)malloc(sizeof(node));     /*建立第一組串列首*/
38      if(!head1)
39      {
```

```
40            printf("Error!! 記憶體配置失敗 !!\n");
41            exit(1);
42        }
43        head1->num=data[0][0];
44        for (j=0;j<10;j++)
45            head1->name[j]=namedata1[0][j];
46        head1->score=data[0][1];
47        head1->next=NULL;
48        ptr=head1;
49        for(i=1;i<12;i++) /* 建立第一組鏈結串列 */
50        {
51            newnode=(link)malloc(sizeof(node));
52            newnode->num=data[i][0];
53            for (j=0;j<10;j++)
54                newnode->name[j]=namedata1[i][j];
55            newnode->score=data[i][1];
56            newnode->next=NULL;
57            ptr->next=newnode;
58            ptr=ptr->next;
59        }
60
61        srand((unsigned)time(NULL));
62        for (i=0;i<12;i++)
63        {
64            data[i][0]=i+13;
65            data[i][1]=rand()%40+41;
66        }
67        head2=(link)malloc(sizeof(node)); /* 建立第二組串列首 */
68        if(!head2)
69        {
70            printf("Error!! 記憶體配置失敗 !!\n");
71            exit(1);
72        }
73        head2->num=data[0][0];
74        for (j=0;j<10;j++)
75            head2->name[j]=namedata2[0][j];
76        head2->score=data[0][1];
77        head2->next=NULL;
78        ptr=head2;
79        for(i=1;i<12;i++) /* 建立第二組鏈結串列 */
80        {
81            newnode=(link)malloc(sizeof(node));
82            newnode->num=data[i][0];
83            for (j=0;j<10;j++)
84                newnode->name[j]=namedata2[i][j];
```

```
85              newnode->score=data[i][1];
86              newnode->next=NULL;
87              ptr->next=newnode;
88              ptr=ptr->next;
89          }
90          i=0;
91          ptr=concatlist(head1,head2);/* 將串列相連 */
92          printf(" 兩個鏈結串列相連的結果：\n");
93          while (ptr!=NULL)
94          { /* 列印串列資料 */
95              printf("[%2d %6s %3d] -> ",ptr->num,ptr->name,ptr->score);
96              i++;
97              if(i>=3) /* 三個元素為一列 */
98              {
99                  printf("\n");
100                 i=0;
101             }
102             ptr=ptr->next;
103         }
104         system("pause");
105         return 0;
106 }
107 link concatlist(link ptr1,link ptr2)
108 {
109         link ptr;
110         ptr=ptr1;
111         while(ptr->next!=NULL)
112             ptr=ptr->next;
113         ptr->next=ptr2;
114         return ptr1;
115 }
```

【執行結果】

```
兩個鏈結串列相連的結果：
[ 1  Allen  55] -> [ 2  Scott  97] -> [ 3  Marry  65] ->
[ 4    Jon  66] -> [ 5   Mark  60] -> [ 6  Ricky  84] ->
[ 7   Lisa  83] -> [ 8 Jasica 100] -> [ 9 Hanson  60] ->
[10    Amy  66] -> [11    Bob  86] -> [12   Jack  67] ->
[13    May  55] -> [14   John  77] -> [15 Michael  45] ->
[16   Andy  76] -> [17    Tom  60] -> [18   Jane  64] ->
[19   Yoko  43] -> [20   Axel  80] -> [21   Alex  70] ->
[22   Judy  46] -> [23  Kelly  76] -> [24   Lucy  67] ->
請按任意鍵繼續 . . .
```

5-2 環狀串列

在單向串列中，維持串列首是相當重要的事，因為單向鏈結串列有方向性，所以如果串列首指標被破壞或遺失，則整個串列就會遺失，並且浪費整個串列的記憶體空間。如果我們把串列的最後一個節點指標指向串列首，而不是指向NULL，整個串列就成為一個單方向的環狀結構。如此一來便不用擔心串列首遺失的問題了，因為每一個節點都可以是串列首，也可以從任一個節點來追蹤其他節點。通常可做為記憶體工作區與輸出入緩衝區的處理及應用。如下圖所示：

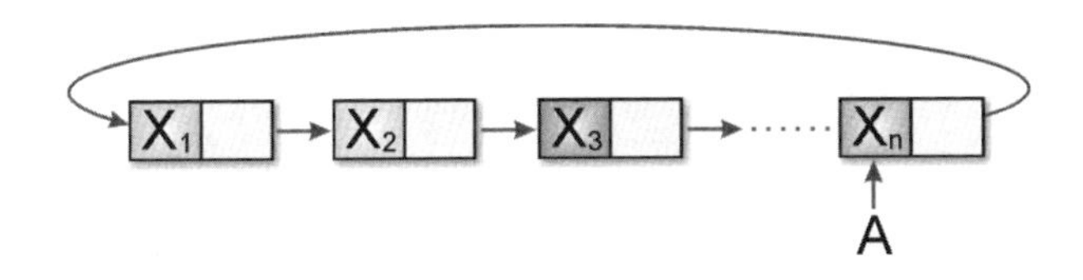

5-2-1 環狀串列的走訪

簡單來說，環狀串列（Circular Linked List）的特點是在串列中的任何一個節點，都可以達到此串列內的各節點，建立的過程與單向鏈結串列相似，唯一的不同點是必須要將最後一個節點指向第一個節點。事實上，環狀串列的優點是可以從任何一個節點追蹤所有節點，而且回收整個串列所需時間是固定的，與長度無關，缺點是需要多一個鏈結空間，而且插入一個節點需要改變兩個鏈結。以下程式片段是建立學生節點的環狀串列的演算法：

```
struct student
{
    char name[20];
    char no[10];
    struct student *next;
};
typedef struct student s_data;
s_data *ptr; /* 存取指標 */
```

```
s_data *head; /* 串列開頭指標 */
s_data *new_data; /* 新增元素所在位置指標 */
head = (s_data*)malloc(sizeof(s_data)); /* 新增串列開頭元素 */
ptr = head; /* 設定存取指標位置 */
ptr->next = NULL; /* 目前無下個元素 */
do
{
    printf( "(1) 新增 (2) 離開 =>");
    scanf( "%d", &select);
    if (select != 2)
    {
        printf( "姓名 學號 :");
        scanf( "%s %s",ptr->name,ptr->no);
        new_data = (s_data*)malloc(sizeof(s_data)); /* 新增下一元素 */
        ptr->next = new_data; /* 連接下一元素 */
        new_data->next = NULL; /* 下一元素的 next 先設定為 null */
        ptr = new_data; /* 存取指標設定為新元素所在位置 */
    }
} while (select != 2);
ptr->next = head; /* 將最後一個節點的指標欄指向串列首 */
```

動動腦 請設計一 C 程式，可以讓使用者輸入資料來新增學生資料節點，與建立一個環狀鏈結串列，當使用者輸入結束後，可走訪此串列並顯示其內容。

參考程式碼：[CH05_06.c]

```
01  #include <stdio.h>
02  #include <stdlib.h>
03
04  int main()
05  {
06      int select,student_no=0;
07      float Msum=0,Esum=0;
08
09      struct student
10      {
11          char name[20];
12          char no[10];
13          struct student *next;
14      };
15      typedef struct student s_data;
16      s_data *ptr;         /* 存取指標 */
17      s_data *head;        /* 串列開頭指標 */
18      s_data *new_data;    /* 新增元素所在位置指標 */
19
```

```
20      head = (s_data*)malloc(sizeof(s_data));    /* 新增串列開頭元素 */
21      ptr = head;    /* 設定存取指標位置 */
22      ptr->next = NULL;    /* 目前無下個元素 */
23      do
24      {
25          printf("(1) 新增 (2) 離開 =>");
26          scanf("%d", &select);
27          if (select != 2)
28          {
29              printf(" 姓名 學號 :");
30              scanf("%s %s",ptr->name,ptr->no);
31              new_data = (s_data*)malloc(sizeof(s_data));  /* 新增下一元素 */
32              ptr->next = new_data;    /* 連接下一元素 */
33              new_data->next = NULL;    /* 下一元素的 next 先設定為 null */
34              ptr = new_data;    /* 存取指標設定為新元素所在位置 */
35          }
36      } while (select != 2);
37
38      ptr->next = head;    /* 設定存取指標從頭開始 */
39
40      putchar('\n');
41      ptr=head;
42      do
43      {
44          printf(" 姓名：%s\t 學號 :%s\n",
45          ptr->name,ptr->no);
46          ptr = ptr ->next;    /* 將 head 移往下一元素 */
47      } while(ptr->next!= head);
48      printf("-----------------------------------------------------\n");
49
50      system("pause");
51      return 0;
52  }
```

【執行結果】

```
(1)新增 (2)離開 =>1
姓名 學號 :Andy 1001
(1)新增 (2)離開 =>1
姓名 學號 :Axel 1005
(1)新增 (2)離開 =>1
姓名 學號 :Daniel 1008
(1)新增 (2)離開 =>2

姓名：Andy      學號:1001
姓名：Axel      學號:1005
姓名：Daniel    學號:1008
-----------------------------------------------------
請按任意鍵繼續 . . .
```

1. 在單向串列的資料結構中，依據所刪除節點的位置會有哪三種不同的情形？
2. 試說明環狀串列的優缺點。
3. 請以圖形說明環狀串列的反轉演算法。
4. 試簡述「單向串列」。

Chapter

後進先出的堆疊演算法 06

6-1 陣列實作堆疊

6-2 串列實作堆疊

6-3 遞迴式

堆疊（Stack）是一群相同資料型態的組合，所有的動作均在頂端進行，具「後進先出」（Last In, First Out, LIFO）的特性。談到所謂後進先出的觀念，其實就如同自助餐中餐盤由桌面往上一個一個疊放，且取用時由最上面先拿，這就是一種典型堆疊概念的應用。

自助餐中餐盤存取就是一種堆疊的應用

由於堆疊是一種抽象型資料結構（Abstract Data Type, ADT），它具有下列特性：

① 只能從堆疊的頂端存取資料。

② 資料的存取符合「後進先出」（Last In First Out, LIFO）的原則。

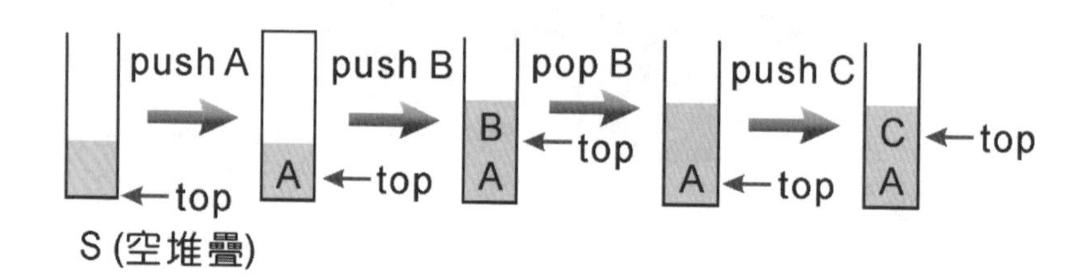

堆疊的基本運算可以具備以下五種工作定義：

create	建立一個空堆疊
push	存放頂端資料，並傳回新堆疊
pop	刪除頂端資料，並傳回新堆疊
isEmpty	判斷堆疊是否為空堆疊，是則傳回 True，不是則傳回 False
full	判斷堆疊是否已滿，是則傳回 True，不是則傳回 True

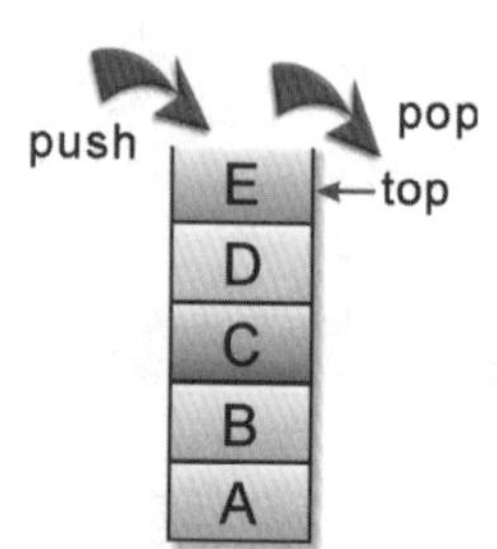

TIPS 對一種資料型態而言，我們可以將其看成是一種值的集合，以及在這些值上所作的運算與本身所代表的屬性所成的集合。ADT 在電腦中是表示一種「資訊隱藏」(Information Hiding) 的精神與某一種特定的關係模式。例如堆疊 (Stack) 是一種後進先出運作方式，就是一種 ADT。

動動腦 考慮如下所示的鐵路交換網路：

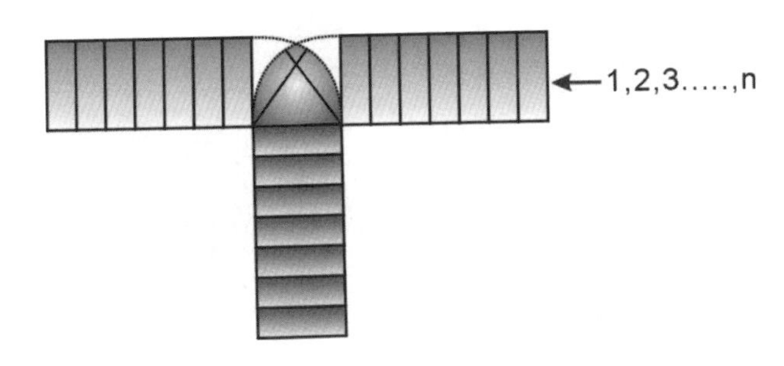

在圖右邊為編號 1,2,3,...,n 的火車廂。每一車廂被拖入堆疊，並可以在任何時候將它拖出。如 n=3，我們可以拖入 1，拖入 2，拖入 3，然後再將車廂拖出，此時可產生新的車廂順序 3,2,1。請問

❶ 當 n=3 時，分別有哪幾種排列的方式？哪幾種排序方式不可能發生？

❷ 當 n=6 時，325641 這樣的排列是否可能發生？或者 154236 ？或者 154623 ？又當 n=5 時，32154 這樣的排列是否可能發生？

❸ 找出一個公式 Sn，當有 n 節車廂時，共有幾種排方式？

解答
1. 當 n=3 時，可能的排列方式有五種，分別是 123,132,213,231,321。不可能的排列方式有 312。
2. 依據堆疊後進先出的原則，所以 325641 的車廂號碼順序是可以達到。至於 154263 與 154623 都不可能發生。當 n=5 時，可以產生 32154 的排列。
3. $Sn = \frac{1}{n+1}\binom{2n}{n}$

$$= \frac{1}{n+1} * \frac{(2n)!}{n!*n!}$$

6-1 陣列實作堆疊

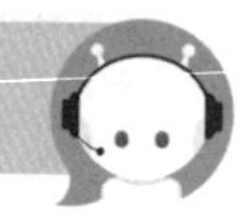

以陣列結構來製作堆疊的好處是製作與設計的演算法都相當簡單，但因為如果堆疊本身是變動的話，陣列大小並無法事先規劃宣告，太大時浪費空間，太小則不夠使用。

C 的相關演算法如下：

```
int isEmpty() /* 判斷堆疊是否為空堆疊 */
{
    if(top==-1)return 1;
    else return 0;
}
```

```
int push(int data)/* 存放頂端資料，並傳回新堆疊 */
{
    if(top>=MAXSTACK)
    {
        printf(" 堆疊已滿，無法再加入 \n");
        return 0;
    }
    else
    {
        stack[++top]=data; /* 將資料存入堆疊 */
        return 1;
    }
}
```

```
int pop()
{
    if(isEmpty())/* 判斷堆疊是否為空，如果是則傳回 -1*/
        return -1;
    else
        return stack[top--]; /* 將資料取出後，再將堆疊指標往下移 */
}
```

動動腦 請利用陣列結構與迴圈來控制準備推入或取出的元素，並模擬堆疊的各種工作運算，此堆疊最多可容納 100 個元素，其中必須包括推入（push）與彈出（pop）函數，及最後輸出所有堆疊內的元素。

參考程式碼：[CH06_01.c]

```
01  #include <stdio.h>
02  #include <stdlib.h>
03  #define MAXSTACK 100 /* 定義最大堆疊容量 */
04  
05  int stack[MAXSTACK];/* 堆疊的陣列宣告 */
06  int top=-1;/* 堆疊的頂端 */
07  /* 判斷是否為空堆疊 */
08  int isEmpty()
09  {
10      if(top==-1)return 1;
11      else return 0;
12  }
13  /* 將指定的資料存入堆疊 */
14  int push(int data)
15  {
16      if(top>=MAXSTACK)
17      {
18          printf(" 堆疊已滿，無法再加入 \n");
19          return 0;
20      }
21      else
22      {
23          stack[++top]=data; /* 將資料存入堆疊 */
24          return 1;
```

```
25
26      }
27  }
28  /* 從堆疊取出資料 */
29  int pop()
30  {
31      if(isEmpty())/* 判斷堆疊是否為空，如果是則傳回 -1*/
32          return -1;
33      else
34          return stack[top--]; /* 將資料取出後，再將堆疊指標往下移 */
35  }
36  /* 主程式 */
37  int main()
38  {
39      int value;
40      int i;
41      do
42      {
43          printf(" 要推入堆疊，請輸入 1, 彈出則輸入 0, 停止操作則輸入 -1: ");
44          scanf("%d",&i);
45          if(i==-1)
46              break;
47          else if (i==1)
48          {
49              printf(" 請輸入元素值 :");
50              scanf("%d",&value);
51              push(value);
52          }
53          else if(i==0)
54              printf(" 彈出的元素為 %d\n",pop());
55      }while(i!=-1);
56
57      printf("==============================\n");
58      while(!isEmpty())/* 將資料陸續從頂端彈出 */
59          printf(" 堆疊彈出的順序為 :%d\n",pop());
60      printf("============================\n");
61      system("pause");
62      return 0;
63  }
```

【執行結果】

```
要推入堆疊,請輸入1,彈出則輸入0,停止操作則輸入-1: 1
請輸入元素值:5
要推入堆疊,請輸入1,彈出則輸入0,停止操作則輸入-1: 1
請輸入元素值:6
要推入堆疊,請輸入1,彈出則輸入0,停止操作則輸入-1: 1
請輸入元素值:7
要推入堆疊,請輸入1,彈出則輸入0,停止操作則輸入-1: 0
彈出的元素為7
要推入堆疊,請輸入1,彈出則輸入0,停止操作則輸入-1: -1
============================
堆疊彈出的順序為:6
堆疊彈出的順序為:5
==========================
請按任意鍵繼續 . . .
```

6-2 串列實作堆疊

使用鏈結串列來製作堆疊的優點是隨時可以動態改變串列長度，能有效利用記憶體資源，不過缺點是設計時，演算法較為複雜。

C 的相關演算法如下：

```
struct Node /* 堆疊鏈結節點的宣告 */
{
    int data; /* 堆疊資料的宣告 */
    struct Node *next;/* 堆疊中用來指向下一個節點 */
};
```

```
int isEmpty()/* 判斷是否為空堆疊 */
{
    if(top==NULL)return 1;
    else return 0;
}
```

```
void push(int data)/* 將指定的資料存入堆疊 */
{
    Linked_Stack new_add_node; /* 新加入節點的指標 */
    /* 配置新節點的記憶體 */
    new_add_node=(Linked_Stack)malloc(sizeof(Stack_Node));
    new_add_node->data=data;/* 將傳入的值指定為節點的內容 */
    new_add_node->next=top;/* 將新節點指向堆疊的頂端 */
    top=new_add_node;/* 新節點成為堆疊的頂端 */
}
```

```
int pop()/* 從堆疊彈出資料 */
{
    Linked_Stack ptr; /* 指向堆疊頂端的指標 */
    int temp;
    if(isEmpty())/* 判斷堆疊是否為空，如果是則傳回 -1*/
    {
        printf("=== 目前為空堆疊 ===\n");
        return -1;
    }
    else
    {
        ptr=top;/* 指向堆疊的頂端 */
        top=top->next;/* 將堆疊頂端的指標指向下一個節點 */
        temp=ptr->data;/* 彈出堆疊的資料 */
        free(ptr);/* 將節點佔用的記憶體釋放 */
        return temp;/* 將從堆疊取出的資料回傳給主程式 */
    }
}
```

動動腦 請利用鏈結串列來設計一 C 程式，利用迴圈來控制準備推入或取出的元素，其中必須包括推入（push）與彈出（pop）函數，及最後輸出所有堆疊內的元素。

參考程式碼如下：**[CH06_02.c]**

```
01  #include <stdio.h>
02  #include <stdlib.h>
03
04  struct Node /* 堆疊鏈結節點的宣告 */
05  {
```

```
06      int data; /* 堆疊資料的宣告 */
07      struct Node *next;/* 堆疊中用來指向下一個節點 */
08  };
09  typedef struct Node Stack_Node;/* 定義堆疊中節點的新型態 */
10  typedef Stack_Node *Linked_Stack;/* 定義串列堆疊的新型態 */
11  Linked_Stack top=NULL;/* 指向堆疊頂端的指標 */
12  int isEmpty();
13  int pop();
14  void push(int data);
15  /* 判斷是否為空堆疊 */
16
17  /* 主程式 */
18  int main()
19  {
20      int value;
21      int i;
22
23      do
24      {
25          printf("要推入堆疊，請輸入1，彈出則輸入0，停止操作則輸入-1: ");
26          scanf("%d",&i);
27          if(i==-1)
28              break;
29          else if (i==1)
30          {
31              printf("請輸入元素值:");
32              scanf("%d",&value);
33              push(value);
34          }
35          else if(i==0)
36              printf("彈出的元素為%d\n",pop());
37          } while(i!=-1);
38
39      printf("==============================\n");
40      while(!isEmpty())/* 將資料陸續從頂端彈出 */
41          printf("堆疊彈出的順序為:%d\n",pop());
42      printf("============================\n");
43
44      system("pause");
45      return 0;
46  }
47  int isEmpty()
48  {
49      if(top==NULL)return 1;
50      else return 0;
51  }
52  /* 將指定的資料存入堆疊 */
```

```
53  void push(int data)
54  {
55      Linked_Stack new_add_node;  /* 新加入節點的指標 */
56      /* 配置新節點的記憶體 */
57      new_add_node=(Linked_Stack)malloc(sizeof(Stack_Node));
58      new_add_node->data=data;/* 將傳入的值指定為節點的內容 */
59      new_add_node->next=top;/* 將新節點指向堆疊的頂端 */
60      top=new_add_node;/* 新節點成為堆疊的頂端 */
61  }
62  /* 從堆疊取出資料 */
63  int pop()
64  {
65      Linked_Stack ptr; /* 指向堆疊頂端的指標 */
66      int temp;
67      if(isEmpty())/* 判斷堆疊是否為空，如果是則傳回 -1*/
68      {
69          printf("=== 目前為空堆疊 ===\n");
70          return -1;
71      }
72      else
73      {
74          ptr=top;/* 指向堆疊的頂端 */
75          top=top->next;/* 將堆疊頂端的指標指向下一個節點 */
76          temp=ptr->data;/* 取出堆疊的資料 */
77          free(ptr);/* 將節點佔用的記憶體釋放 */
78          return temp;/* 將從堆疊取出的資料回傳給主程式 */
79      }
80  }
```

【執行結果】

```
要推入堆疊,請輸入1,彈出則輸入0,停止操作則輸入-1: 1
請輸入元素值:8
要推入堆疊,請輸入1,彈出則輸入0,停止操作則輸入-1: 1
請輸入元素值:6
要推入堆疊,請輸入1,彈出則輸入0,停止操作則輸入-1: 1
請輸入元素值:7
要推入堆疊,請輸入1,彈出則輸入0,停止操作則輸入-1: 0
彈出的元素為7
要推入堆疊,請輸入1,彈出則輸入0,停止操作則輸入-1: -1
============================
堆疊彈出的順序為:6
堆疊彈出的順序為:8
==========================
請按任意鍵繼續 . . .
```

6-3 遞迴式

遞迴式就是一種分治法與堆疊的應用，因為程式的呼叫及返回：在每次遞迴之前，須先將下一個指令的位址、及變數的值保存到堆疊中。當以後遞迴回來（Return）時，則循序從堆疊頂端取出這些相關值，回到原來執行遞迴前的狀況，再往下執行。

簡單來說，對程式設計師而言，「函數」（或稱副程式）不單純只是能夠被其他函數呼叫（或引用）的程式單元，在某些語言還提供了自身引用的功能，這種功用就是所謂的「遞迴」。遞迴在早期人工智慧所用的語言。如 Lisp、Prolog 幾乎都是整個語言運作的核心，當然在 C/C++ 中也有提供這項功能，因為它們的繫結時間可以延遲至執行時才動態決定。

「何時才是使用遞迴的最好時機？」，是不是遞迴只能解決少數問題？事實上，任何可以用選擇結構和重複結構來編寫的程式碼，都可以用遞迴來表示和編寫。

6-3-1 遞迴的定義

談到遞迴的定義，我們可以正式這樣形容，假如一個函數或副程式，是由自身所定義或呼叫的，就稱為遞迴（Recursion），它至少要定義 2 種條件，包括一個可以反覆執行的遞迴過程，與一個跳出執行過程的出口。

例如我們知道階乘函數是數學上很有名的函數，對遞迴式而言，也可以看成是很典型的範例，我們一般以符號 "！" 來代表階乘。如 4 階乘可寫為 4!，n! 可以寫成：

```
n!=n*(n-1)*(n-2)……*1
```

各位可以一步分解它的運算過程，觀察出一定的規律性：

```
5!=(5 * 4!)
  = 5 *(4 * 3!)
  = 5 * 4 *(3 * 2!)
  = 5 * 4 * 3 *(2 * 1)
  = 5 * 4 *(3 * 2)
  = 5 *(4 * 6)
  =(5 * 24)
  = 120
```

至於 C 的遞迴函數演算法可以寫成如下：

```
int factorial(int i)
{
    int sum;
    if(i == 0) // 跳出執行過程的出口
        return(1);
    else
        sum = i * factorial(i-1); // 反覆執行的遞迴過程
    return sum;
}
```

動動腦 請設計一個計算 n! 的遞迴程式。

參考程式碼：[CH06_03.c]

```
01  int factorial (int i)
02  {
03      int sum;
04      if(i == 0) /* 遞迴終止的條件 */
05          return (1);
06      else
07          sum = i * factorial (i-1); /* sum=n* (n-1) ! 所以直接呼叫本身 */
08      return sum;
09  }
```

【執行結果】

```
請輸入階乘數:5
0 !值為   1
1 !值為   1
2 !值為   2
3 !值為   6
4 !值為  24
5 !值為 120
請按任意鍵繼續 . . .
```

此外，遞迴因為呼叫對象的不同，可以區分為以下兩種：

- **直接遞迴（Direct Recursion）**：指遞迴函數中，允許直接呼叫該函數本身，稱為直接遞迴（Direct Recursion）。如下例：

```
int Fun(...)
{
   .
   .
   if(...)
      Fun(...)
   .
   .
}
```

- **間接遞迴**：指遞迴函數中，如果呼叫其他遞迴函數，再從其他遞迴函數呼叫回原來的遞迴函數，我們就稱做間接遞迴（Indirect Recursion）。

```
int Fun1(...)           int Fun2(...)
{                       {
      .                       .
      .                       .
      if(...)                 if(...)
            Fun2(...)               Fun1(...)
      .                       .
      .                       .
}                       }
```

TIPS 「尾歸遞迴」(Tail Recursion) 就是程式的最後一個指令為遞迴呼叫，因為每次呼叫後，再回到前一次呼叫的第一行指令就是 return，所以不需要再進行任何計算工作。

6-3-2 費伯那演算法

以上遞迴應用的介紹是利用階乘函數的範例來說明遞迴式的運作。相信各位應該不會再對遞迴有陌生的感覺了吧！我們再來看一個很有名氣的費伯那序列（Fibonacci Polynomial），首先看看費伯那序列的基本定義：

$$F_n = \begin{cases} 0 & n=0 \\ 1 & n=1 \\ F_{n-1}+F_{n-2} & n=2,3,4,5,6\ldots\ldots（n 為正整數） \end{cases}$$

簡單來說，就是一序列的第零項是 0、第一項是 1，其他每一個序列中項目的值是由其本身前面兩項的值相加所得。從費伯那序列的定義，也可以嘗試把它轉成遞迴的形式：

```
int fib(int n)
{
    if(n==0)return 0;
    if(n==1)
        return 1;
    else
        return fib(n-1)+fib(n-2);/* 遞迴引用本身 2 次 */
}
```

動動腦 請設計一個計算第 n 項費伯那序列的 C 遞迴程式。

參考程式碼：[CH06_04.c]

```
01 int fib(int n)     /* 定義函數 fib() */
02 {
03
04     if(n==0)
05         return 0; /* 如果n=0 則傳回 0*/
06     else if(n==1 || n==2)   /* 如果n=1或n=2，則傳回1 */
07         return 1;
08     else                    /* 否則傳回 fib(n-1)+fib(n-2) */
09         return(fib(n-1)+fib(n-2));
10 }
```

【執行結果】

```
請輸入要計算到第幾個費式數列:10
fib(0)=0
fib(1)=1
fib(2)=1
fib(3)=2
fib(4)=3
fib(5)=5
fib(6)=8
fib(7)=13
fib(8)=21
fib(9)=34
fib(10)=55

--------------------------------
Process exited after 0.9203 seconds with return value 0
請按任意鍵繼續 . . .
```

6-3-3 河內塔演算法

法國數學家 Lucas 在 1883 年介紹了一個十分經典的河內塔（Tower of Hanoil）智力遊戲，是典型使用遞迴式與堆疊觀念來解決問題的範例，內容是說在古印度神廟，廟中有三根木樁，天神希望和尚們把某些數量大小不同的圓盤，由第一個木樁全部移動到第三個木樁。

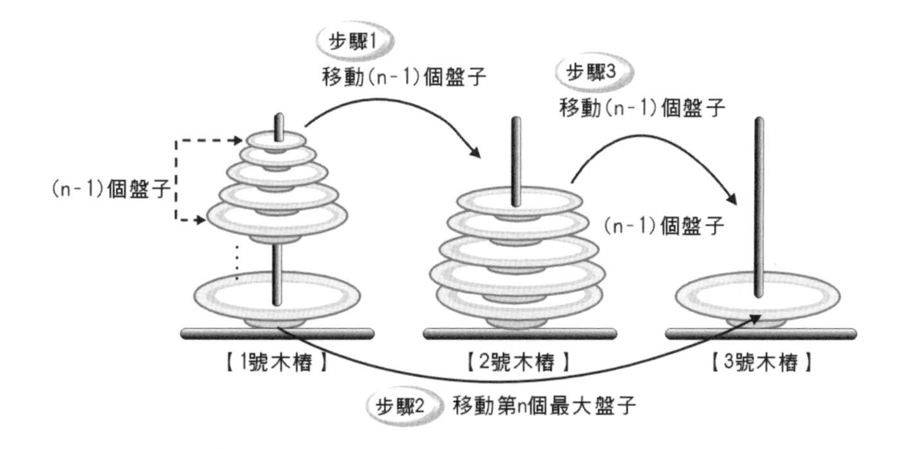

更精確來說，河內塔問題可以這樣形容：假設有 A、B、C 三個木樁和 n 個大小均不相同的套環（Disc），由小到大編號為 1,2,3...n，編號越大直徑越大。開始的時候，n 個套環境套在 A 木樁上，現在希望能找到將 A 木樁上的套環藉著 B 木樁當中間橋樑，全部移到 C 木樁上最少次數的方法。不過在搬動時還必須遵守下列規則：

① 直徑較小的套環永遠置於直徑較大的套環上。
② 套環可任意地由任何一個木樁移到其他的木樁上。
③ 每一次僅能移動一個套環，而且只能從最上面的套環開始移動。

現在我們考慮 n=1 ～ 3 的狀況，以圖示方式為各位示範處理河內塔問題的步驟：

n=1 個套環

直接把盤子從 1 號木樁移動到 3 號木樁

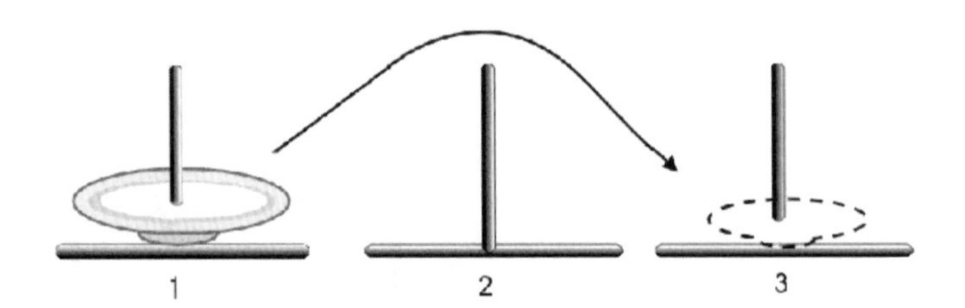

n=2 個套環

❶ 將套環從 1 號木樁移動到 2 號木樁

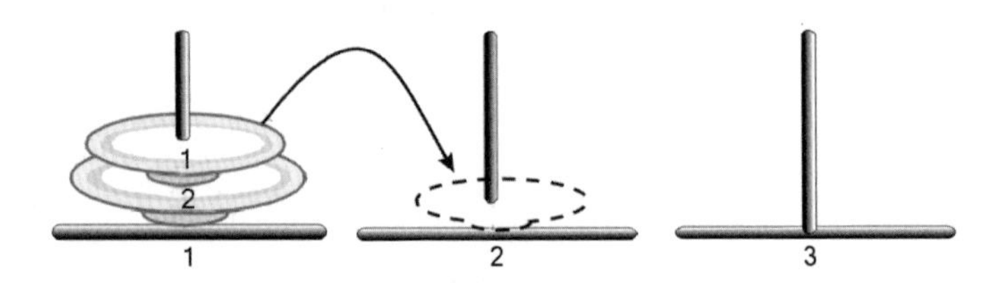

❷ 將套環從 1 號木樁移動到 3 號木樁

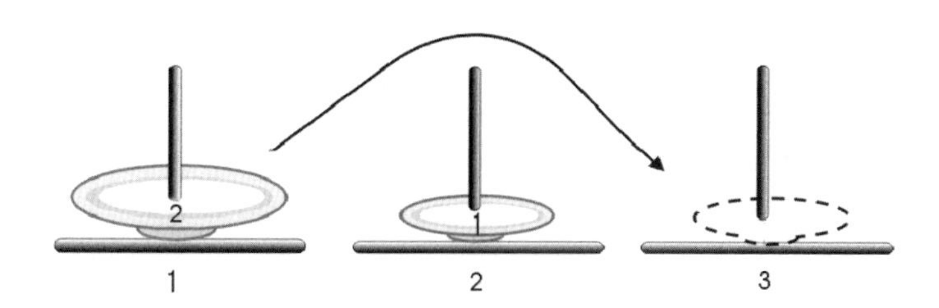

❸ 將套環從 2 號木樁移動到 3 號木樁，就完成了

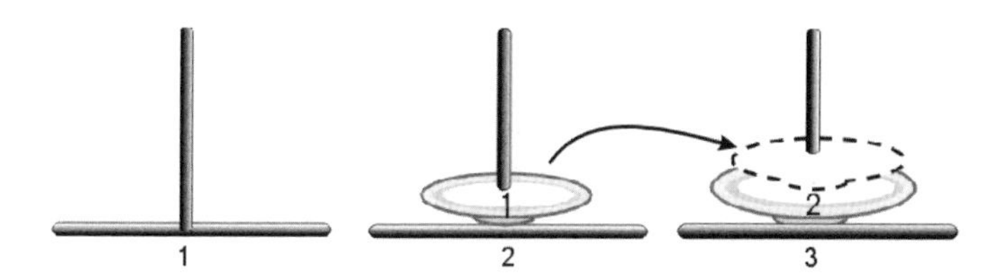

完成

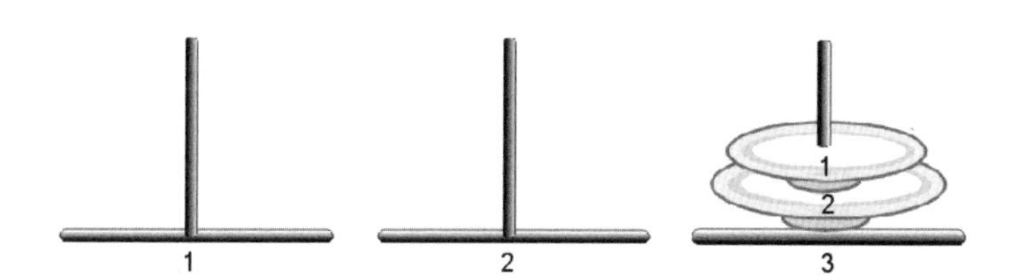

結論：移動了 $2^2-1=3$ 次，盤子移動的次序為 1,2,1（此處為盤子次序）

步驟為：1 → 2，1 → 3，2 → 3（此處為木樁次序）

n=3 個套環

❶ 將套環從 1 號木樁移動到 3 號木樁

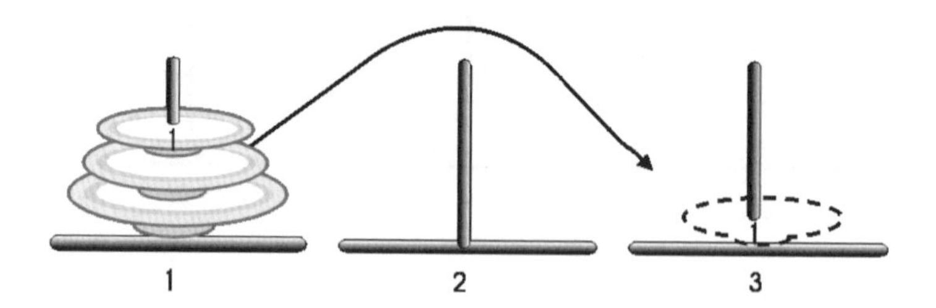

❷ 將套環從 1 號木樁移動到 2 號木樁

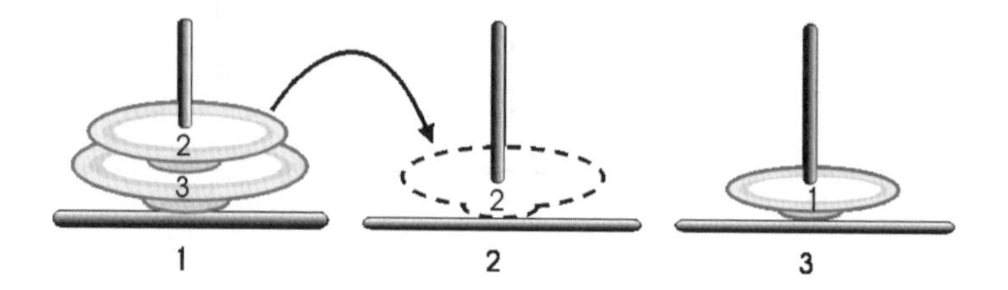

❸ 將套環從 3 號木樁移動到 2 號木樁

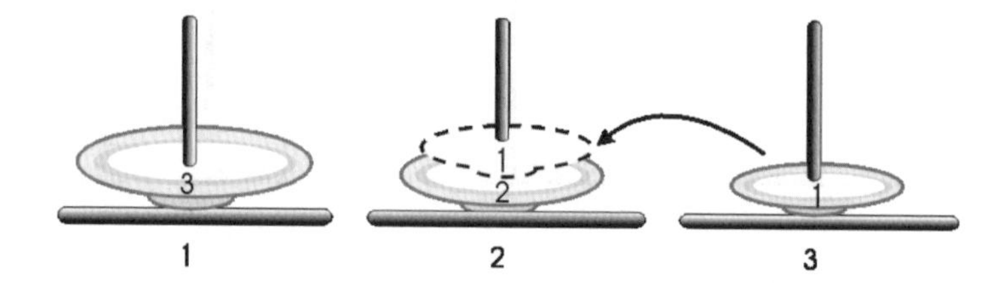

❹ 將套環從 1 號木樁移動到 3 號木樁

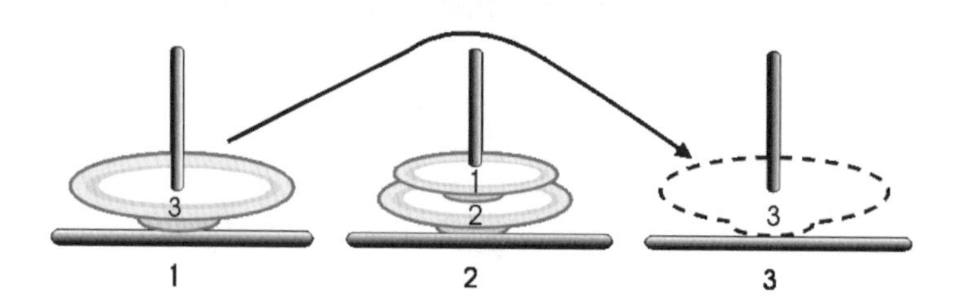

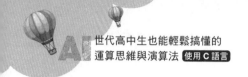

❺ 將套環從 2 號木樁移動到 1 號木樁

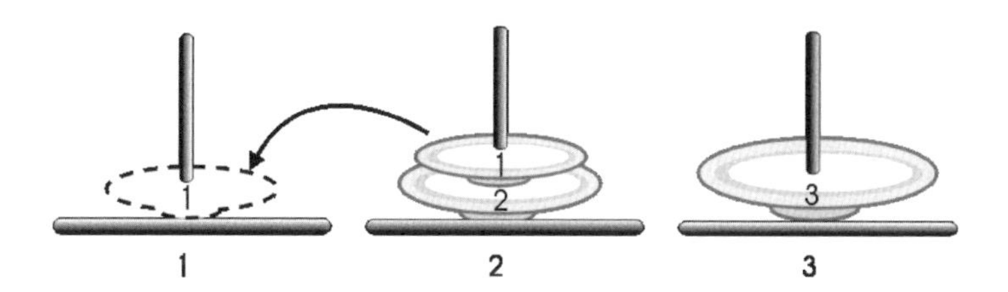

❻ 將套環從 2 號木樁移動到 3 號木樁

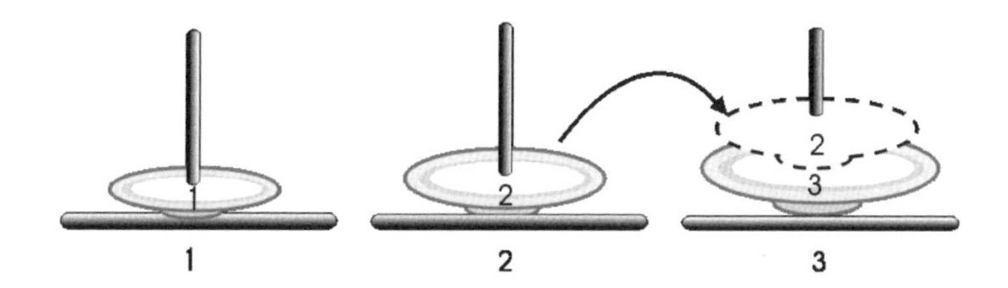

❼ 將套環從 1 號木樁移動到 3 號木樁，就完成了

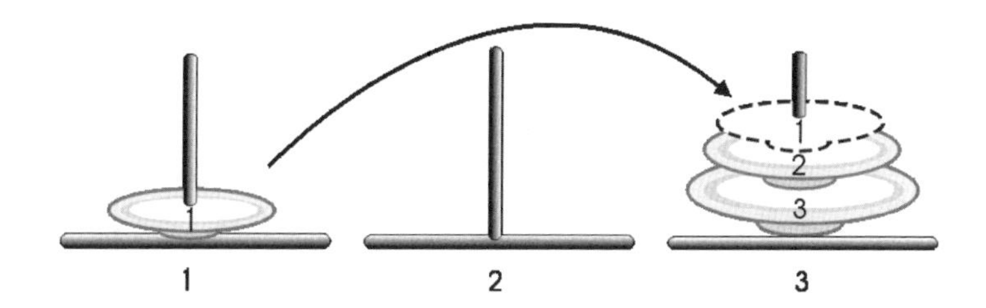

完成

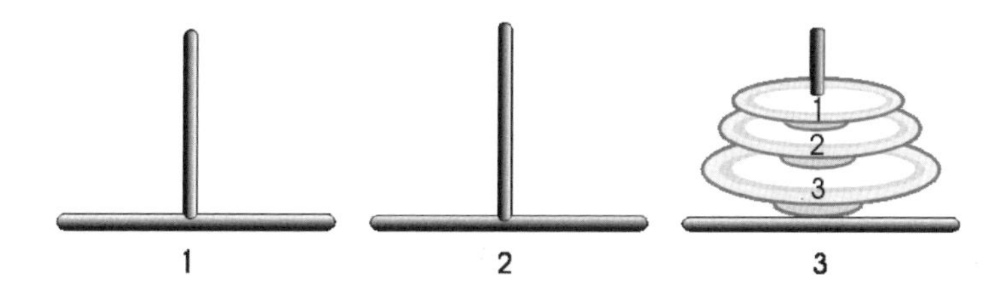

結論：移動了 $2^2-1=7$ 次，盤子移動的次序為 1,2,1,3,1,2,1（盤子次序）

步驟為 1 → 3，1 → 2，3 → 2，1 → 3，2 → 1，2 → 3，1 → 3（木樁次序）

當有 4 個盤子時，我們實際操作後（在此不作圖說明），盤子移動的次序為 121312141213121，而移動木樁的順序為 1 → 2，1 → 3，2 → 3，1 → 2，3 → 1，3 → 2，1 → 2，1 → 3，2 → 3，2 → 1，3 → 1，2 → 3，1 → 2，1 → 3，2 → 3，而移動次數為 2^4-1=15。

當 n 不大時，可以逐步用圖示解決，但 n 的值較大時，那就十分傷腦筋了。事實上，我們可以得到一個結論，例如當有 n 個盤子時，可將河內塔問題歸納成三個步驟：

STEP 1 將 n-1 個盤子，從木樁 1 移動到木樁 2。

STEP 2 將第 n 個最大盤子，從木樁 1 移動到木樁 3。

STEP 3 將 n-1 個盤子，從木樁 2 移動到木樁 3。

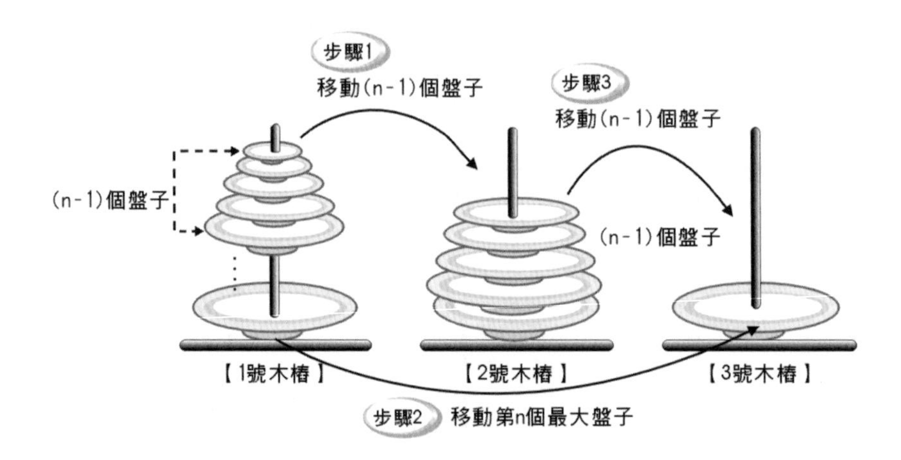

由上圖中，各位應該發現河內塔問題是非常適合以遞迴式與堆疊來解決。因為它滿足了遞迴的兩大特性①有反覆執行的過程，②有停止的出口。

動動腦 請設計一 C 程式，以遞迴式來實作河內塔演算法的求解。

參考程式碼：[CH06_05.c]

```
01  void hanoi(int n, int p1, int p2, int p3)
02  {
03      if(n==1) /* 遞迴出口 */
04          printf("套環從 %d 移到 %d\n", p1, p3);
05      else
06      {
07          hanoi(n-1, p1, p3, p2);
08          printf("套環從 %d 移到 %d\n", p1, p3);
09          hanoi(n-1, p2, p1, p3);
10      }
11  }
```

【執行結果】

```
請輸入所移動套環數量：4
套環從 1 移到 2
套環從 1 移到 3
套環從 2 移到 3
套環從 1 移到 2
套環從 3 移到 1
套環從 3 移到 2
套環從 1 移到 2
套環從 1 移到 3
套環從 2 移到 3
套環從 2 移到 1
套環從 3 移到 1
套環從 2 移到 3
套環從 1 移到 2
套環從 1 移到 3
套環從 2 移到 3
請按任意鍵繼續 . . .
```

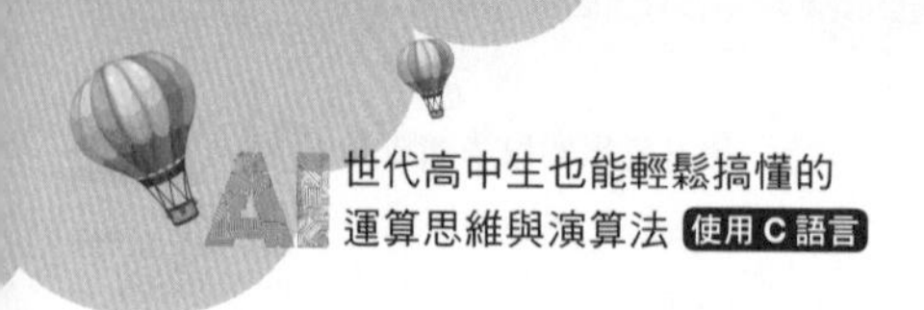

課後評量

1. 請舉出至少三種常見的堆疊應用。
2. 試述「尾歸遞迴」(Tail Recursion)的意義。
3. 請簡述費伯那序列。

APCS 檢定考古題

1. 函數 f 定義如下，如果呼叫 f(1000)，指令 sum=sum+i 被執行的次數最接近下列何者？
<105 年 3 月觀念題 >

```
int f(int n){
    int sum=0;
    if(n<2){
        return 0;
    }
    for(int i=1; i<=n; i=i+1){
        sum = sum + i;
    }
    sum = sum + f(2*n/3);
    return sum;
}
```

(A) 1000

(B) 3000

(C) 5000

(D) 10000

解答 (B)3000，這道題目是一種遞迴的問題，這個題目在問如果呼叫 f(1000)，指令 sum=sum+i 被執行的次數。

2. 請問以 a(13,15) 呼叫以下 a() 函式，函式執行完後其回傳值為何？ <105 年 3 月觀念題 >

```
int a(int n, int m){
    if(n < 10) {
        if(m < 10){
            return n + m ;
        }
        else {
            return a(n, m-2)+ m ;
        }
    }
    else {
        return a(n-1, m)+ n ;
    }
}
```

(A) 90

(B) 103

(C) 93

(D) 60

解答 (B)103，此題也是遞迴的問題。

3. 一個費氏數列定義第一個數為 0 第二個數為 1 之後的每個數都等於前兩個數相加，如下所示：0、1、1、2、3、5、8、13、21、34、55、89…。以下的程式用以計算第 N 個 (N ≥ 2) 費氏數列的數值，請問 (a) 與 (b) 兩個空格的敘述（statement）應該為何？ <105 年 3 月觀念題 >

```
int a=0;
int b=1;
int i, temp, N;
…
for (i=2; i<=N; i=i+1) {
    temp = b;
    ______(a)______;
    a = temp;
    printf ("%d\n",____(b)____);
    }
```


```
int a=0;
int b=1;
int i, temp, N;
…
for (i=2; i<=N; i=i+1) {
    temp = b;
    ______(a)______;
    a = temp;
    printf ("%d\n",____(b)____);
    }
```


(A) (a) f[i]=f[i-1]+f[i-2]　　(b) f[N]

(B) (a) a = a + b　　(b) a

(C) (a) b = a + b　　(b) b

(D) (a) f[i]=f[i-1]+f[i-2]　　(b) f[i]

解答 (C)(a)b = a + b　　(b)b

4. 給定右側 g() 函式，g(13) 回傳值為何？ <105 年 3 月觀念題 >

```
int g(int a) {
    if (a > 1) {
        return g(a - 2) + 3;
    }
    return a;
}
```

(A) 16

(B) 18

(C) 19

(D) 22

解答 (C)19。直接帶入遞迴寫出過程：g(13)=g(11)+3=g(9)+3+3=g(7)+3+6=g(5)+3+9=g(3)+3+12=g(1)+3+15=19。

5. 給定右側函式 f1() 及 f2()。f1(1) 運算過程中，以下敘述何者為錯？ <105 年 3 月觀念題 >

```
void f1 (int m) {
    if (m > 3) {
        printf ("%d\n", m);
        return;
    }
    else {
        printf ("%d\n", m);
        f2(m+2);
        printf ("%d\n", m);
    }
}

void f2 (int n) {
    if (n > 3) {
        printf ("%d\n", n);
        return;
    }
    else {
        printf ("%d\n", n);
        f1(n-1);
        printf ("%d\n", n);
    }
}
```

(A) 印出的數字最大的是 4

(B) f1 一共被呼叫二次

(C) f2 一共被呼叫三次

(D) 數字 2 被印出兩次

解答 (C)f2 一共被呼叫三次

6. 右側程式輸出為何？<105 年 3 月觀念題>

(A) bar: 6
bar: 1
bar: 8

(B) bar: 6
foo: 1
bar: 3

(C) bar: 1
foo: 1
bar: 8

(D) bar: 6
foo: 1
foo: 3

```
void foo (int i) {
  if (i <= 5) {
    printf ("foo: %d\n", i);
  }
  else {
    bar(i - 10);
  }
}

void bar (int i) {
  if (i <= 10) {
    printf ("bar: %d\n", i);
  }
  else {
    foo(i - 5);
  }
}

void main() {
  foo(15106);
  bar(3091);
  foo(6693);
}
```

解答 (A) bar: 6
bar: 1
bar: 8

本題的數字太大，建議先行由小字數開始尋找規律性，這個例子主要考各位兩個函數間的遞迴呼叫。

7. 右側為一個計算 n 階層的函式，請問該如何修改才會得到正確的結果？<105 年 3 月觀念題>

(A) 第 2 行，改為 int fac = n;

(B) 第 3 行，改為 if(n > 0){

(C) 第 4 行，改為 fac = n * fun(n+1);

(D) 第 4 行，改為 fac = fac * fun(n-1);

```
1. int fun (int n) {
2.     int fac = 1;
3.     if (n >= 0) {
4.         fac = n * fun(n - 1);
5.     }
6.     return fac;
7. }
```

解答 (B) 第 3 行，改為 if(n > 0){

8. 右側 g(4) 函式呼叫執行後，回傳值為何？
   (A)6
   (B)11
   (C)13
   (D)14

```
int f (int n) {
    if (n > 3) {
        return 1;
    }
    else if (n == 2) {
        return (3 + f(n+1));
    }
    else {
        return (1 + f(n+1));
    }
}

int g(int n) {
    int j = 0;
    for (int i=1; i<=n-1; i=i+1)
    {
        j = j + f(i);
    }
    return j;
}
```

解答 (C)13，由 g() 函式內的 for 迴圈可以看出：

g(4) = f(1)+f(2)+f(3)
= (1+f(2))+(3+f(3))+(1+f(4))
= (1+3+f(3))+(3+1+f(4))+(1+1))
= (1+3+1+f(4))+(3+1+1)+(1+1)
= (1+3+1+1)+(3+1+1)+(1+1)
= 6+5+2
= 13

9. 右側 Mystery() 函式 else 部分運算式應為何，才能使得 Mystery(9) 的回傳值為 34。<105 年 3 月觀念題>
   (A) x + Mystery(x-1)
   (B) x * Mystery(x-1)
   (C) Mystery(x-2)+ Mystery(x+2)
   (D) Mystery(x-2)+ Mystery(x-1)

```
int Mystery (int x) {
    if (x <= 1) {
        return x;
    }
    else {
        return ____________ ;
    }
}
```

解答 (D)Mystery(x-2)+ Mystery(x-1)

此題在考費氏數列的問題，因此，Mystery(9)= Mystery(7)+ Mystery(8)=13+21=34。

10. 給定右側 G(), K() 兩函式，執行 G(3) 後所回傳的值為何？ <105 年 10 月觀念題 >

(A) 5

(B) 12

(C) 14

(D) 15

解答 (C)14

```
int K(int a[], int n) {
    if (n >= 0)
        return (K(a, n-1) + a[n]);
    else
        return 0;
}

int G(int n){
    int a[] = {5,4,3,2,1};
    return K(a, n);
}
```

11. 右側函式以 F(7) 呼叫後回傳值為 12，則 <condition> 應為何？ <105 年 10 月觀念題 >

(A) a < 3

(B) a < 2

(C) a < 1

(D) a < 0

```
int F(int a) {
    if ( <condition> )
        return 1;
    else
        return F(a-2) + F(a-3);
}
```

解答 (D)a < 0，以選項 (A) 為例，當函數的參數 a 小於 3 則回傳數值 1。

12. 右側主程式執行完三次 G() 的呼叫後，p 陣列中有幾個元素的值為 0 ？ <105 年 10 月觀念題 >

(A) 1

(B) 2

(C) 3

(D) 4

解答 (C)3，陣列 p 的內容為 {0,0,0,3,2}。

```
int K (int p[], int v) {
    if (p[v]!=v) {
        p[v] = K(p, p[v]);
    }
    return p[v];
}

void G (int p[], int l, int r) {
    int a=K(p, l), b=K(p, r);
    if (a!=b) {
        p[b] = a;
    }
}

int main (void) {
    int p[5]={0, 1, 2, 3, 4};
    G(p, 0, 1);
    G(p, 2, 4);
    G(p, 0, 4);
    return 0;
}
```

Chapter

先進先出的佇列演算法 07

佇列（Queue）和堆疊都是一種有序串列，也屬於抽象型資料型態（ADT），它所有加入與刪除的動作都發生在不同的兩端，並且符合 "First In, First Out"（先進先出）的特性。佇列的觀念就好比搭捷運時買票的隊伍，先到的人當然可以優先買票，買完後就從前端離去準備搭捷運，而隊伍的後端又陸續有新的乘客加入排隊。

捷運買票的隊伍就是佇列原理的應用

佇列在電腦領域的應用也相當廣泛，例如計算機的模擬（Simulation）、CPU 的工作排程（Job Scheduling）、線上同時週邊作業系統的應用與圖形走訪的先廣後深搜尋法（BFS）。堆疊只需一個 top，指標指向堆疊頂，而佇列則必須使用 front 和 rear 兩個指標分別指向前端和尾端，如下圖所示：

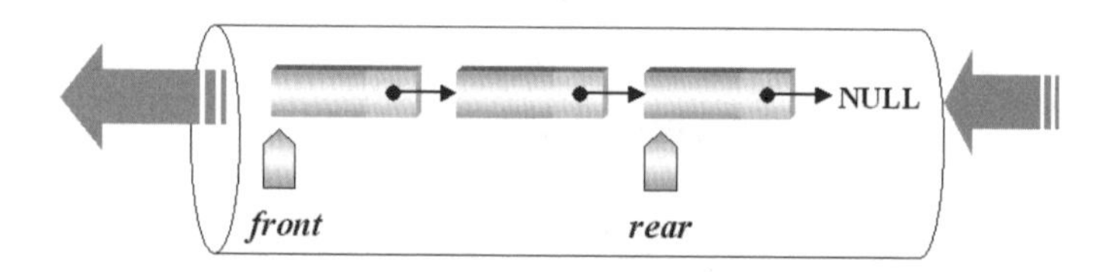

由於佇列是一種抽象型資料結構（Abstract Data Type, ADT），它有下列特性：

① 具有先進先出（FIFO）的特性。

② 擁有兩種基本動作加入與刪除，而且使用 front 與 rear 兩個指標來分別指向佇列的前端與尾端。

佇列的基本運算可以具備以下五種工作定義：

create	建立空佇列
add	將新資料加入佇列的尾端，傳回新佇列
delete	刪除佇列前端的資料，傳回新佇列
front	傳回佇列前端的值
empty	若佇列為空集合，傳回真，否則傳回偽

「動動腦」假設一個佇列（Queue）存於全長為 N 之密集串列（Dense List）Q 內，HEAD、TAIL 分別為其開始及結尾指標，均以 nil 表其為空。現欲加入一新資料（New Entry），其處理可為以下步驟，請依序回答空格部分。

1. 依序按條件做下列選擇：
   (1) 若＿①＿，則表 Q 已存滿，無法做插入動作。
   (2) 若 HEAD 為 nil，則表 Q 內為空，可取 HEAD=1，TAIL=＿②＿。
   (3) 若 TAIL=N，則表＿③＿須將 Q 內由 HEAD 到 TAIL 位置之資料，移至由 1 到＿④＿之位置，並取 TAIL=＿⑤＿，HEAD=1。
2. TAIL=TAIL+1。
3. new entry 移入 Q 內之 TAIL 處。
4. 結束插入動作。

解答 加入資料係根據 TAIL 指標，刪除資料是 HEAD 指標。這樣的方法是 TAIL=N 時，必須檢查前面是否有空間。檢查 Q 是否已滿，我們可看 TAIL-HEAD 的差。

① TAIL-HEAD+1=N

② 0

③ 已到密集串列最右邊，無法加入

④ TAIL-HEAD+1

⑤ N-HEAD+1

7-1 陣列實作佇列

以陣列結構來製作佇列的好處是演算法相當簡單，不過與堆疊不同之處是需要擁有兩種基本動作加入與刪除，而且使用 front 與 rear 兩個註標來分別指向佇列的前端與尾端，缺點是陣列大小並無法事先規劃宣告。首先我們需要宣告一個有限容量的陣列，並以下列圖示說明：

```
#define MAXSIZE  4
int queue[MAXSIZE]; /* 佇列大小為 4 */
int front=-1;
int rear=-1;
```

❶ 當開始時，我們將 front 與 rear 都預設為 -1，當 front=rear 時，則為空佇列。

事件說明	front	rear	Q (0)	Q (1)	Q (2)	Q (3)
空佇列 Q	-1	-1				

❷ 加入 dataA，front=-1，rear=0，每加入一個元素，將 rear 值加 1。

加入 dataA	-1	0	dataA			

❸ 加入 dataB、dataC，front=-1，rear=2。

加入 dataB、C	-1	1	dataA	dataB	dataC	

❹ 取出 dataA，front=0，rear=2，每取出一個元素，將 front 值加 1。

取出 dataA	0	2		dataB	dataC	

❺ 加入 dataD，front=0，rear=3，此時當 rear=MAXSIZE-1，表示佇列已滿。

加入 dataD	0	3		dataB	dataC	dataD

❻ 取出 dataB，front=1，rear=3。

取出 dataB	1	3			dataC	dataD

「動動腦」請設計一 C 程式，來實作佇列的工作運算，加入資料時請輸入 "a"，要取出資料時可輸入 "d"，將會直接印出佇列前端的值，要結束請按 "e"。

參考程式碼：[CH07_01.c]

```
01  #include <stdio.h>
02  #include <stdlib.h>
03  #include <conio.h>
04  #define MAX 10 /* 定義佇列的大小 */
05
06  int main()
07  {
08      int front,rear,val,queue[MAX]={0};
09      char choice;
10      front=rear=-1;
11      while(rear<MAX-1 && choice!='e')
12      {
13          printf("[a] 表示存入一個數值 [d] 表示取出一個數值 [e] 表示跳出此程式: ");
14          choice=getche();
15          switch(choice)
16          {
17              case 'a':
18                  printf("\n[ 請輸入數值 ]: ");
19                  scanf("%d",&val);
20                  rear++;
21                  queue[rear]=val;
22                  break;
23              case 'd':
24                  if(rear>front)
25                  {
26                      front++;
```

```
27                          printf("\n[ 取出數值為 ]: [%d]\n",queue[front]);
28                          queue[front]=0;
29                      }
30                      else
31                      {
32                          printf("\n[ 佇列已經空了 ]\n");
33                          exit(0);
34                      }
35                      break;
36                  default:
37                      printf("\n");
38                      break;
39              }
40          }
41          printf("\n-------------------------------------------\n");
42          printf("[ 輸出佇列中的所有元素 ]:");
43
44          if(rear==MAX-1)
45              printf("[ 佇列已滿 ]\n");
46      else if (front>=rear)
47      {
48          printf(" 沒有 \n");
49          printf("[ 佇列已空 ]\n");
50      }
51      else
52      {
53              while (rear>front)
54              {
55                  front++;
56                  printf("[%d] ",queue[front]);
57              }
58              printf("\n");
59              printf("-------------------------------------------\n");
60      }
61          printf("\n");
62          system("pause");
63          return 0;
64  }
```

【執行結果】

```
[a]表示存入一個數值[d]表示取出一個數值[e]表示跳出此程式: a
[請輸入數值]: 12
[a]表示存入一個數值[d]表示取出一個數值[e]表示跳出此程式: a
[請輸入數值]: 8
[a]表示存入一個數值[d]表示取出一個數值[e]表示跳出此程式: a
[請輸入數值]: 10
[a]表示存入一個數值[d]表示取出一個數值[e]表示跳出此程式: e

------------------------------------------
[輸出佇列中的所有元素]:[12] [8] [10]
------------------------------------------

請按任意鍵繼續 . . .
```

7-2 串列實作佇列

佇列除了能以陣列的方式來實作外，我們也可以鏈結串列來實作佇列。在宣告佇列類別中，除了和佇列類別中相關的方法外，還必須有指向佇列前端及佇列尾端的指標，即 front 及 rear。例如我們以學生姓名及成績的結構資料來建立佇列串列的節點，及 front 與 rear 指標宣告如下：

```
struct student
{
    char name[20];
    int score;
    struct student *next;
};
typedef struct student s_data;

s_data *front =NULL;
s_data *rear = NULL;
```

至於在佇列串列中加入新節點，等於加入此串列的最後端，而刪除節點就是將此串列最前端的節點刪除。

C 的加入與刪除運算法如下：

```
int enqueue(char* name, int score)
{
    s_data *new_data;

    new_data =(s_data*)malloc(sizeof(s_data));  /* 配置記憶體給新元素 */
    strcpy(new_data->name, name);                /* 設定新元素的資料 */
    new_data->score = score;
    if(rear == NULL)      /* 如果 rear 為 NULL，表示這是第一個元素 */
        front = new_data;
    else
        rear->next = new_data;     /* 將新元素連接至佇列尾端 */

    rear = new_data;     /* 將 rear 指向新元素，這是新的佇列尾端 */
    new_data->next = NULL;         /* 新元素之後無其他元素 */
}
```

```
int dequeue()
{
    s_data *freeme;
    if(front == NULL)
        puts(" 佇列已空！ ");
    else
    {
        printf(" 姓名：%s\t 成績：%d .... 取出 \n", front->name, front->score);
        freeme = front;           /* 設定將要釋放的元素指標 */
        front = front->next;      /* 將佇列前端移至下一個元素 */
        free(freeme);             /* 釋放所取出的元素之記憶體 */
    }
}
```

「動動腦」 請利用串列結構來設計一 C 程式，串列中元素節點仍為學生姓名及成績的結構資料。本程式還能進行佇列資料的存入、取出與走訪動作：

```
struct student
{
    char name[20];
    int score;
    struct student *next;
};
typedef struct student s_data;
```

參考程式碼：[CH07_02.c]

```
01  #include <stdio.h>
02  #include <stdlib.h>
03  #include <string.h>
04
05  int enqueue(char*, int);     /* 置入佇列資料 */
06  int dequeue();               /* 取出佇列資料 */
07  int show();                  /* 顯示佇列資料 */
08
09  struct student
10  {
11      char name[20];
12      int score;
13      struct student *next;
14  };
15  typedef struct student s_data;
16
17  s_data *front =NULL;
18  s_data *rear = NULL;
19
20  int main()
21  {
22      int select, score;
23      char name[20];
24
25      do
26      {
27          printf("(1) 存入 (2) 取出 (3) 顯示 (4) 離開 => ");
28          scanf("%d", &select);
29          switch (select)
30          {
31              case 1:
32                  printf("姓名 成績：");
33                  scanf("%s %d", name, &score);
34                  enqueue(name, score);
35                  break;
36              case 2:
37                  dequeue();
38                  break;
39              case 3:
40                  show();
```

```
41                  break;
42              }
43      } while (select != 4);
44
45      system("pause");
46      return 0;
47  }
48
49
50  int enqueue(char* name, int score)
51  {
52      s_data *new_data;
53
54      new_data = (s_data*)malloc(sizeof(s_data));   /* 配置記憶體給新元素 */
55      strcpy(new_data->name, name);    /* 設定新元素的資料 */
56      new_data->score = score;
57      if (rear == NULL)       /* 如果 rear 為 NULL，表示這是第一個元素 */
58          front = new_data;
59      else
60          rear->next = new_data;      /* 將新元素連接至佇列尾端 */
61
62      rear = new_data;     /* 將 rear 指向新元素，這是新的佇列尾端 */
63      new_data->next = NULL;      /* 新元素之後無其他元素 */
64  }
65
66
67  int dequeue()
68  {
69      s_data *freeme;
70      if (front == NULL)
71          puts("佇列已空！");
72      else
73      {
74          printf("姓名：%s\t 成績：%d .... 取出 \n", front->name, front->score);
75          freeme = front;     /* 設定將要釋放的元素指標 */
76          front = front->next;     /* 將佇列前端移至下一個元素 */
77          free(freeme);     /* 釋放所取出的元素之記憶體 */
78      }
79  }
80
81  int show()
82  {
```

```
83      s_data *ptr;
84      ptr = front;
85      if (ptr == NULL)
86          puts("佇列已空！");
87      else
88      {
89      puts("front -> rear");
90          while (ptr != NULL)   /* 由 front 往 rear 走訪佇列 */
91          {
92              printf("姓名：%s\t 成績：%d\n", ptr->name, ptr->score);
93              ptr = ptr->next;
94          }
95      }
96  }
```

【執行結果】

```
<1>存入 <2>取出 <3>顯示 <4>離開 => 1
姓名 成績：Daniel 98
<1>存入 <2>取出 <3>顯示 <4>離開 => 1
姓名 成績：Julia 92
<1>存入 <2>取出 <3>顯示 <4>離開 => 3
front -> rear
姓名：Daniel     成績：98
姓名：Julia      成績：92
<1>存入 <2>取出 <3>顯示 <4>離開 => 4
請按任意鍵繼續 . . .
```

7-3 環狀佇列的小心思

在上述 7-1 節中，請各位留意當我們執行到步驟 6 之後，此佇列狀態如下圖所示：

取出 dataB	1	3			dataC	dataD

不過這裏會出現一個問題就是這個佇列事實上根本還有空間，即是 Q(0) 與 Q(1) 兩個空間，不過因為 rear=MAX_SIZE-1=3，這樣會使得新資料無法加入，白白讓空間浪費了。怎麼辦？解決之道有二，請看以下說明：

❶ 當佇列已滿時，便將所有的元素向前（左）移到 Q(0) 為止，不過如果佇列中的資料過多，搬移時將會造成時間的浪費。如下圖：

移動 dataB、C	-1	1	dataB	dataC		

❷ 利用環狀佇列（Circular Queue），讓 rear 與 front 兩種指標能夠永遠介於 0 與 n-1 之間，也就是當 rear=MAXSIZE-1，無法存入資料時，如果仍要存入資料，就可將 rear 重新指向索引值為 0 處，能達到節省空間的好處。

所謂環狀佇列（Circular Queue），其實就是一種環形結構的佇列，它仍是以一種 Q(0:n-1) 的線性一維陣列，同時 Q(0) 為 Q(n-1) 的下一個元素，可以用來解決無法判斷佇列是否滿溢的問題。指標 front 永遠以逆時鐘方向指向佇列中第一個元素的前一個位置，rear 則指向佇列目前的最後位置。一開始 front 和 rear 均預設為 -1，表示為空佇列，也就是說如果 front=rear 則為空佇列。另外有：

```
rear ← (rear+1)mod n
front ← (front+1)mod n
```

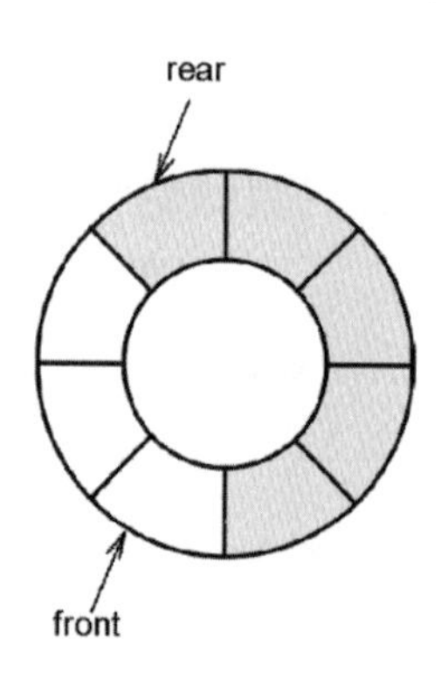

上述之所以將 front 指向佇列中第一個元素前一個位置，原因是環狀佇列為空佇列和滿佇列時，front 和 rear 都會指向同一個地方，如此一來我們便無法利用 front 是否等於 rear 這個判斷式來決定到底目前是空佇列或滿佇列。

為了解決此問題，除了上述方式僅允許佇列最多只能存放 n-1 個資料（亦即犧牲最後一個空間），因此環狀佇列必須浪費一個空間，當 rear 指標的下一個是 front 的位置時，就認定佇列已滿，無法再將資料加入，如下圖便是填滿的環狀佇列外觀。

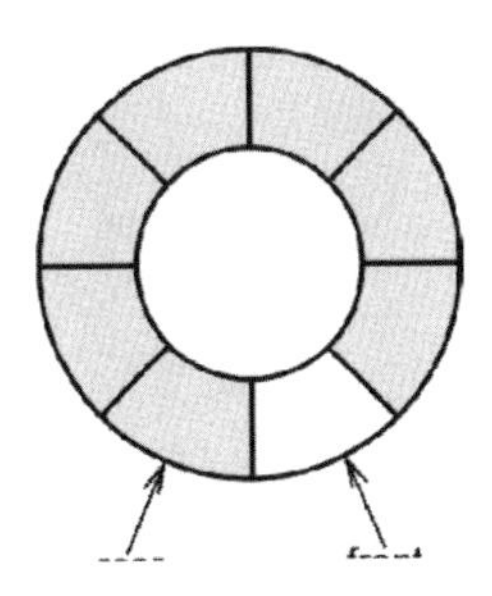

以下我們將整個過程以下圖來為各位說明：

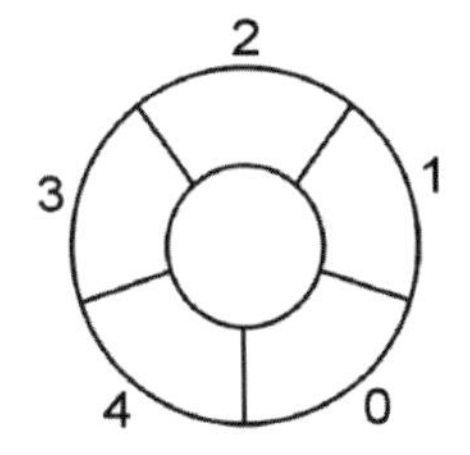

空佇列 rear=-1 front =-1

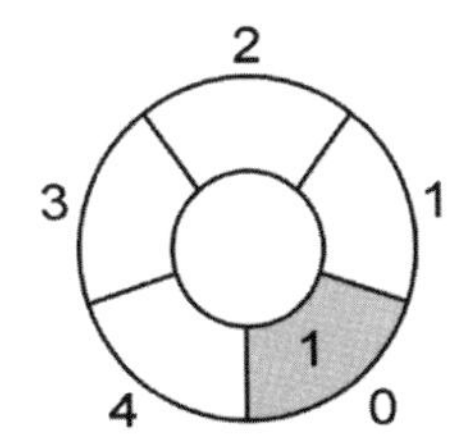

加入 1 rear=0 front =-1

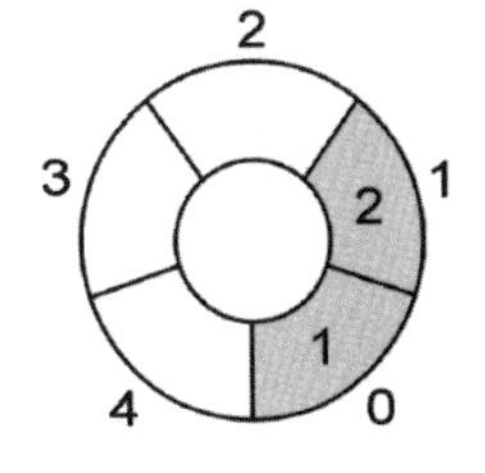

加入 2 rear=1 front=-1

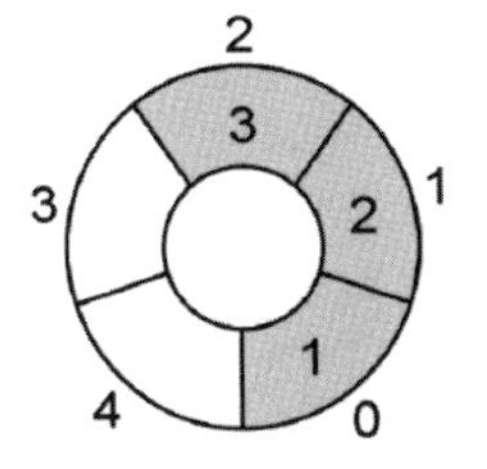

加入 3 rear=2 front=-1

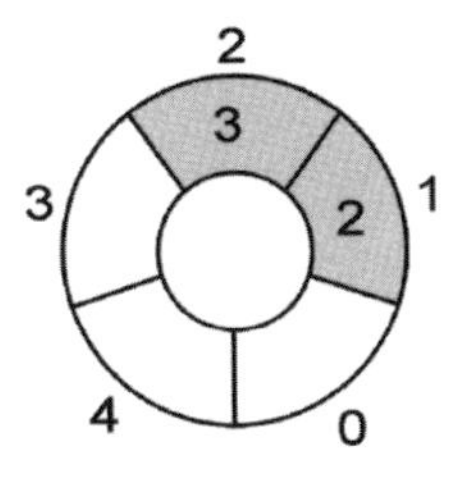

取出 1 rear=2 front =0

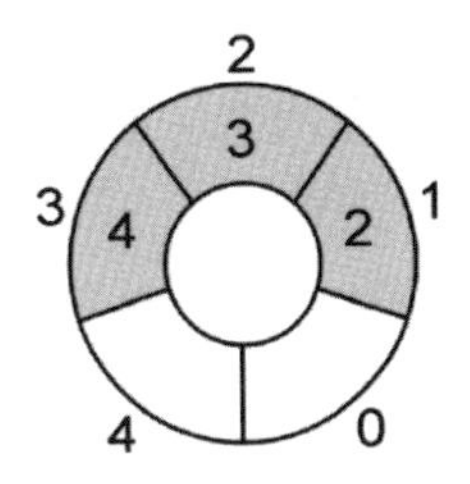

加入 4 rear=3 front=0

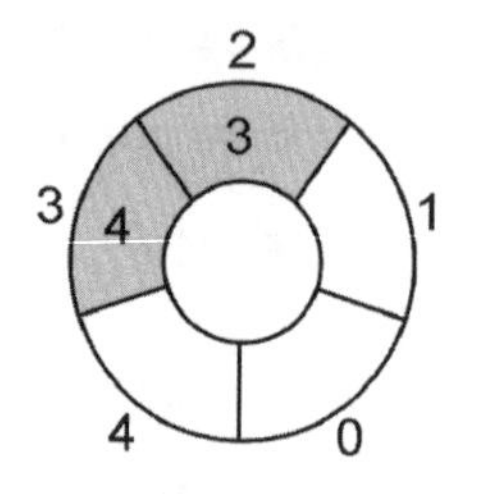

取出 2　rear=3　front=1

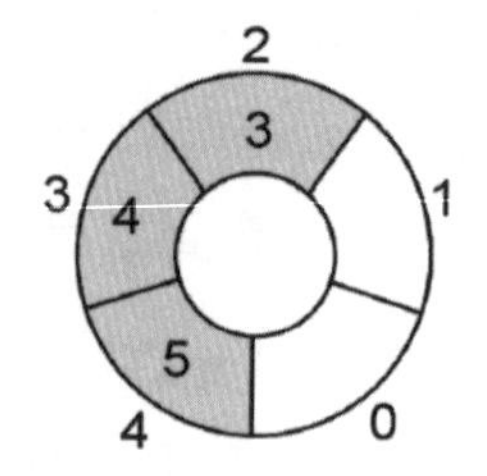

加入 5　rear=4　front=1

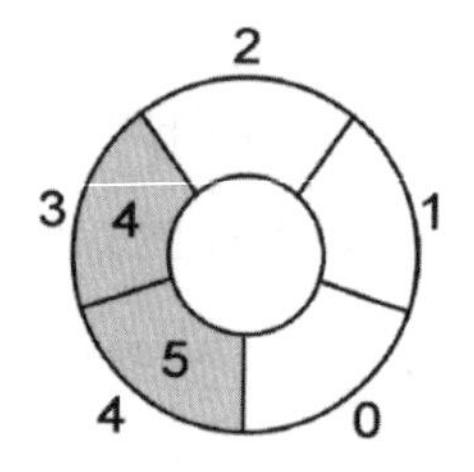

取出 3　rear=4　front=2

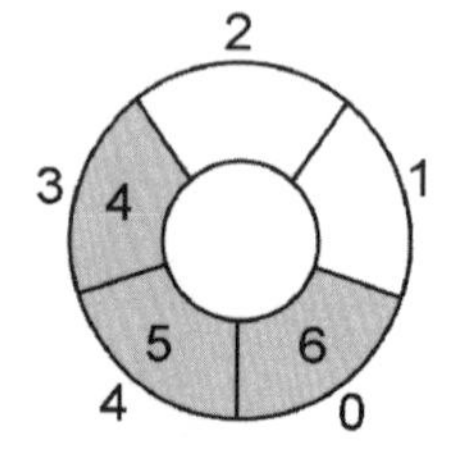

加入 6　rear=0　front=2

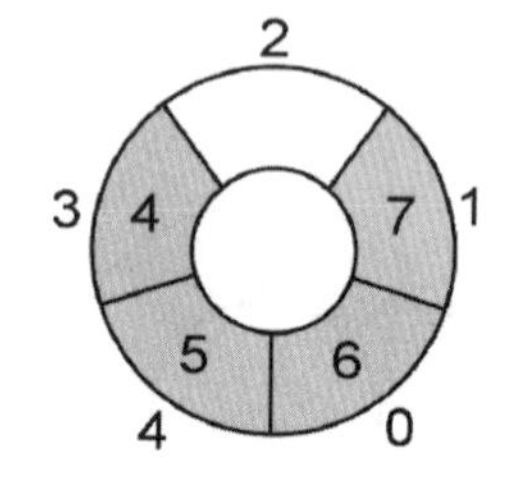

加入 7　rear=1　front=2

為了解決這個問題，可以讓 rear 指標的下一個目標是 front 的位置時，就認定佇列已滿，無法再將資料加入。在 enqueue 演算法中，我們先將 (rear+1)%n 後，再檢查佇列是否已滿。而在 dequeue 演算法中，則是先檢查佇列是否已空，再將 (front+1)%MAX_SIZE，所以造成僅佇列最多只能存放 n-1 個資料（亦即犧牲最後一個空間），如右圖便是填滿的環狀佇列外觀。

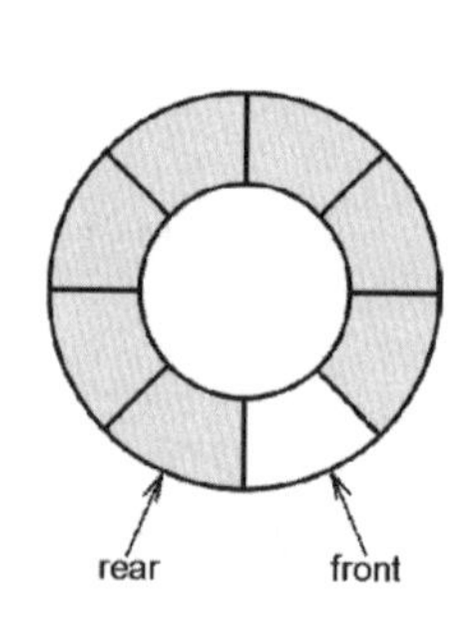

當 rear=front 時，則可代表佇列已空。所以在 enqueue 和 dequeue 的兩種工作定義和原先佇列工作定義的演算法就有不同之處了。必須改寫如下：

```
/* 環狀佇列的加入演算法 */
viod AddQ (int item)
{
    rear=(rear+1)%MAX_SIZE;
    if (front==rear )
        printf("%s", " 佇列已滿！ ");
    else
        queue[rear]=item;
}
```

```
/* 環形佇列的刪除演算法 */
void dequeue(int item)
{
    if (front==rear)
        printf("%s", " 佇列是空的 !");
    else
    {
        front=(front+1)%MAX_SIZE;
        item=Queue[front];
    }
}
```

「動動腦」請設計一 C 程式來實作環形佇列的工作運算，當要取出資料時可輸入 "0"，要結束時可輸入 "-1"。

參考程式碼：[CH07_03.c]

```
01  #include <stdio.h>
02  #include <stdlib.h>
03
04  int main(void)
05  {
06      int front,rear,val,queue[5]={0};
07      front=rear=-1;
08      while(rear<5&&val!=-1)
09      {
10          printf(" 請輸入一個值以存入佇列，欲取出值請輸入 0。( 結束輸入 -1) ：");
11          scanf("%d",&val);
12          if(val==0)
13          {
14              if(front==rear)
15              {
16                  printf("[ 佇列已經空了 ]\n");
17                  break;
18              }
19              front++;
20              if (front==5)
21                  front=0;
22              printf(" 取出佇列值 [%d]\n",queue[front]);
23              queue[front]=0;
24          }
25          else if(val!=-1&&rear<5)
26          {
```

```
27              if(rear+1==front||rear==4&&front<=0)
28              {
29                  printf("[ 佇列已經滿了 ]\n");
30                  break;
31              }
32              rear++;
33              if(rear==5)
34                  rear=0;
35              queue[rear]=val;
36          }
37      }
38      printf("\n 佇列剩餘資料：\n");
39      if (front==rear)
40          printf(" 佇列已空 !!\n");
41      else
42      {
43          while(front!=rear)
44          {
45              front++;
46              if (front==5)
47                 front=0;
48              printf("[%d]",queue[front]);
49              queue[front]=0;
50          }
51      }
52      printf("\n");
53      system("pause");
54      return 0;
55  }
```

【執行結果】

```
請輸入一個值以存入佇列，欲取出值請輸入0。(結束輸入-1)：5
請輸入一個值以存入佇列，欲取出值請輸入0。(結束輸入-1)：6
請輸入一個值以存入佇列，欲取出值請輸入0。(結束輸入-1)：7
請輸入一個值以存入佇列，欲取出值請輸入0。(結束輸入-1)：8
請輸入一個值以存入佇列，欲取出值請輸入0。(結束輸入-1)：0
取出佇列值 [5]
請輸入一個值以存入佇列，欲取出值請輸入0。(結束輸入-1)：0
取出佇列值 [6]
請輸入一個值以存入佇列，欲取出值請輸入0。(結束輸入-1)：-1

佇列剩餘資料：
[7][8]
請按任意鍵繼續 . . .
```

7-4 雙向佇列

所謂雙向佇列（Double Ended Queues, Deque）為一有序串列，加入與刪除可在佇列的任意一端進行，比起佇列，雙向佇列比較靈活一些，請看下圖：

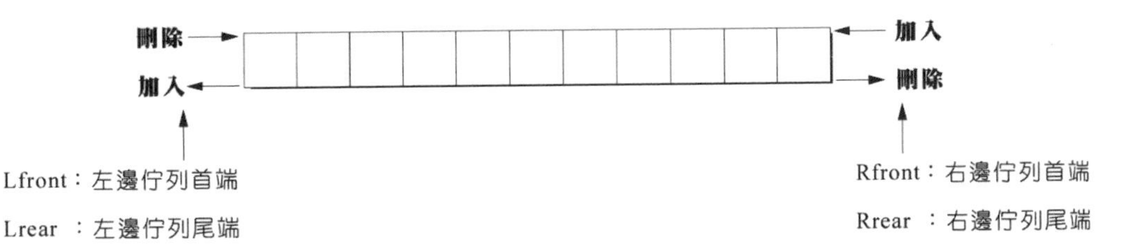

具體來說，雙向佇列就是允許兩端中的任意一端都具備有刪除或加入功能，而且無論左右兩端的佇列，首端與尾端指標都是朝佇列中央來移動。通常在一般的應用上，雙向佇列的應用可以區分為兩種：第一種是資料只能從一端加入，但可從兩端取出，另一種則是可由兩端加入，但由一端取出。

「動動腦」請利用鏈結串列結構來設計一輸入限制的雙向佇列 C 程式，我們只能從一端加入資料，但取出資料時，可分別由前後端取出。

參考程式碼：[CH07_04.c]

```
01  #include <stdio.h>
02  #include <stdlib.h>
03
04  struct Node
05  {
06      int data;
07      struct Node *next;
08  };
09  typedef struct Node QueueNode;
10  typedef QueueNode *QueueByLinkedList;
11  QueueByLinkedList front=NULL;
```

```
12 QueueByLinkedList rear=NULL;
13 /* 方法 enqueue: 佇列資料的存入 */
14 void enqueue(int value)
15 {
16     QueueByLinkedList node; /* 建立節點 */
17     node=(QueueByLinkedList)malloc(sizeof(QueueNode));
18     node->data=value;
19     node->next=NULL;
20     /* 檢查是否為空佇列 */
21     if (rear==NULL)
22         front=node;/* 新建立的節點成為第 1 個節點 */
23     else
24         rear->next=node;/* 將節點加入到佇列的尾端 */
25     rear=node;/* 將佇列的尾端指標指向新加入的節點 */
26 }
27 int dequeue(int action)/* 方法 dequeue: 佇列資料的取出 */
28 {
29     int value;
30     QueueByLinkedList tempNode,startNode;
31     /* 從前端取出資料 */
32     if (!(front==NULL)&& action==1)
33     {
34         if(front==rear)rear=NULL;
35         value=front->data;/* 將佇列資料從前端取出 */
36         front=front->next;/* 將佇列的前端指標指向下一個 */
37         return value;
38     }
39     /* 從尾端取出資料 */
40     else if(!(rear==NULL)&& action==2)
41     {
42         startNode=front;/* 先記下前端的指標值 */
43         value=rear->data;/* 取出目前尾端的資料 */
44         /* 找尋最尾端節點的前一個節點 */
45         tempNode=front;
46         while (front->next!=rear && front->next!=NULL)
47         {
48             front=front->next;
49             tempNode=front;
50         }
51         front=startNode;/* 記錄從尾端取出資料後的佇列前端指標 */
52         rear=tempNode;/* 記錄從尾端取出資料後的佇列尾端指標 */
53         /* 下一行程式是指當佇列中僅剩下最節點時，
54         取出資料後便將 front 及 rear 指向 null*/
```

```
55          if ((front->next==NULL)|| (rear->next==NULL))
56          {
57              front=NULL;
58              rear=NULL;
59          }
60          return value;
61      }
62      else return -1;
63  }
64
65  int main()
66  {
67      int temp,item;
68      char ch;
69      printf("以鏈結串列來實作雙向佇列\n");
70      printf("====================================\n");
71
72      do
73      {
74          printf("加入請按 a,取出請按 d,結束請按 e:");
75          ch=getche();
76          printf("\n");
77          if(ch=='a')
78          {
79              printf("加入的元素值:");
80              scanf("%d",&item);
81              enqueue(item);
82          }
83          else if(ch=='d')
84          {
85              temp=dequeue(1);
86              printf("從雙向佇列前端依序取出的元素資料值為:%d\n",temp);
87              temp=dequeue(2);
88              printf("從雙向佇列尾端依序取出的元素資料值為:%d\n",temp);
89          }
90          else
91              break;
92      } while(ch!='e');
93
94      system("pause");
95      return 0;
96  }
```

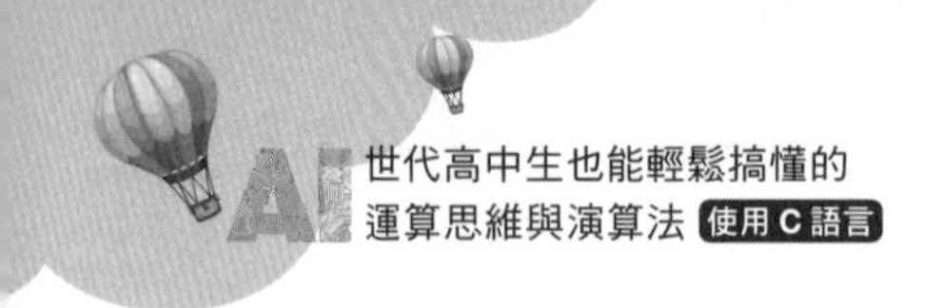

【執行結果】

```
以鏈結串列來實作雙向佇列
====================================
加入請按 a,取出請按 d,結束請按 e:a
加入的元素值:98
加入請按 a,取出請按 d,結束請按 e:a
加入的元素值:86
加入請按 a,取出請按 d,結束請按 e:d
從雙向佇列前端依序取出的元素資料值為:98
從雙向佇列尾端依序取出的元素資料值為:86
加入請按 a,取出請按 d,結束請按 e:e
請按任意鍵繼續 . . .
```

7-5 優先佇列

優先佇列（Priority Queue）為一種不必遵守佇列特性－FIFO（先進先出）的有序串列，其中的每一個元素都賦予一個優先權（Priority），加入元素時可任意加入，但有最高優先權者（Highest Priority Out First, HPOF）則最先輸出。

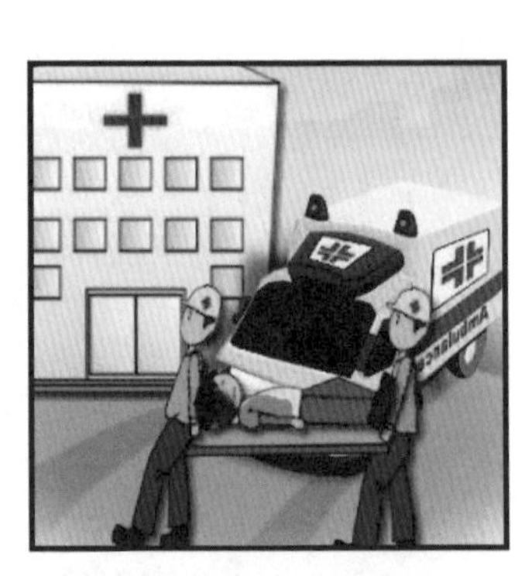
急診室內的就診模式就是一種優先佇列的應用

我們知道一般醫院中的急診室，當然以最嚴重的病患（如得 SARS 的病人）優先診治，跟進入醫院掛號的順序無關。或者在電腦中 CPU 的工作排程，優先權排程（Priority Scheduling, PS）就是一種來挑選行程的「排程演算法」（Scheduling Algorithm），也會使用到優先佇列，好比層級高的使用者，就比一般使用者擁有較高的權利。

例如假設有 4 個行程 P1,P2,P3,P4，其在很短的時間內先後到達等待佇列，每個行程所執行時間如下表所示：

行程名稱	各行程所需的執行時間
P1	30
P2	40
P3	20
P4	10

在此設定每個 P1、P2、P3、P4 的優先次序值分別為 2,8,6,4（此處假設數值越小其優先權越低；數值越大其優先權越高），以下就是以甘特圖（Gantt Chart）繪出優先權排程（Priority Scheduling, PS）的排班情況：

以 PS 方法排班所繪出的甘特圖如下：

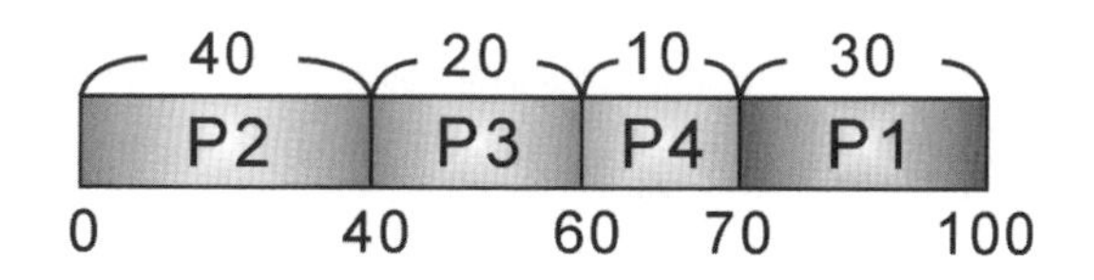

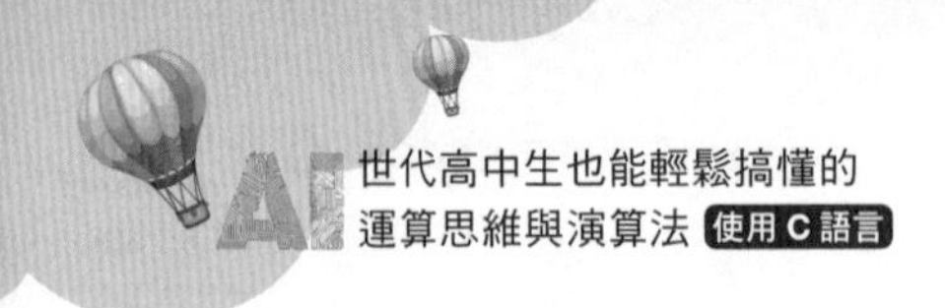

1. 何謂優先佇列？請說明之。
2. 下列何者不是佇列（Queue）觀念的應用？
   (A) 作業系統的工作排程
   (B) 輸出入的工作緩衝
   (C) 河內塔的解決方法
   (D) 中山高速公路的收費站收費
3. 請說明環狀佇列的基本概念。
4. 請說明佇列應具備的基本特性。

Chapter 08

練功打怪必修的遊戲 AI 演算法

話說小華昨天整晚都在線上練功打怪，玩了一款十分耐玩的遊戲，卻也發現裡頭的怪物精的很，似乎智商都比自己高。一早準備出門買早餐，巷口遇到了學霸大哥，連忙問道：「遊戲的怪物怎麼都比我聰明，打都不死？」學霸大哥聽完笑著說「傻瓜！那是因為遊戲 AI 設計的關係！」

隨著電腦技術的演進，人工智慧（AI）在遊戲開發過程的應用越來越廣泛，從傳統棋類運動到全新的電競遊戲，AI 正在一步步攻克那些曾讓玩家們引以為傲的腦力項目，例如在「古墓奇兵」遊戲裡，主角如何在尋寶過程中，出人意表的做出追、趕、跑、跳、蹦等複雜行為？這些看似簡單的動作，其實得大大藉助人工智慧（AI）的幫忙！

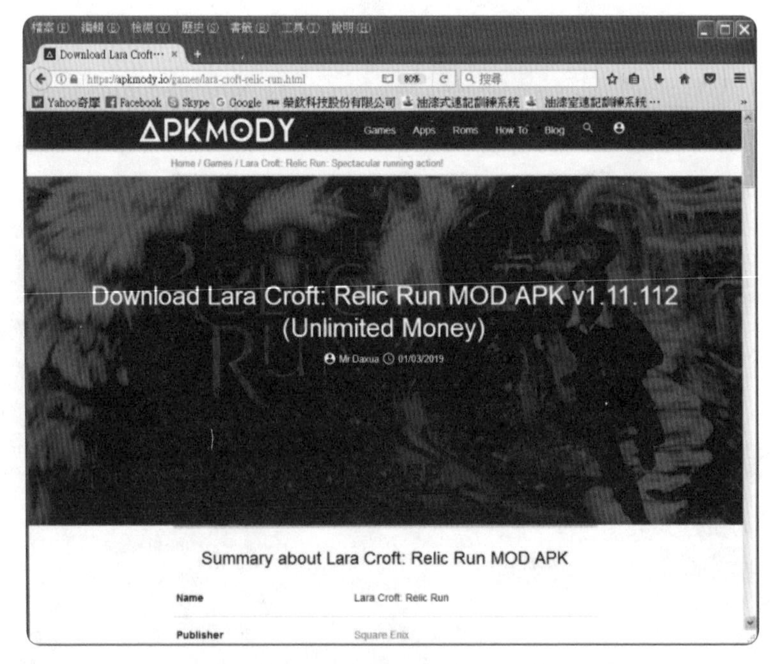

古墓奇兵遊戲中運用了 AI 技術來展示遊戲情境

近年來全球掀起電競（e-Sports）新浪潮，「電競」已不再僅僅是一群吃飽沒事的小屁孩打電玩，年輕人開始靠打遊戲賺到大把鈔票，正所謂「知己知彼，方能百戰百勝！」如果想在電競場上戰無不勝，攻無不克，首先就必須了解遊戲中的 AI 演算法。

8-1 英雄聯盟的大數據 +AI 演算法

人工智慧的核心原理就是認定智慧源自於人類理性反應的過程而非結果，即是來自於以經驗為基礎的推理步驟，遊戲 AI 可以理解為系統所控制的智慧角色，這些角色能夠透過周遭環境或者事件的變化進行邏輯判斷，進而與玩家產生意想不到的行為互動。有些比較複雜的遊戲 AI 會記錄玩家的行為變化，比如策略遊戲的 AI 可能會根據玩家的策略變化，不斷地分析玩家的行為。

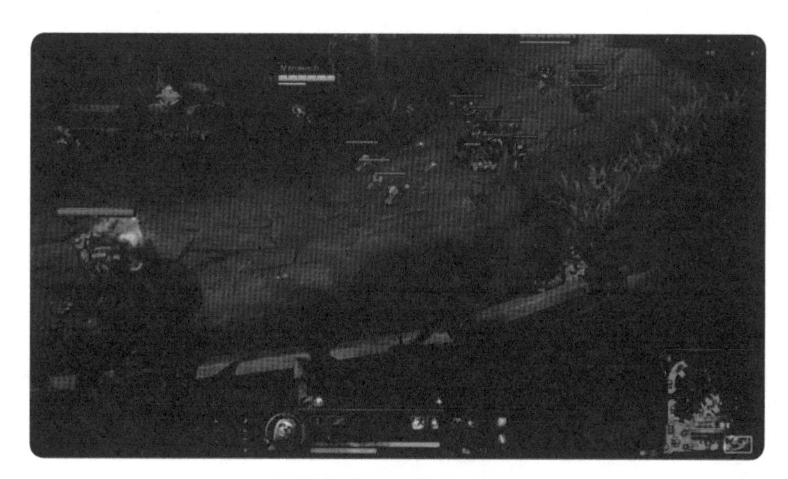

英雄聯盟的遊戲畫面場景

「英雄聯盟」（LOL）是一款免費多人線上遊戲，遊戲開發商 Riot Games 就非常重視 AI 的應用，目標是希望成為世界上最了解玩家的遊戲公司，背後靠的正是收集以玩家喜好為核心的大數據，它掌握了從全世界各地區所設置的伺服器中，每天產生超過 5000 億筆以上的各式玩家資料，透過連線對於全球所有比賽玩家進行的每一筆搜尋、動作、交易，或者敲打鍵盤、點擊滑鼠的每一個步驟進行分析，遊戲 AI 可以即時監測所有玩家的動作與產出大數據資料分析，並了解玩家最喜歡的英雄。

TIPS 英雄聯盟（League of Legends, LoL）是由 Riot Games 開發的一款在全世界引起廣大風潮的多人線上戰術擂台遊戲，以網路遊戲免費模式及虛擬物品收費營運服務，玩法則是由玩家則是扮演天賦異稟的「召喚師」，並從數百位具有獨特能力的「英雄」選擇一位角色，進而操控英雄在戰場上奮戰，兩個團隊各自有五名玩家對打。

由於玩家偏好各有不同，你必須了解玩家心中的優先順序，只要發現某一個英雄出現太強或太弱的情況，就能即時調整相關數據的遊戲平衡性，用數據來擊殺玩家的心，進一步提高玩家參與的程度。例如玩家的射擊能力實在太差了，於是便略微的降低自己的移動反應速度，讓玩家更容易擊中自己，再從已建構的大數據資料庫中把這些資訊整理起來分析排行。不同的英雄會搭配各種數據平衡，遊戲 AI 希望讓每場遊戲盡可能地接近公平，因此根據玩家所認定英雄的重要程度來排序，創造雙方勢均力敵的競賽環境，然後再集中精力去設計最受歡迎的英雄角色，找到那些沒有滿足玩家需求的英雄種類，是創造新英雄的第一步，這樣做法真正提供了遊戲基本公平又精彩的比賽條件。

8-2 最夯的遊戲 AI 演算法

一般來說，AI 在遊戲應用的領域涵蓋了許多知名演算法，例如類神經網路（Neural Network）、機器學習（Machine Learning）、模糊邏輯（Fuzzy Logic）、影像辨識（Pattern Recognition）、自然語言了解（Natural Language

Understanding）…等等；不過此處我們不打算深入探討這些演算理論，畢竟尋找出一個遊戲中最適合的 AI 演算法通常是很難的，畢竟世界上沒有免費的午餐，演算法之間總是各有利弊，執行效能與空間利用率是考慮的重要關鍵。接下來我們將針對 AI 在遊戲中經常用到的一些基礎的人工智慧演算法來進行簡單介紹。

8-2-1 基因演算法

基因演算法（genetic algorithm）稱得上是模擬生物演化與遺傳程序的搜尋與最佳化演算法，它的理論根基源自於 John Holland 在 1975 年所提出。在真實世界裡，物種的演化（evolution）是為了更適應大自然的環境，而在演化過程，某個基因的改變也能讓下一代來繼承。其實我們都知道，太簡單的遊戲可能吸引不了玩家，太複雜的遊戲會讓受挫的玩家很快就宣布放棄！例如設計團隊要做出遊戲動畫中人物行走的畫面，通常都需要事先仔細描述每個畫面的細節，運用基因演算法，把重力和人物的肌肉結構都做好關聯後，即可指引劇中人物的走路情況。

例如在遊戲中，玩家可以挑選自己喜歡的角色來扮演，不同的角色各有不同的特質與挑戰性，設計師並無法事先預告或了解玩家打算扮演的角色。這時為了回應不同的狀況，就可以將可能的場景指定給某個染色體，利用不同的染色體來儲存每種情況的回應。

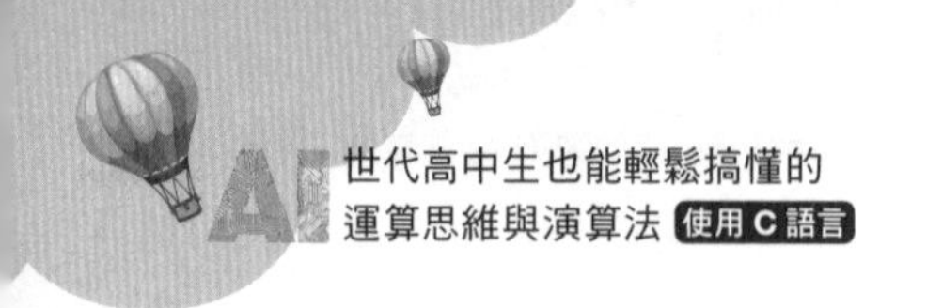

基因演算法其實就是模仿大自然界物競天擇法則和基因交配的演算法則。對於以往傳統人工智慧方法無法有效解決的計算問題，它都可以很快速地找出答案，是一種特殊的搜尋技巧，適合處理多變數與非線性的問題。我們將利用下圖來表示演化過程：

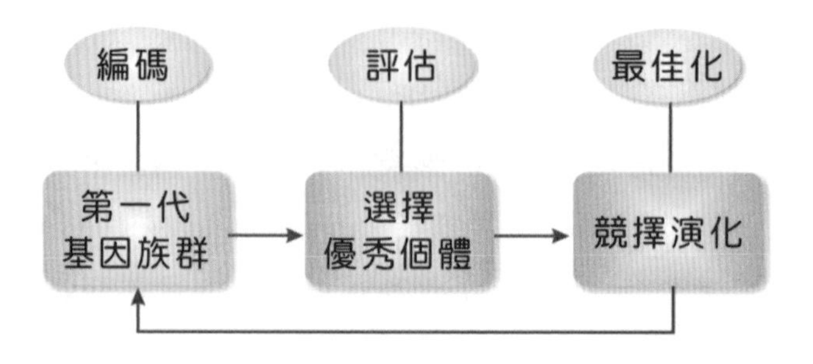

8-2-2 模糊邏輯演算法

模糊邏輯（Fuzzy logic）的理論，也是相當知名的人工智慧技術。主要是由柏克萊大學教授 Lotfi Zadeh 在 1965 年提出，是把人類解決問題的方法，或將研究對象以 0 與 1 之間的數值來表示模糊概念的程度交由電腦來處理。也就是模仿人類思考模式，將研究對象以 0 與 1 之間的數值來表示模糊概念的程度。事實上，從冷氣到電鍋，大量的物理系統都可受益於模糊邏輯的應用。例如日本推出的 FUZZY 智慧型洗衣機，就是依據所洗衣物的纖維成分，來決定水量和清潔劑的多寡及作業時間長短。

在遊戲開發過程中，也經常加入模糊邏輯的概念，就是協助人類跳離 0 與 1 二值邏輯的思維，並對 True 和 False 間的灰色地帶做決策。至於如何推論模糊邏輯，首要步驟是將明確數字「模糊化」（Fuzzification），例如當魔鬼海盜船接受指令後，如果在 2 公里內遇見玩家必須與玩家戰鬥，此處就將 2 公里定義為「距離很近」，至於魔鬼海盜船與玩家相距 1 公里就定義為「非常接近」。

例如魔鬼海盜船與玩家即使相距 1.95 公里，若以布林值來處理，應該處於危險區域範圍外，這好像不符合實際狀況，明明就快短兵相接，卻還不是危險區域。所以依據實際狀況來回傳介於 0 ～ 1 之間的數值，利用「歸屬度函數」（Grade Membership Function）來表達模糊集合內的情形。如果 0 表示不危險，1 表示危險，而 0.5 則表示有點危險。這時就能利用下圖定義一個危險區域的模糊集合：

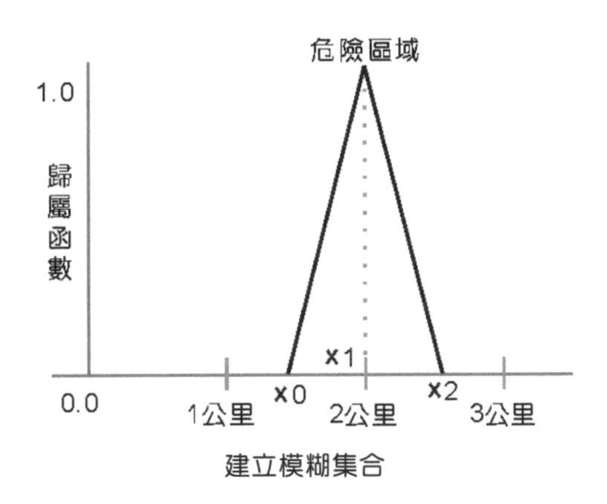

建立模糊集合

當各位將所有輸入的資料模糊化之後，接下來要建立模糊規則。定義模糊規則的作用是希望輸出的結果能與模糊集合中的某些歸屬程度相符合。例如嘗試先來建立魔鬼海盜船遊戲中有關的模糊規則：

- 如果與玩家相距 3 公里，表示距離遠，為警戒區域，快速離開。
- 如果與玩家相距 2 公里，表示距離近，為危險區域，維持速度。
- 如果與玩家相距 1 公里，表示距離很近，為戰鬥區域，減速慢行。

另外可以利用程式碼設定這些規則：

```
if(非常近 AND 危險區域)AND NOT 武器填裝 then 提高戒備
if(很近 OR 戰鬥區域)AND NOT 火力全開 then 開啟防護
if(NOT 近 AND 警戒區域)OR(NOT 保持不變)then 全員備戰
```

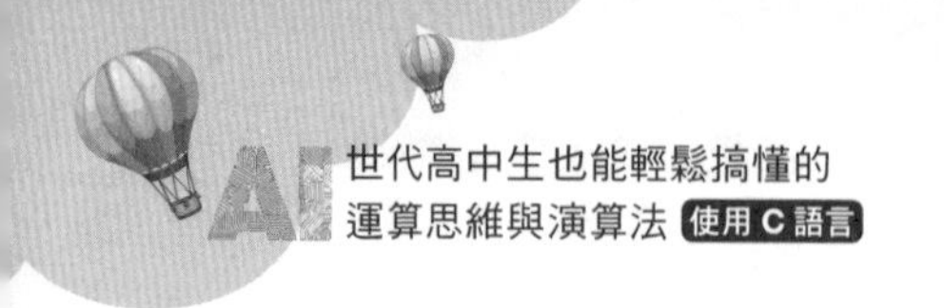

由於每條規則都會執行運算，並輸出歸屬程度，當我們將每個變數輸入後，可能會得到這樣的結果：

```
提高戒護的歸屬程度 0.3
開啟防護的歸屬程度 0.7
全員備戰的歸屬程度 0.4
```

當各位將每條規則輸出後，以強度最高者為行動依據，若是依照上述的輸出結果，則是以「開啟防護」為最終行動。

8-2-3 類神經網路

類神經網路（Artificial Neural Network）是模仿生物神經網路的數學模式，使用大量簡單而相連的人工神經元（Neuron）來模擬生物神經細胞受特定程度刺激來反應刺激的架構為基礎的研究，而且是平行運作且會動態地互相影響。由於類神經網路具有高速運算、記憶、學習與容錯等能力，可以利用一組範例，透過神經網路模型建立出系統模型，便可用於推估、預測、決策、診斷的相關應用。

類神經網路的原理可以應用在電腦遊戲中

類神經網路演算法的運算元組成是仿效人類神經元的結構，將神經元彼此連結，就構成了類神經網路架構。各個運算單元之間的連線會搭配不同權重（weight），就像神經元動作時的電位一樣，一個神經元的輸出可以變成下一個類神經網路的輸入脈衝，類神經網路的學習功能就是比對每次的結果，然後不斷地調整連線上的權重值。

類神經網路神經元的組成是仿效人類大腦神經元的結構

近年來配合電腦運算速度的增加，使得類神經網路的功能更為強大，運用層面也更為廣泛。要使得類神經網路能正確的運作，必須透過訓練的方式，讓類神經網路反覆學習，經過一段時間的經驗值，才能有效的學習產生初步運作的模式。這種觀念也可以應用在遊戲中玩家魔法值或攻擊火力的成長，當主角不斷學習與經過關卡考驗後，功力自然大增。

8-2-4 有限狀態機

「有限狀態機」（Finite State Machine, FSM）是屬於離散數學（Discrete Mathematics）的範疇。簡單的説，有限狀態機就是在有限狀態集合中，從一開始的初始狀態，以及其他狀態間，經由不同轉換函式而轉變到另一個狀態，轉換函式相當於各個狀態之間關係，FSM 從 1990 年代開始都還是普遍應用到各種遊戲之中。

許多生物的行為都能以各種狀態分別來解析，因為某些條件的改變，所以從原先的狀態轉換到另一種狀態。在遊戲 AI 的應用上，有限狀態機算是一種設計的概念，也就是可以透過定義有限的遊戲運作狀態，並藉由一些條件在這些運作狀態互相切換，並且包含二項要素：一個是代表 AI 的有限狀態簡單機器，另一個則是輸入（Input）條件，會使目前狀態轉換成另一個狀態。

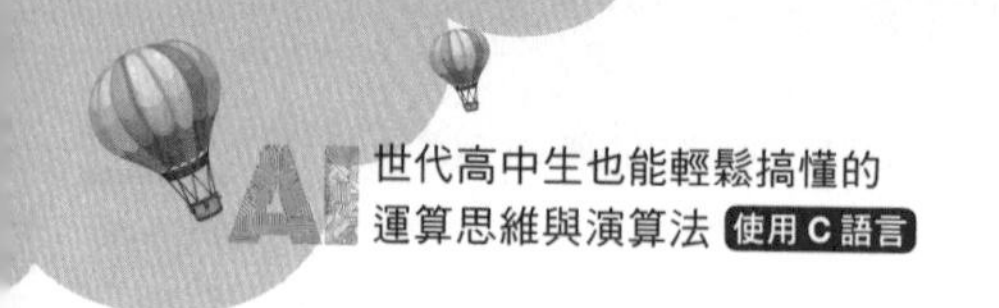

我們可以把 FSM 理解為一個圖（Graphs），遊戲中的狀態是圖的其中一個節點（Nodes），通常 FSM 會依據「狀態轉移」（State Transition）函式來決定輸出狀態，這些可以相互轉化的狀態之間有連線（Edges），連線之間定義了狀態轉移（Transitions）的條件，並可將目前狀態移轉為輸出狀態。而在遊戲程式設計領域中，我們可以利用 FSM 來訂定遊戲世界的管理基礎與維護遊戲進行狀態，並分析玩家輸入或管理物件情況。例如我們想要利用 FMS 來撰寫魔鬼海盜船在大海中追逐玩家的程式，以下可利用 FSM 的概念來製作一個簡易圖表，以下圖來表示：

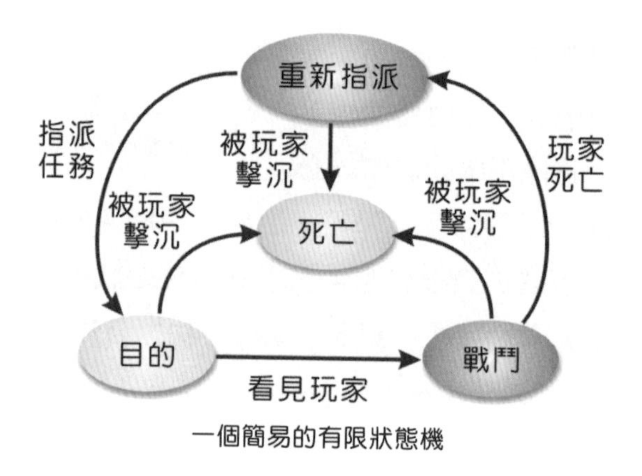

一個簡易的有限狀態機

在上圖中，魔鬼海盜船主要是接受任務指派與前往目的地。所以魔鬼海盜船的第一種狀態就是前往目的，另一種可能就是出了門後，立即被玩家擊沉，變成「死亡」狀態。如果遊戲進行中碰見玩家，就必須與玩家交戰，或者沒有看見玩家，就重新接受任務的指派。其他情形就是得戰勝玩家，才能獲得新的任務指派，如果沒有戰勝玩家，則會面臨死亡的狀態。

當程式設計師為了讓 FSM 能夠擴大規模，也有人提出平行處理的自動方式，將複雜的行為區分成不同子系統或是階層。假如各位要在魔鬼海盜船中加入射擊動作，面對玩家才會進入射擊狀態。可以利用下圖來表示：

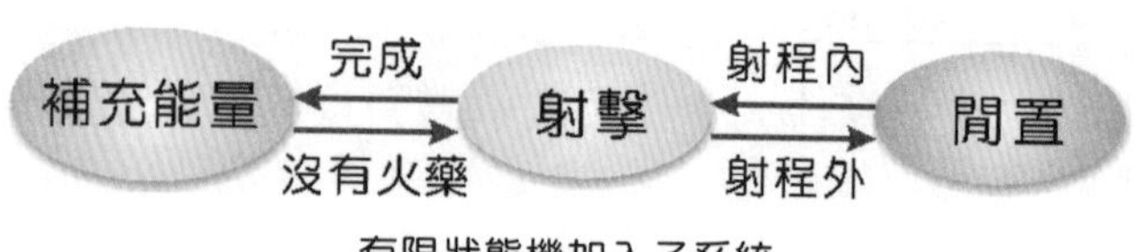

有限狀態機加入子系統

其他狀態可依據需求來加入，例如沒有能量，必須補充能量，如果是在射程外，就形成了「閒置」狀態。最後各位只要將這個設計好的子系統加入控制處理即可。

8-2-5 決策樹演算法

如果今天您要設計的遊戲是屬於「棋類」或是「紙牌類」的話，那麼上述的人工智慧基本概論可能就變得一無是處（因為紙牌根本不需要追著您跑或逃離），此類遊戲所採用的技巧在於實現遊戲作決策的能力，簡單的說，該下哪一步棋或者該出哪一張牌。

決策型人工智慧的實作是一項挑戰，因為通常可能的狀況有很多，例如象棋遊戲的人工智慧就必須在所有可能情況中選擇一步對自己最有利的棋，想想看如果開發此類的遊戲，您會怎麼作？通常此類遊戲的 AI 實現技巧為先找出所有可走的棋（或可出的牌），然後逐一判斷如果走這步棋（或出這張牌）的優劣程度如何，或者說是替這步棋打個分數，然後選擇走得分最高的那步棋。

一個最常被用來討論決策型 AI 的簡單例子是「井字遊戲」，因為它的可能狀況不多，也許您只要花個十分鐘便能分析完所有可能的狀況，並且找出最佳的玩法，例如下圖可表示某個狀況下的 O 方的可能下法：

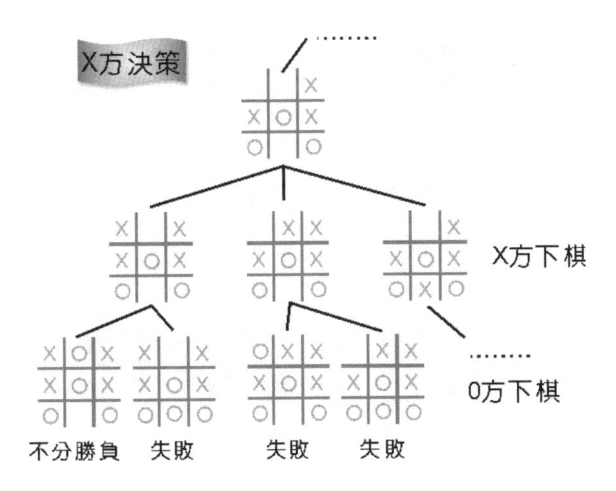

上圖是井字遊戲的某個決策區域，下一步是 X 方下棋，很明顯的 X 方絕對不能選擇第二層的第二個下法，因為 X 方必敗無疑，而您也看出來這個決策形成樹狀結構，所以也稱之為「決策樹」，而樹狀結構正是資料結構所討論的範圍，這也説明了資料結構正是人工智慧的基礎，而決策型人工智慧的基礎則是搜尋，在所有可能的狀況下，搜尋可能獲勝的方法。

針對井字遊戲的製作，我們以下提及一些概念，井字遊戲的棋盤一共有九個位置、八個可能獲勝的方法，請看右圖。實作 AI 的基本技巧為在遊戲中設計一個存放八種獲勝方法的二維陣列，例如：

1	2	3
4	5	6
7	8	9

```
int win[][] = new int[8][3];
win[0][0]  = 1;    // 第一種獲勝方法（表示 1,2,3 連線）
win[0][1]  = 2;
win[0][2]  = 3;
…         // 類推下去
```

然後依據此陣列來判斷最有利的位置，例如當玩家已經在位置 1 和位置 2 連線時，您就必須擋住位置 3，依此類推。井字型遊戲是種最簡單的人工智慧應用，它是一個簡單的遊戲排列運算法，只要在井字型中打上 O、X 即可玩遊戲。以下是我們手機遊戲團隊所設計的畫面：

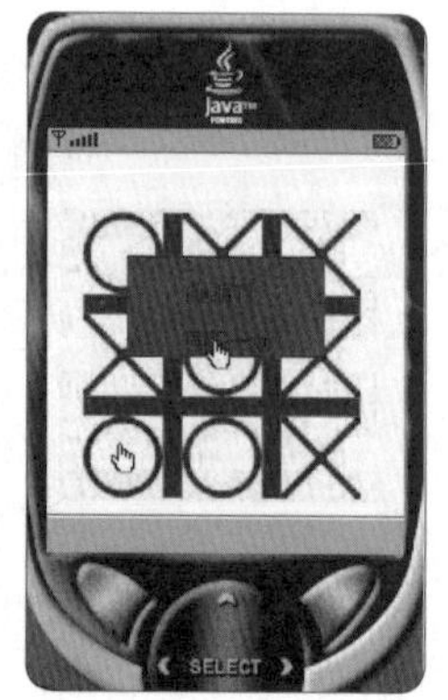

手機井字遊戲畫面

8-3 回溯法－電腦鼠走迷宮

回溯法（Backtracking）也算是枚舉法中的一種，對於某些問題而言，回溯法是一種可以找出所有（或一部分）解的一般性演算法，是隨時避免枚舉不正確的數值，一旦發現不正確的數值，就不遞迴至下一層，而是回溯至上一層來節省時間，這種走不通就退回再走的方式，主要是在搜尋過程中尋找問題的解，當發現已不滿足求解條件時，就回溯返回，嘗試別的路徑，避免無效搜索。

例如電腦鼠走迷宮就是一種回溯法（Backtracking）與陣列的應用，電腦鼠走迷宮問題的陳述是假設把一隻大電腦鼠放在一個沒有蓋子的大迷宮盒的入口處，盒中有許多牆使得大部份的路徑都被擋住而無法前進。電腦鼠可以依照嘗試錯誤的方法找到出口。不過這電腦鼠必須具備走錯路時就會重來一次，並把走過的路記起來，避免重複走同樣的路，就這樣直到找到出口為止。簡單說來，電腦鼠行進時，必須遵守以下三個原則：

① 一次只能走一格。

② 遇到牆無法往前走時，則退回一步找找看是否有其他的路可以走。

③ 走過的路不會再走第二次。

在建立走迷宮程式前，我們先來了解如何在電腦遊戲中表現一個模擬迷宮的方式。這時可以利用二維陣列 MAZE[row][col]，並符合以下規則：

```
MAZE[i][j]=1  表示 [i][j] 處有牆，無法通過
          =0  表示 [i][j] 處無牆，可通行
MAZE[1][1] 是入口，MAZE[m][n] 是出口
```

下圖就是一個使用 10*12 二維陣列的模擬迷宮地圖表示圖：

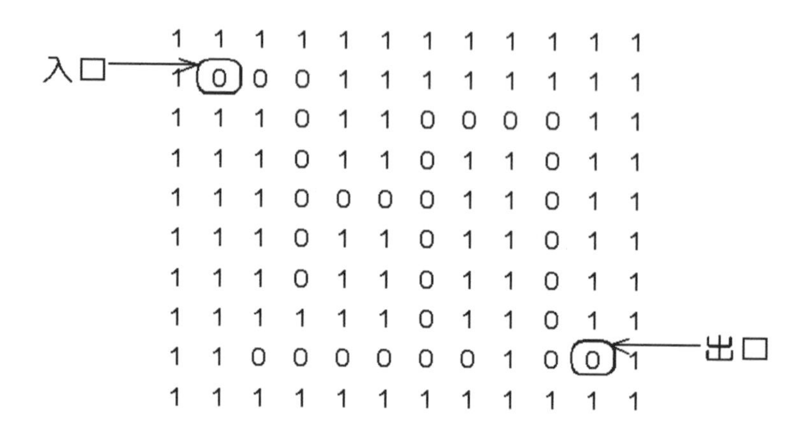

假設電腦鼠由左上角的 MAZE[1][1] 進入，由右下角的 MAZE[8][10] 出來，電腦鼠目前位置以 MAZE[x][y] 表示，那麼我們可以將電腦鼠可能移動的方向表示如下：

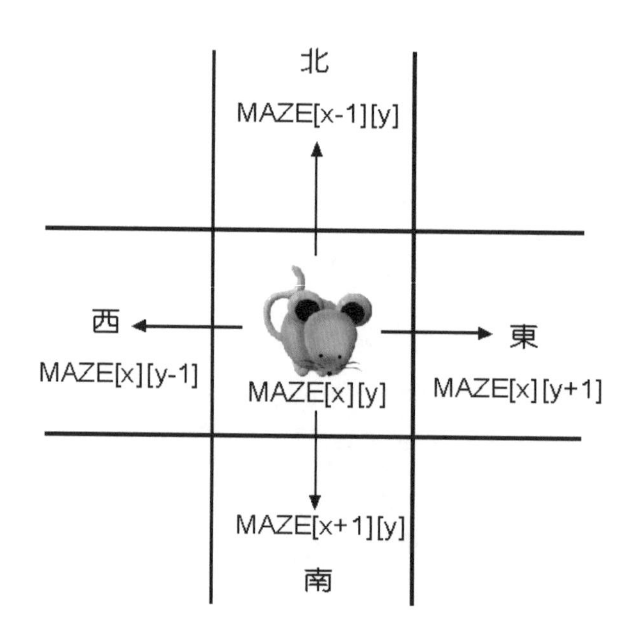

如上圖所示，電腦鼠可以選擇的方向共有四個，分別為東、西、南、北。但並非每個位置都有四個方向可以選擇，必須視情況來決定，例如 T 字型的路口，就只有東、西、南三個方向可以選擇。

我們可以記錄走過的位置，並且將走過位置的陣列元素內容標示為 2，然後將這個位置放入堆疊再進行下一次的選擇。如果走到死巷子並且還沒有抵達終點，那麼就必須退出上一個位置，並退回去直到回到上一個叉路後再選擇其他的路。由於每次新加入的位置必定會在堆疊的最末端，因此堆疊末端指標所指的方格編號便是目前搜尋迷宮出口的電腦鼠所在的位置。如此一直重複這些動作直到走到出口為止。

例如下圖是以小球來代表迷宮中的電腦鼠：

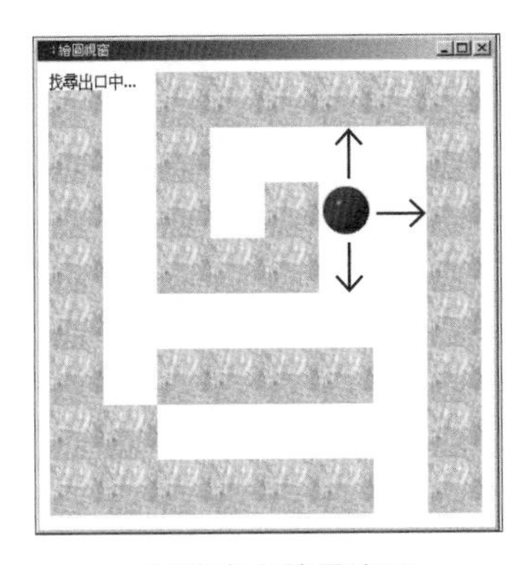

在迷宮中搜尋出口

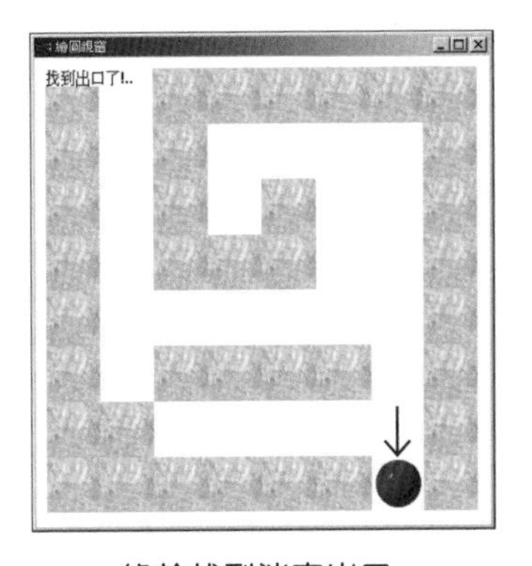

終於找到迷宮出口

電腦鼠走迷宮演算法是每次進行移動時所執行的內容，其主要是判斷目前所在位置的上、下、左、右是否有可以前進的方格，若找到可移動的方格，便將該方格的編號加入到記錄移動路徑的堆疊中，並往該方格移動，而當四周沒有可走的方格時，也就是目前所在的方格無法走出迷宮，必須退回前一格重新再來檢查是否有其他可走的路徑。

「動動腦」請設計一C程式，使用串列堆疊來找出電腦鼠走迷宮的路線，其中0表示牆，2表示入口，3表示出口，6表示電腦鼠走過的路線。

參考程式碼：[CH08_01.c]

```
01  #include <stdio.h>
02  #include <stdlib.h>
03  #define EAST  MAZE[x][y+1]    /* 定義東方的相對位置 */
04  #define WEST  MAZE[x][y-1]    /* 定義西方的相對位置 */
05  #define SOUTH MAZE[x+1][y]    /* 定義南方的相對位置 */
06  #define NORTH MAZE[x-1][y]    /* 定義北方的相對位置 */
07  #define ExitX 8               /* 定義出口的 X 座標在第八列 */
08  #define ExitY 10              /* 定義出口的 Y 座標在第十行 */
09  struct list
10  {
11      int x,y;
12      struct list* next;
13  };
14  typedef struct list node;
15  typedef node* link;
16  int MAZE[10][12] = {2,1,1,1,1,0,0,0,1,1,1,1,   /* 宣告迷宮陣列 */
17                      1,0,0,0,1,1,1,1,1,1,1,1,
18                      1,1,1,0,1,1,0,0,0,0,1,1,
19                      1,1,1,0,1,1,0,1,1,0,1,1,
20                      1,1,1,0,0,0,0,1,1,0,1,1,
21                      1,1,1,0,1,1,0,1,1,0,1,1,
22                      1,1,1,0,1,1,0,1,1,0,1,1,
23                      1,1,1,0,1,1,0,0,1,0,1,1,
24                      1,1,0,0,0,0,0,0,1,0,0,1,
25                      1,1,1,1,1,1,1,1,1,1,1,3};
26  link push(link stack,int x,int y)
27  {
28      link newnode;
29      newnode = (link)malloc(sizeof(node));
30      if(!newnode)
31      {
32          printf("Error! 記憶體配置失敗 !\n");
33          return NULL;
34      }
35      newnode->x=x;
36      newnode->y=y;
37      newnode->next=stack;
38      stack=newnode;
39      return stack;
40  }
```

```
41  link pop(link stack,int* x,int* y)
42  {
43      link top;
44      if(stack!=NULL)
45      {
46          top=stack;
47          stack=stack->next;
48          *x=top->x;
49          *y=top->y;
50          free(top);
51          return stack;
52      }
53      else
54          *x=-1;
55          return stack;
56  }
57  int chkExit(int x,int y,int ex,int ey)
58  {
59      if(x==ex&&y==ey)
60      {
61          if(NORTH==1||SOUTH==1||WEST==1||EAST==2)
62              return 1;
63          if(NORTH==1||SOUTH==1||WEST==2||EAST==1)
64              return 1;
65          if(NORTH==1||SOUTH==2||WEST==1||EAST==1)
66              return 1;
67          if(NORTH==2||SOUTH==1||WEST==1||EAST==1)
68              return 1;
69      }
70      return 0;
71  }
72
73  int main()
74  {
75      int i,j,x,y;
76      link path = NULL;
77      x=1;     /* 入口的 X 座標 */
78      y=1;     /* 入口的 Y 座標 */
79      printf("[迷宮的地模擬圖 (0 表示牆 ,2 表示入口 ,3 表示出口 ]\n");
                                          /* 印出迷宮的路徑圖 */
80      for(i=0;i<10;i++)
81      {
82          for(j=0;j<12;j++)
83              printf("%2d",MAZE[i][j]);
84          printf("\n");
85      }
```

```
86      while(x<=ExitX&&y<=ExitY)
87      {
88          MAZE[x][y]=6;
89          if(NORTH==0)
90          {
91              x -= 1;
92              path=push(path,x,y);
93          }
94          else if(SOUTH==0)
95          {
96              x+=1;
97              path=push(path,x,y);
98          }
99          else if(WEST==0)
100         {
101             y-=1;
102             path=push(path,x,y);
103         }
104         else if(EAST==0)
105         {
106             y+=1;
107             path=push(path,x,y);
108         }
109         else if(chkExit(x,y,ExitX,ExitY)==1)/* 檢查是否走到出口了 */
110             break;
111         else
112         {
113             MAZE[x][y]=2;
114             path=pop(path,&x,&y);
115         }
116     }
117     printf("---------------------------\n");
118     printf("[6 表示老鼠走過的路線 ]\n"); /* 印出老鼠走完迷宮後的路徑圖 */
119     printf("---------------------------\n");
120     for(i=0;i<10;i++)
121     {
122         for(j=0;j<12;j++)
123             printf("%2d",MAZE[i][j]);
124         printf("\n");
125     }
126     system("pause");
127     return 0;
128 }
```

【執行結果】

```
[迷宮的地模擬圖(0表示牆,2表示入口,3表示出口]
 2 1 1 1 1 0 0 0 1 1 1 1
 1 0 0 0 1 1 1 1 1 1 1 1
 1 1 1 0 1 1 0 0 0 0 1 1
 1 1 1 0 1 1 0 1 1 0 1 1
 1 1 1 0 0 0 0 1 1 0 1 1
 1 1 1 0 1 1 0 1 1 0 1 1
 1 1 1 0 1 1 0 1 1 0 1 1
 1 1 1 0 1 1 0 0 1 0 1 1
 1 1 0 0 0 0 0 0 1 0 0 1
 1 1 1 1 1 1 1 1 1 1 1 3
--------------------------
[6表示老鼠走過的路線]
--------------------------
 2 1 1 1 1 0 0 0 1 1 1 1
 1 6 6 6 1 1 1 1 1 1 1 1
 1 1 1 6 1 1 6 6 6 6 1 1
 1 1 1 6 1 1 6 1 1 6 1 1
 1 1 1 6 0 0 6 1 1 6 1 1
 1 1 1 6 1 1 6 1 1 6 1 1
 1 1 1 6 1 1 6 1 1 6 1 1
 1 1 1 6 1 1 6 0 1 6 1 1
 1 1 2 6 6 6 6 0 1 6 6 1
 1 1 1 1 1 1 1 1 1 1 1 3
請按任意鍵繼續 . . .
```

8-4 八皇后演算法

八皇后問題也是一種常見的棋類遊戲的 AI 應用實例。在西洋棋中的皇后可以在沒有限定一步走幾格的前提下，對棋盤中的其他棋子直吃、橫吃及對角斜吃（左斜吃或右斜吃皆可），只要後放入的新皇后，放入前必須考慮所放位置直線方向、橫線方向，或對角線方向是否已被放置舊皇后，否則就會被先放入的舊皇后吃掉。

利用這種觀念，我們可以將其應用在 4*4 的棋盤，就稱為 4- 皇后問題；應用在 8*8 的棋盤，就稱為 8- 皇后問題。應用在 N*N 的棋盤，就稱為 N- 皇后問題。要解決 N- 皇后問題（在此我們以 8- 皇后為例），首先當於棋盤中置入一個新皇后，且這個位置不會被先前放置的皇后吃掉，就將這個新皇后的位置存入堆疊。

但是如果當您放置新皇后該行（或該列）的 8 個位置，都沒有辦法放置新皇后（亦即一放入任何一個位置，就會被先前放置的舊皇后給吃掉）。此時，就必須由堆疊中取出前一個皇后的位置，並於該行（或該列）中重新尋找另一個新的位置放置，再將該位置存入堆疊中，而這種方式就是一種回溯（Backtracking）演算法的應用概念。

N- 皇后問題的解答，就是配合堆疊及回溯兩種演算法概念，以逐行（或逐列）找新皇后位置（如果找不到，則回溯到前一行找尋前一個皇后另一個新的位置，以此類推）的方式，來尋找 N- 皇后問題的其中一組解答。

以下分別是 4- 皇后及 8- 皇后在堆疊存放的內容及對應棋盤的其中一組解。

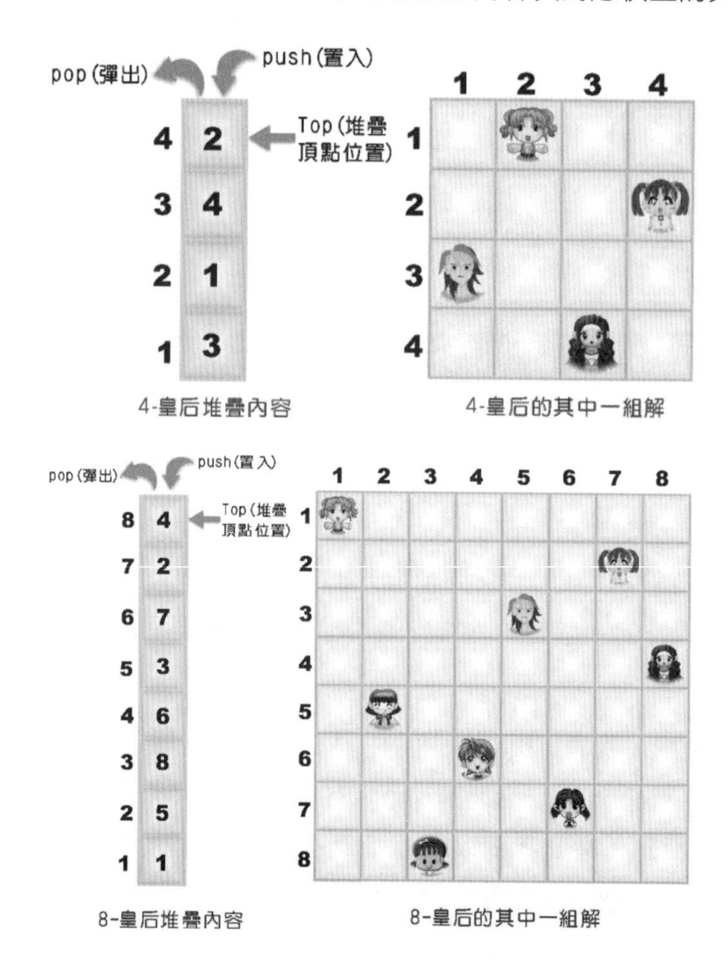

4-皇后堆疊內容　4-皇后的其中一組解

8-皇后堆疊內容　8-皇后的其中一組解

動動腦 請設計一 C 程式，來求取八皇后問題的解決方法。

參考程式碼：[CH08_02.c]

```
01  #include <stdio.h>
02  #define EIGHT 8 /* 定義最大堆疊容量 */
03  #define TRUE 1
04  #define FALSE 0
05  int queen[EIGHT];/* 存放 8 個皇后之列位置 */
06  int number=0;/* 計算總共有幾組解的總數 */
07  /* 決定皇后存放的位置 */
08  /* 輸出所需要的結果 */
09  int print_table()
10  {
11      int x=0,y=0;
12      number+=1;
13      printf("\n");
14      printf(" 八皇后問題的第 %d 組解 \n\t",number);
15      for(x=0;x<EIGHT;x++)
16      {
17          for(y=0;y<EIGHT;y++)
18              if(x==queen[y])
19                  printf("<q>");
20              else
21                  printf("<->");
22          printf("\n\t");
23      }
24      system("pause");
25      return 0;
26  }
27  void decide_position(int value)
28  {
29      int i=0;
30      while(i<EIGHT)
31      {
32      /* 是否受到攻擊的判斷式 */
33          if(attack(i,value)!=1)
34          {
35              queen[value]=i;
36              if(value==7)
37                  print_table();
38              else
39                  decide_position(value+1);
40          }
41          i++;
42      }
```

```
43  }
44  /* 測試在 (row,col) 上的皇后是否遭受攻擊
45     若遭受攻擊則傳回值為 1, 否則傳回 0*/
46  int attack(int row,int col)
47  {
48      int i=0,atk=FALSE;
49      int offset_row=0,offset_col=0;
50      while((atk!=1)&&i<col)
51      {
52          offset_col=abs(i-col);
53          offset_row=abs(queen[i]-row);
54          /* 判斷兩皇后是否在同一列在同一對角線上 */
55          if((queen[i]==row)||(offset_row==offset_col))
56              atk=TRUE;
57          i++;
58      }
59      return atk;
60  }
61
62  /* 主程式 */
63  int main(void)
64  {
65      decide_position(0);
66      return 0;
67  }
```

【執行結果】

```
八皇后問題的第1組解
        <q><-><-><-><-><-><-><->
        <-><-><-><-><-><-><q><->
        <-><-><-><-><q><-><-><->
        <-><-><-><-><-><-><-><q>
        <-><q><-><-><-><-><-><->
        <-><-><-><q><-><-><-><->
        <-><-><-><-><-><q><-><->
        <-><-><q><-><-><-><-><->
        請按任意鍵繼續 . . .
八皇后問題的第2組解
        <q><-><-><-><-><-><-><->
        <-><-><-><-><-><-><q><->
        <-><-><-><q><-><-><-><->
        <-><-><-><-><-><q><-><->
        <-><-><-><-><-><-><-><q>
        <-><q><-><-><-><-><-><->
        <-><-><-><-><q><-><-><->
        <-><-><q><-><-><-><-><->
        請按任意鍵繼續 . . .
```

1. 請在遊戲 AI 的應用上，說明有限狀態機的概念。
2. 請敘述類神經網路（Artificial Neural Network）的內容。
3. 請簡單說明模糊邏輯的概念與應用。
4. 何謂基因演算法（Genetic Algorithm），試舉例說明在遊戲中的應用。

MEMO

Chapter

樹狀結構的異想世界 09

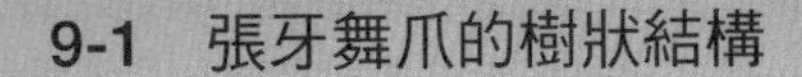

今天早上是小華最喜歡的歷史課，雖然他的數理能力不好，但是歷史成績卻在班上名列前茅，課上到一半，帶著老花眼鏡的歷史老師走到他跟前，沙啞地說著：「下堂課你整理一份康熙皇帝的祖譜，帶來給大家一起討論！」小華一聽，馬上頭皮發麻，心想：「康熙大帝的阿哥們算起來還真是族繁不及備載，這麼複雜的關係真不知道如何理出頭緒？」下課以後，馬上打電話給學霸大哥說明事情的原委，只聽他停了三秒，立刻哈哈大笑說道：「小 case! 你用樹狀結構就可以解決了！」

9-1 張牙舞爪的樹狀結構

樹狀結構是一種日常生活中應用相當廣泛的非線性結構，舉凡從企業內的組織架構、家族內的族譜、籃球賽程、公司組織圖等，再到電腦領域中的作業系統與資料庫管理系統都是樹狀結構的衍生運用。或者例如年輕人喜愛的大型線上遊戲中，需要取得某些物體所在的地形資訊，如果程式是依次從構成地形的模型三角面尋找，往往會耗費許多執行時間，非常沒有效率。因此程式設計師就會使用樹狀結構中的二元空間分割樹（BSP tree）、四元樹（Quadtree）、八元樹（Octree）等來分割場景資料。

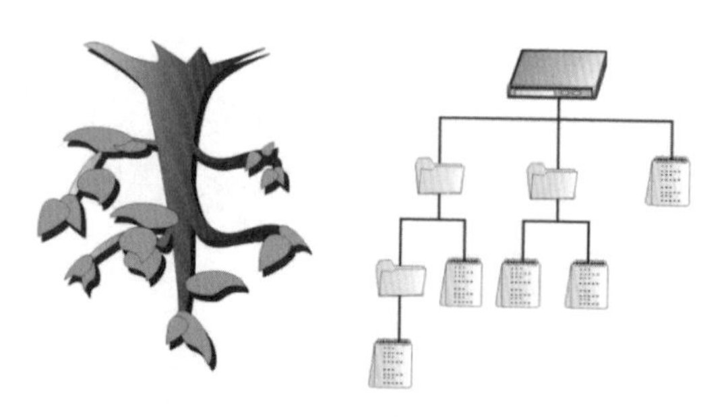

Windows 檔案總管是以樹狀結構儲存，資料夾下可以有檔案與資料夾

線上遊戲中場景可藉由樹狀結構來分割

9-1-1 樹的基本觀念

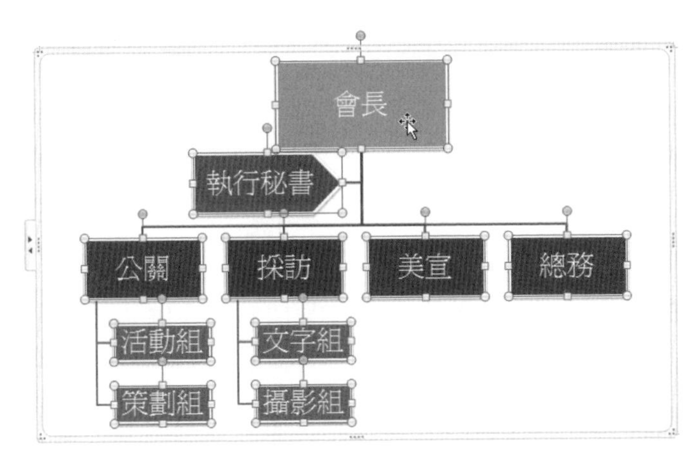

社團的組織圖也是樹狀結構的應用

「樹」(Tree)是由一個或一個以上的節點(Node)組成，存在一個特殊的節點，稱為樹根(Root)，每個節點可代表一些資料和指標組合而成的記錄。其餘節點則可分為 $n \geq 0$ 個互斥的集合，即是 $T_1, T_2, T_3 \cdots T_n$，則每一個子集合本身也是一種樹狀結構及此根節點的子樹。例如右圖：

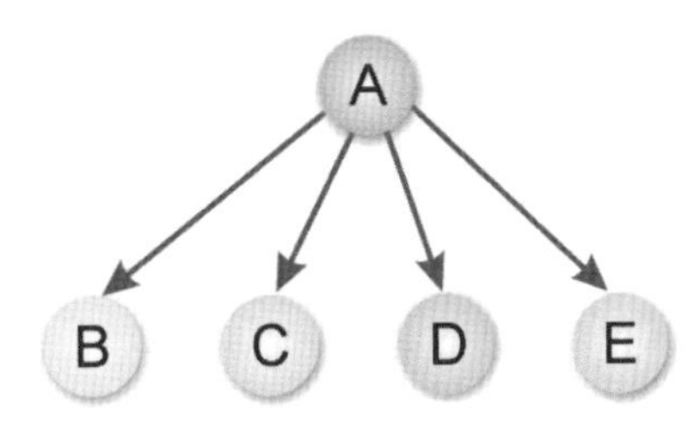

A 為根節點，B、C、D、E 均為 A 的子節點

一棵合法的樹，節點間可以互相連結，但不能形成無出口的迴圈。右圖就是一棵不合法的樹：

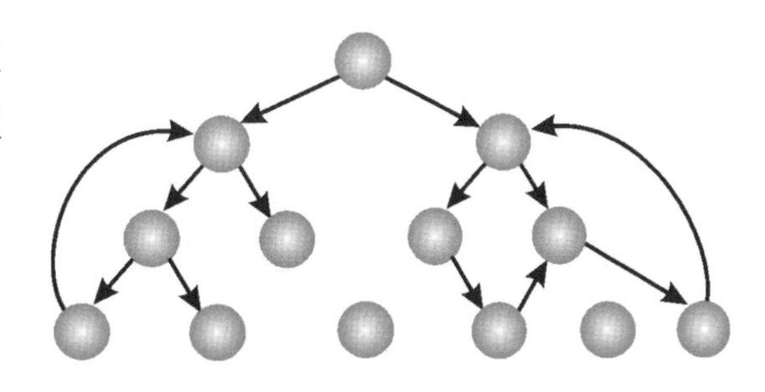

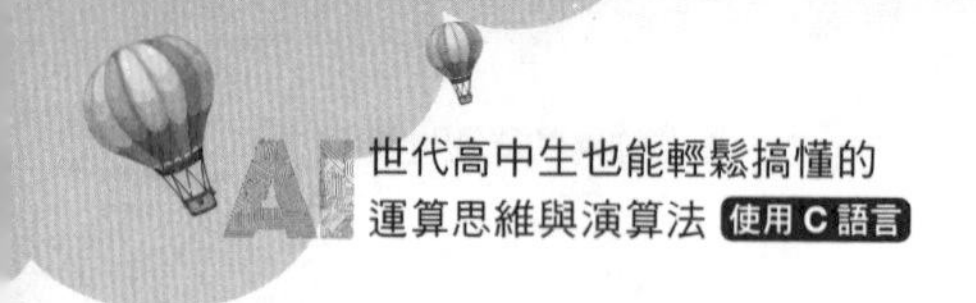

在樹狀結構中，有許多常用的專有名詞，我們利用右圖中這棵合法的樹，來為各位簡單介紹。

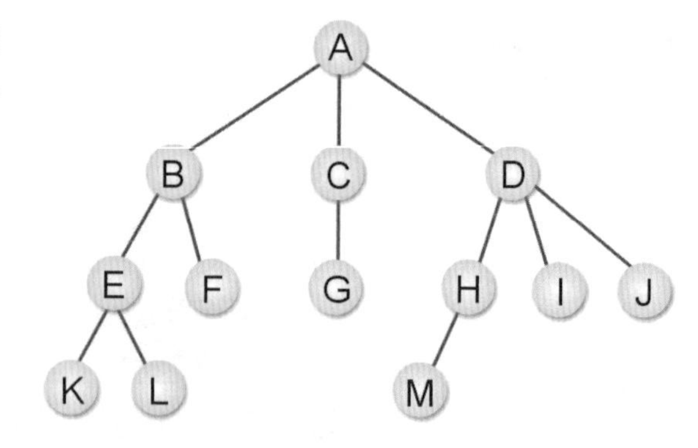

- **分支度（Degree）：**每個節點所有的子樹個數。例如像上圖中節點 B 的分支度為 2，D 的分支度為 3，F、G、I、J 等為 0。
- **階層或階度（Level）：**樹的層級，假設樹根 A 為第一階層，BCD 節點即為階層 2，E、F、G、H、I、J 為階層 3。
- **高度（Height）：**樹的最大階度。例如上圖的樹高度為 4。
- **樹葉或稱終端節點（Terminal Nodes）：**分支度為零的節點，如上圖中的 K、L、F、G、M、I、J，右圖則有 4 個樹葉節點，如 E、C、H、I。

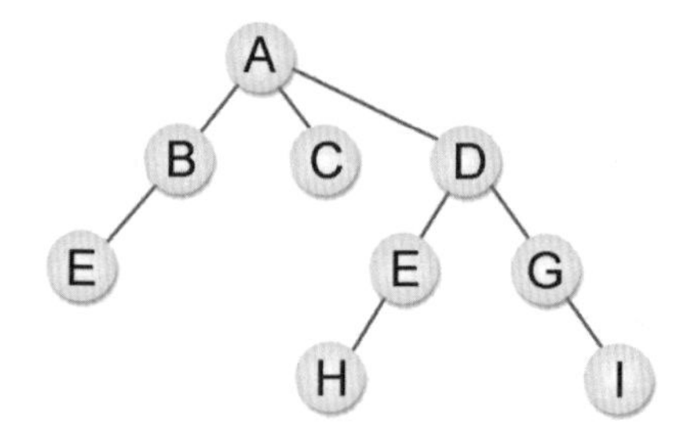

- **樹林（Forest）：**樹林是由 n 個互斥樹的集合（n ≧ 0），移去樹根即為樹林。例如下圖就為包含三棵樹的樹林。

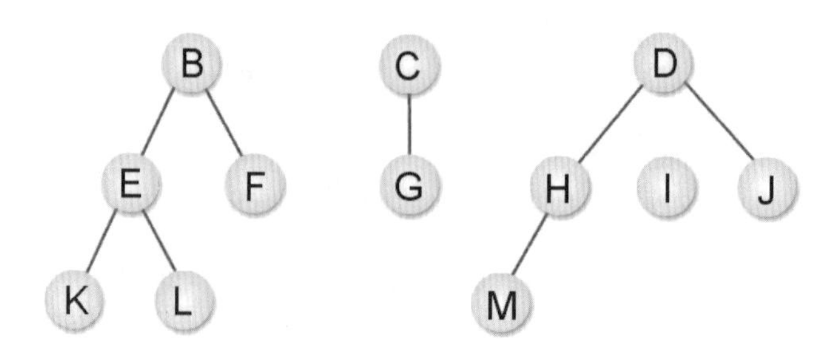

「動動腦」 下列哪一種不是樹（Tree）？(A) 一個節點 (B) 環狀串列 (C) 一個沒有迴路的連通圖（Connected Graph） (D) 一個邊數比點數少 1 的連通圖。

解答 (B) 因為環狀串列會造成循環現象，不符合樹的定義。

「動動腦」 右圖中的樹有幾個樹葉節點（Leaf Node）？(A)4 (B)5 (C)9 (D)11

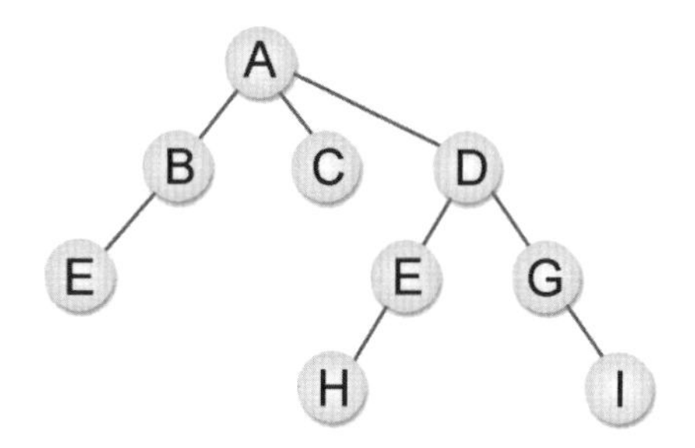

解答 分支度為空的節點稱為樹葉節點，由上圖中可看出答案為(A)，共有 E、C、H、I 四個。

9-2 一次搞懂二元樹

至於二元樹是計算機科學最重要的概念之一，「二元樹」與「樹」，儘管名稱相近，但是概念不相近，至於用途更是天差地遠，二元樹（又稱 Knuth 樹）是一個由有限節點所組成的集合，此集合可以為空集合，或由一個樹根及左右兩個子樹所組成。簡單的說，二元樹最多只能有兩個子節點，就是分支度小於或等於 2。其電腦中的資料結構如右圖。

二元樹和一般樹的不同之處，我們整理如下：

① 樹不可為空集合，但是二元樹可以。

② 樹的分支度為 $d \geq 0$，但二元樹的節點分支度為 $0 \leq d \leq 2$。

③ 樹的子樹間沒有次序關係，二元樹則有。

以下來看一棵實際的二元樹，如右圖所示：

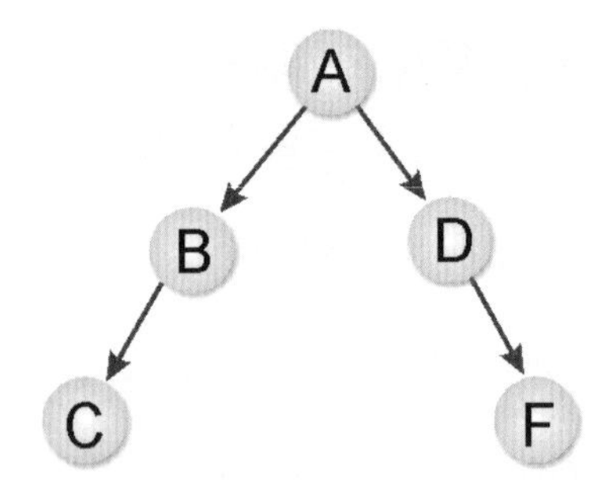

上圖是以 A 為根節點的二元樹，且包含了以 B、D 為根節點的兩棵互斥的左子樹與右子樹。

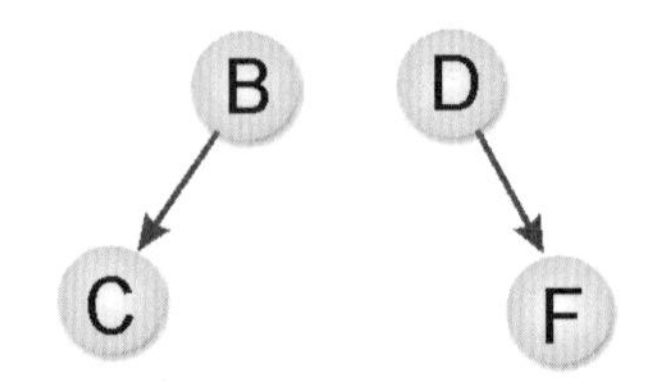

以上這兩個左右子樹都是屬於同一種樹狀結構，不過卻是二棵不同的二元樹結構，原因就是二元樹必須考慮到前後次序關係，請各位讀者特別留意。

由於二元樹的應用相當廣泛，所以衍生了許多特殊的二元樹結構，為您介紹如下：

完滿二元樹（Fully Binary Tree）

如果二元樹的高度為 h，樹的節點數為 2^h-1，$h \geq 0$，則我們稱此樹為「完滿二元樹」，如下圖所示：

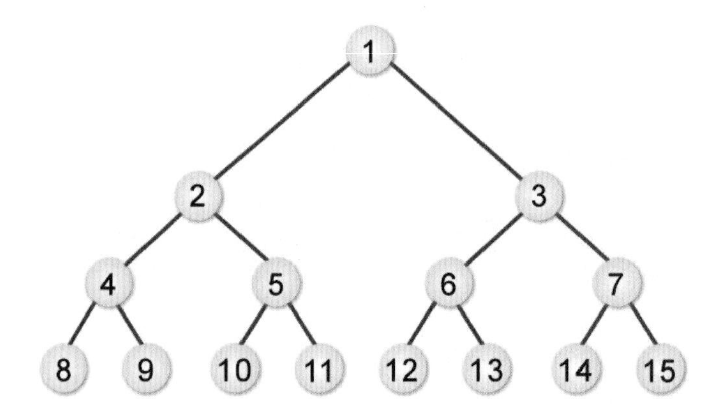

完整二元樹（Complete Binary Tree）

如果二元樹的深度為 h，所含的節點數小於 2^h-1，但其節點的編號方式如同深度為 h 的完滿二元樹一般，從左到右，由上到下的順序一一對應結合。如下圖：

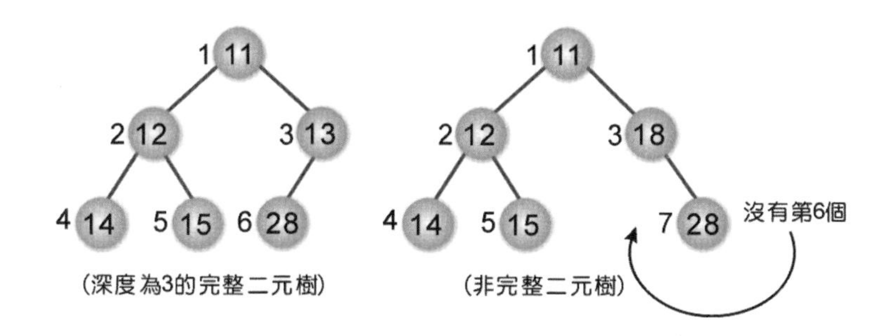

(深度為3的完整二元樹)　(非完整二元樹)

對於完整二元樹而言，假設有 N 個節點，那麼此二元樹的階層 (Level)h 為 $\lfloor \text{Log}_2(N+1) \rfloor$。

9-2-1 陣列實作二元樹

如果使用循序的一維陣列來表示二元樹，首先可將此二元樹假想成一個完滿二元樹（Full Binary Tree），而且第 k 個階度具有 2^{k-1} 個節點，並且依序存放在此一維陣列中。首先來看看使用一維陣列建立二元樹的表示方法及索引值的配置：

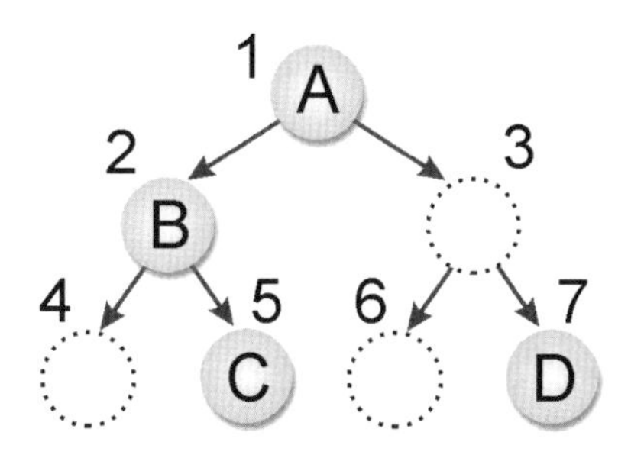

索引值	1	2	3	4	5	6	7
內容值	A	B			C		D

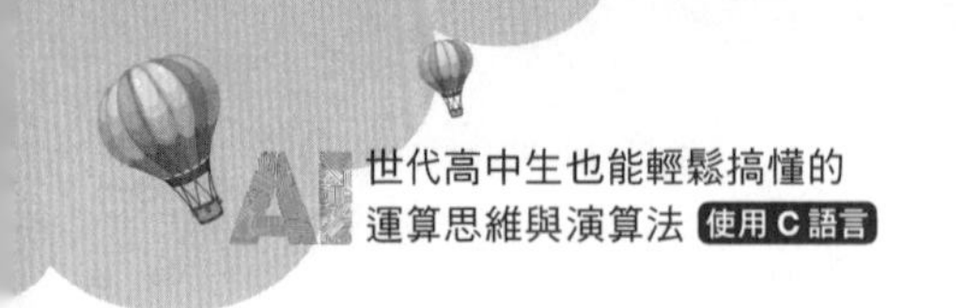

從上圖中，我們可以看到此一維陣列中的索引值有以下關係：

① 左子樹索引值是父節點索引值 *2。

② 右子樹索引值是父節點索引值 *2+1。

接著就來看如何以一維陣列建立二元樹的實例，事實上就是建立一個二元搜尋樹，這是一種很好的排序應用模式，因為在建立二元樹的同時，資料已經經過初步的比較判斷，並依照二元樹的建立規則來存放資料。所謂二元搜尋樹具有以下特點：

① 可以是空集合，但若不是空集合則節點上一定要有一個鍵值。

② 每一個樹根的值需大於左子樹的值。

③ 每一個樹根的值需小於右子樹的值。

④ 左右子樹也是二元搜尋樹。

⑤ 樹的每個節點值都不相同。

現在我們示範將一組資料 32、25、16、35、27，建立一棵二元搜尋樹：

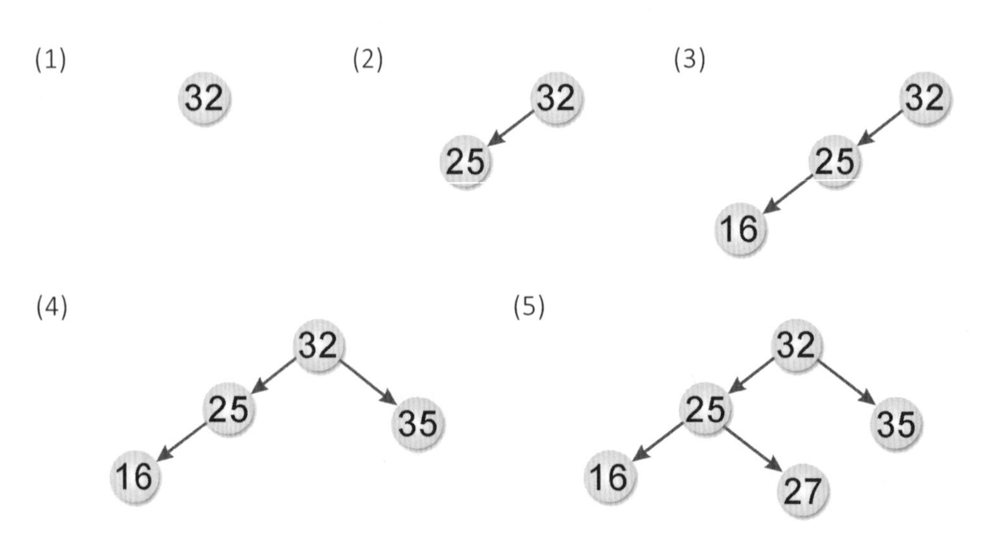

「動動腦」 請設計一C程式，依序輸入一棵二元樹節點的資料，分別是6,3,5,9,7,8,4,2，並建立一棵二元搜尋樹，最後輸出儲存此二元樹的一維陣列。

參考程式碼：**[CH09_01.c]**

```
01  #include <stdio.h>
02  #include <stdlib.h>
03
04  void Btree_create(int *btree,int *data,int length)
05  {
06      int i,level;
07
08      for(i=0;i<length;i++)/* 把原始陣列中的值逐一比對 */
09      {
10          for(level=1;btree[level]!=0;)/* 比較樹根及陣列內的值 */
11          {
12              if(data[i]>btree[level])/* 如果陣列內的值大於樹根，則往右子樹比較 */
13                  level=level*2+1;
14              else /* 如果陣列內的值小於或等於樹根，則往左子樹比較 */
15                  level=level*2;
16          }         /* 如果子樹節點的值不為 0，則再與陣列內的值比較一次 */
17          btree[level]=data[i]; /* 把陣列值放入二元樹 */
18      }
19  }
20
21  int main()
22  {
23      int i,length=8;
24      int data[]={6,3,5,9,7,8,4,2};/* 原始陣列 */
25      int btree[16]={0}; /* 存放二元樹陣列 */
26      printf(" 原始陣列內容：\n");
27      for(i=0;i<length;i++)
28          printf("[%2d] ",data[i]);
29      printf("\n");
30      Btree_create(btree,data,length);
31      printf(" 二元樹內容：\n");
32      for (i=1;i<16;i++)
33          printf("[%2d] ",btree[i]);
34      printf("\n");
35      system("pause");
36      return 0;
37  }
```

【執行結果】

```
原始陣列內容:
[ 6] [ 3] [ 5] [ 9] [ 7] [ 8] [ 4] [ 2]
二元樹內容:
[ 6] [ 3] [ 9] [ 2] [ 5] [ 7] [ 0] [ 0] [ 0] [ 4] [ 0] [ 0] [ 8] [ 0] [ 0]
請按任意鍵繼續 . . .
```

下圖是此陣列值在二元樹中的存放情形：

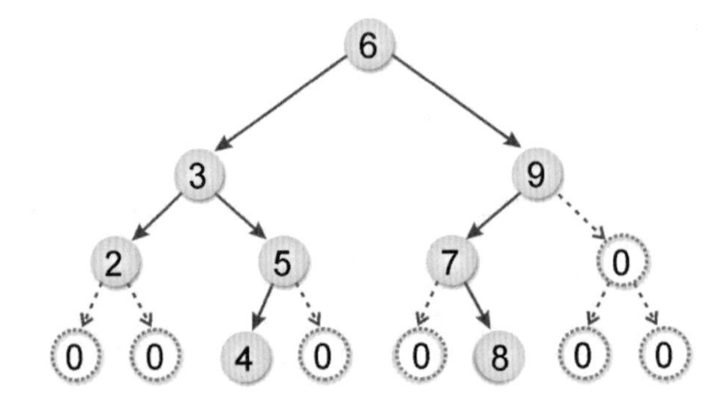

9-2-2 串列實作二元樹

所謂串列實作二元樹，就是利用鏈結串列來儲存二元樹。基本上，使用串列來表示二元樹的好處是對於節點的增加與刪除相當容易，缺點是很難找到父節點，除非在每一節點多增加一個父欄位。以上述宣告而言，此節點所存放的資料型態為整數。如果使用 C 的結構指令，可寫成如下的宣告：

```
struct tree
{
    int data;
    struct tree *left;
    struct tree *right;
}
typedef struct tree node;
typedef node *btree;
```

例如下圖所示：

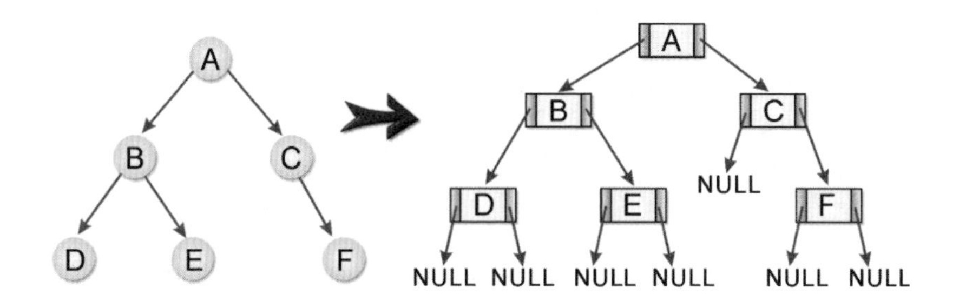

以串列方式建立二元樹的 C 演算法如下：

```
btree creat_tree(btree root,int val)
{
    btree newnode,current,backup;
    newnode=(btree)malloc(sizeof(node));
    newnode->data=val;
    newnode->left=NULL;
    newnode->right=NULL;
    if(root==NULL)
    {
        root=newnode;
        return root;
    }
    else
    {
        for(current=root;current!=NULL;)
        {
            backup=current;
            if(current->data > val)
                current=current->left;
            else
                current=current->right;
        }
        if(backup->data >val)
            backup->left=newnode;
        else
            backup->right=newnode;
    }
    return root;
}
```

「動動腦」請設計一C程式，依序輸入一棵二元樹節點的資料，分別是5,6,24,8, 12,3,17,1,9，利用鏈結串列來建立二元樹。

參考程式碼：[CH09_02.c]

```
01  #include <stdio.h>
02  #include <stdlib.h>
03
04  struct tree
05  {
06      int data;
07      struct tree *left,*right;
08  };
09  typedef struct tree node;
10  typedef node *btree;
11
12  btree creat_tree(btree,int);
13
14  int main()
15  {
16      int i,data[]={5,6,24,8,12,3,17,1,9};
17      btree ptr=NULL;
18      btree root=NULL;
19
20      for(i=0;i<9;i++)
21          ptr=creat_tree(ptr,data[i]); /* 建立二元樹 */
22
23      printf(" 完成以鏈結串列的方式建立二元樹 \n");
24
25      system("pause");
26      return 0;
27  }
28  btree creat_tree(btree root,int val)/* 建立二元樹函數 */
29  {
30      btree newnode,current,backup;
31      newnode=(btree)malloc(sizeof(node));
32      newnode->data=val;
33      newnode->left=NULL;
34      newnode->right=NULL;
35      if(root==NULL)
36      {
```

```
37            root=newnode;
38            return root;
39        }
40        else
41        {
42            for(current=root;current!=NULL;)
43            {
44                backup=current;
45                if(current->data > val)
46                    current=current->left;
47                else
48                    current=current->right;
49            }
50            if(backup->data >val)
51                backup->left=newnode;
52            else
53                backup->right=newnode;
54        }
55        return root;
56    }
```

【執行結果】

```
完成以鏈結串列的方式建立二元樹
請按任意鍵繼續 . . .
```

9-2-3 二元樹節點搜尋

我們先來討論如何在所建立的二元樹中搜尋單一節點資料。基本上，二元樹在建立的過程中，是依據左子樹 < 樹根 < 右子樹的原則建立，因此只需從樹根出發比較鍵值，如果比樹根大就往右，否則往左而下，直到相等就可找到打算搜尋的值，如果比到 NULL，無法再前進就代表搜尋不到此值。

「動動腦」請實作一個二元樹的 C 搜尋程式，首先建立一個二元搜尋樹，並輸入要尋找的值。如果節點中有相等的值，會顯示出進行搜尋的次數。如果找不到這個值，也會顯示訊息，二元樹的節點資料依序為 7,1,4,2,8,13,12,11,15,9,5。

參考程式碼：[CH09_03.c]

```
01  #include <stdio.h>
02  #include <stdlib.h>
03  
04  struct tree
05  {
06      int data;
07      struct tree *left,*right;
08  };
09  
10  typedef struct tree node;
11  typedef node *btree;
12  
13  btree creat_tree(btree root,int val)
14  {
15      btree newnode,current,backup;
16      newnode=(btree)malloc(sizeof(node));
17      newnode->data=val;
18      newnode->left=NULL;
19      newnode->right=NULL;
20      if(root==NULL)
21      {
22          root=newnode;
23          return root;
24      }
25      else
26      {
27          for(current=root;current!=NULL;)
28          {
29              backup=current;
30              if(current->data > val)
31                  current=current->left;
32              else
33                  current=current->right;
34          }
35          if(backup->data >val)
```

```
36                backup->left=newnode;
37            else
38                backup->right=newnode;
39        }
40        return root;
41    }
42    btree search(btree ptr,int val)  /* 搜尋二元樹副程式 */
43    {
44        int i=1;                           /* 判斷執行次數的變數 */
45        while(1)
46        {
47            if(ptr==NULL)  /* 沒找到就傳回 NULL*/
48                return NULL;
49            if(ptr->data==val)/* 節點值等於搜尋值 */
50            {
51                printf("共搜尋 %3d 次\n",i);
52                return ptr;
53            }
54            else if(ptr->data > val)  /* 節點值大於搜尋值 */
55                ptr=ptr->left;
56            else
57                ptr=ptr->right;
58            i++;
59        }
60    }
61
62    int main()
63    {
64        int i,data,arr[]={7,1,4,2,8,13,12,11,15,9,5};
65        btree ptr=NULL;
66        printf("[原始陣列內容]\n");
67        for (i=0;i<11;i++)
68        {
69            ptr=creat_tree(ptr,arr[i]);   /* 建立二元樹 */
70            printf("[%2d] ",arr[i]);
71        }
72        printf("\n");
73        printf("請輸入搜尋值：\n");
74        scanf("%d",&data);
75        if((search(ptr,data))!=NULL)          /* 搜尋二元樹 */
76            printf("你要找的值 [%3d] 有找到!!\n",data);
77        else
```

```
78            printf("您要找的值沒找到!!\n");
79
80        system("pause");
81        return 0;
82    }
```

【執行結果】

```
[原始陣列內容]
[ 7] [ 1] [ 4] [ 2] [ 8] [13] [12] [11] [15] [ 9] [ 5]
請輸入搜尋值:
8
共搜尋   2 次
你要找的值 [  8] 有找到!!
請按任意鍵繼續 . . .

--------------------------------
Process exited after 12.93 seconds with return value 0
請按任意鍵繼續 . . .
```

9-2-4 二元樹節點插入

談到二元樹節點插入的情況和搜尋相似，重點是插入後仍要保持二元搜尋樹的特性。如果插入的節點在二元樹中就沒有插入的必要，而搜尋失敗的狀況，就是準備插入的位置，只要多加一道 if 判斷式，當搜尋到鍵值時輸出 "二元樹中有此節點了 !"，如果找不到，再將此節點加到此二元樹中。如下所示：

```
if((search(ptr,data))!=NULL)     /* 搜尋二元樹 */
    printf("二元樹中有此節點了 !\n",data);
else
{
    ptr=creat_tree(ptr,data); /* 將此鍵值加入此二元樹 */
    inorder(ptr);
}
```

9-2-5 二元樹節點的刪除

二元樹節點的刪除則稍微複雜，可分為以下三種狀況：

❶ 刪除的節點為樹葉：只要將其相連的父節點指向 NULL 即可。

❷ 刪除的節點只有一棵子樹，如右圖刪除節點 1，就將其右指標欄放到其父節點的左指標欄。

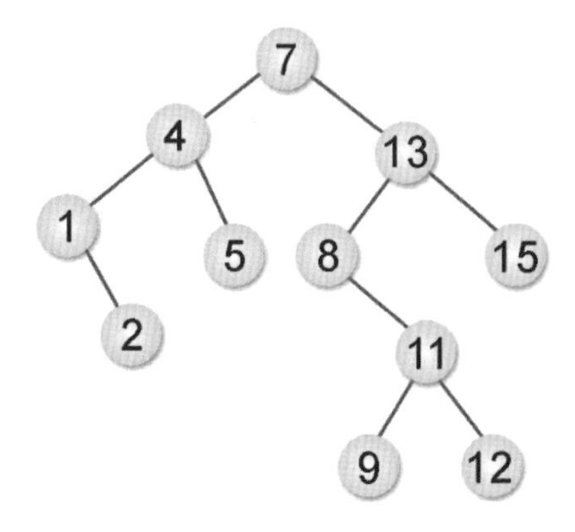

❸ 刪除的節點有兩棵子樹，如右圖刪除節點 4，方式有兩種，雖然結果不同，但都可符合二元樹特性：

(1) 找出中序立即前行者（inorder immediate successor），即是將欲刪除節點的左子樹最大者向上提，在此即為節點 2，簡單來說，就是在該節點的左子樹，往右尋找，直到右指標為 NULL，這個節點就是中序立即前行者。

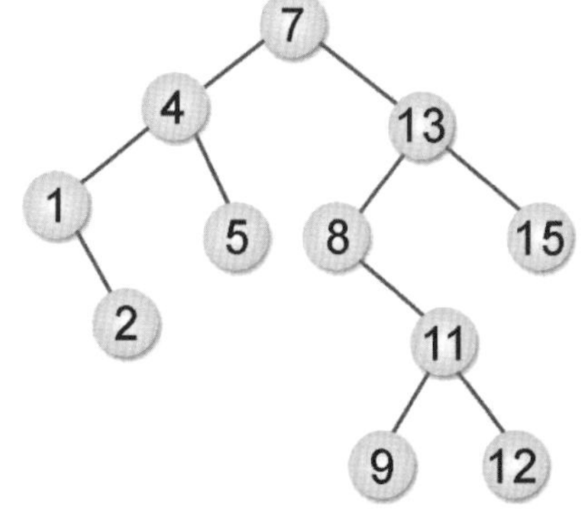

(2) 找出中序立即後繼者（inorder immediate successor），即是將欲刪除節點的右子樹最小者向上提，在此即為節點 5，簡單來說，就是在該節點的右子樹，往左尋找，直到左指標為 NULL，這個節點就是中序立即後繼者。

「動動腦」請將 32、24、57、28、10、43、72、62，依中序方式存入可放 10 個節點（node）之陣列內，試繪圖與說明節點在陣列中相關位置？如果插入資料為 30，試繪圖及寫出其相關動作與位置變化？接著如再刪除的資料為 32，試繪圖及寫出其相關動作與位置變化。

解答

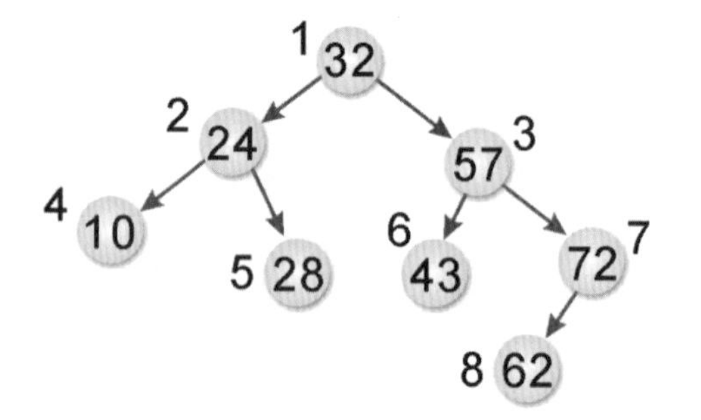

root=1	left	data	right
1	2	32	3
2	4	24	5
3	6	57	7
4	0	10	0
5	0	28	0
6	0	43	0
7	8	72	0
8	0	62	0
9			
10			

插入資料為 30：

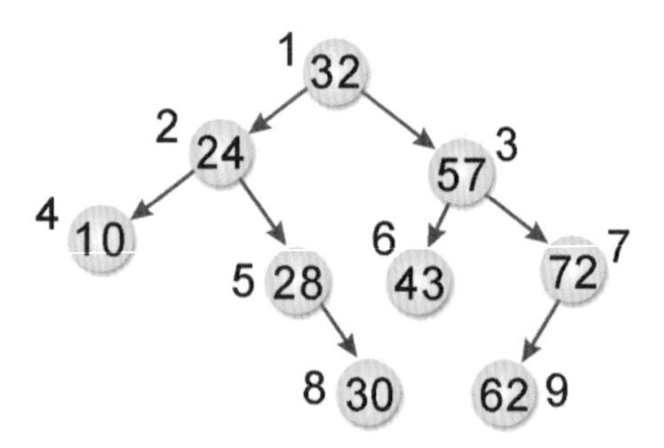

root=1	left	data	right
1	2	32	3
2	4	24	5
3	6	57	7
4	0	10	0
5	0	28	8
6	0	43	0
7	9	72	0
8	0	30	0
9	0	62	0
10			

刪除的資料為 32：

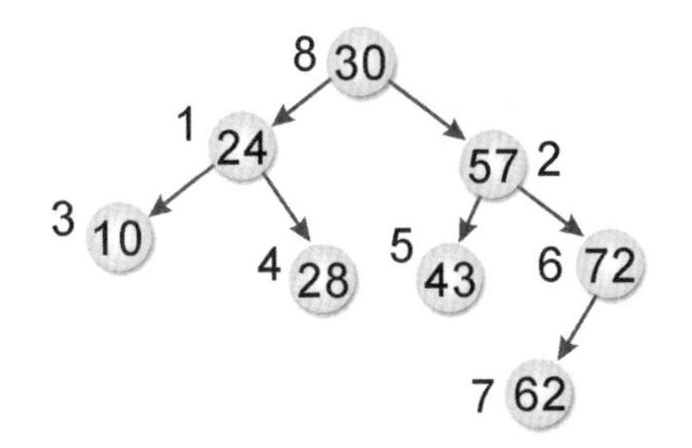

root=8	left	data	right
1	3	24	4
2	5	57	6
3	0	10	0
4	0	28	0
5	0	43	0
6	7	72	0
7	0	62	0
8	1	30	2
9			
10			

9-3 二元樹走訪的藝術

所謂二元樹的走訪（Binary Tree Traversal），最簡單的説法就是「拜訪樹中所有的節點各一次」，並且在走訪後，將樹中的資料轉化為線性關係。就以右圖一個簡單的二元樹節點而言，每個節點都可區分為左右兩個分支。

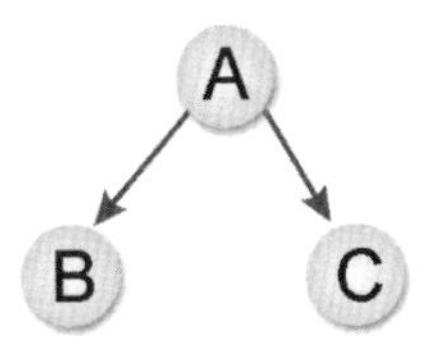

所以共可以有 ABC、ACB、BAC、BCA、CAB、CBA 等 6 種走訪方法。如果是依照二元樹特性，一律由左向右，那會只剩下三種走訪方式，分別是 BAC、ABC、BCA 三種。

對於這三種走訪方式，各位讀者只需要記得樹根的位置就不會前中後序給搞混。例如中序法即樹根在中間，前序法是樹根在前面，後序法則是樹根在後面。而走訪方式也一定是先左子樹後右子樹。底下針對這三種方式，為各位做更詳盡的介紹。

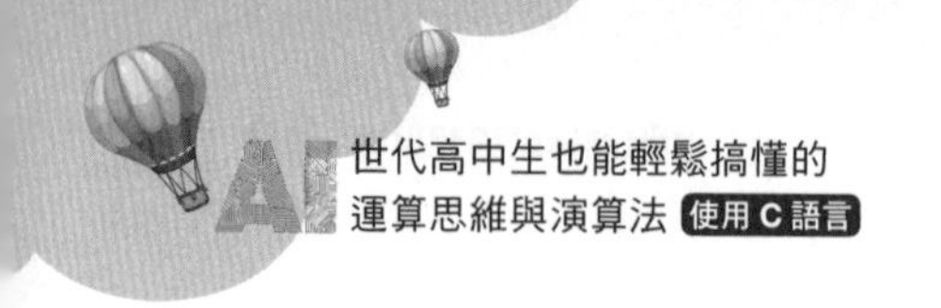

9-3-1 中序走訪

中序走訪（Inorder Traversal）是 LDR 的組合，也就是從樹的左側逐步向下方移動，直到無法移動，再追蹤此節點，並向右移動一節點。如果無法再向右移動時，可以返回上層的父節點，並重複左、中、右的步驟進行。如下所示：

① 走訪左子樹。
② 拜訪樹根。
③ 走訪右子樹。

如右圖的中序走訪為：FDHGIBEAC

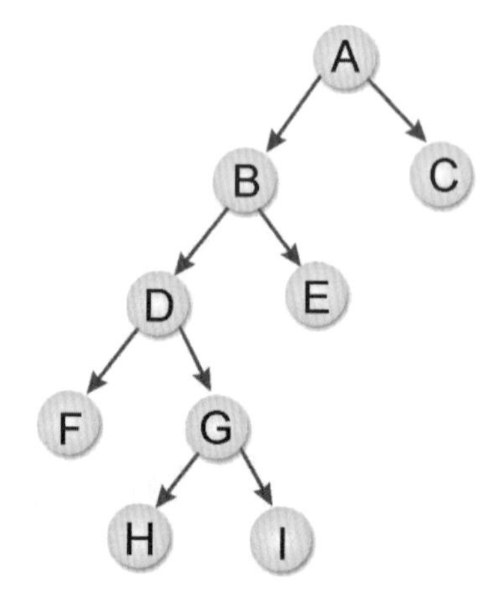

9-3-2 後序走訪

後序走訪（Postorder Traversal）是 LRD 的組合，走訪的順序是先追蹤左子樹，再追蹤右子樹，最後處理根節點，反覆執行此步驟。如下所示：

① 走訪左子樹。
② 走訪右子樹。
③ 拜訪樹根。

如右圖的後序走訪為：FHIGDEBCA

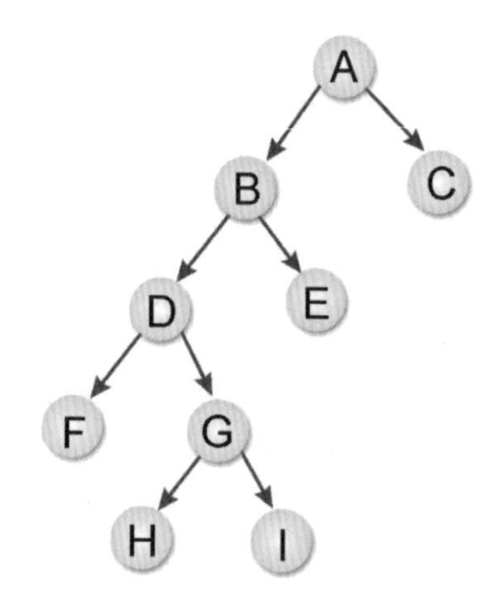

9-3-3 前序走訪

前序走訪（Preorder Traversal）是 DLR 的組合，也就是從根節點走訪，再往左方移動，當無法繼續時，繼續向右方移動，接著再重複執行此步驟。如下所示：

① 拜訪樹根。
② 走訪左子樹。
③ 走訪右子樹。

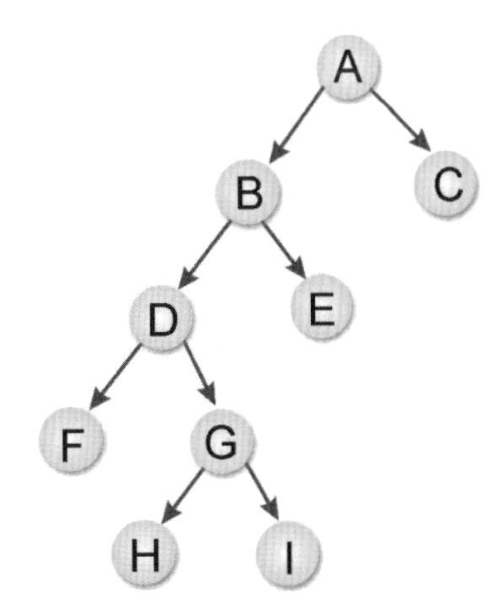

如右圖的前序走訪為：ABDFGHIEC

「動動腦」請問右圖二元樹的中序、前序及後序表示法為何？

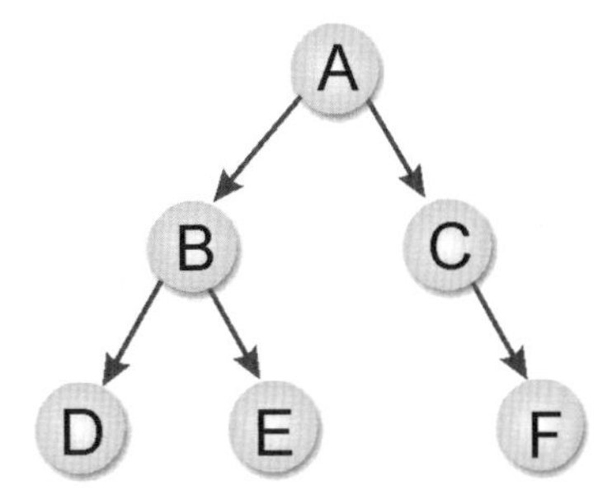

解答 中序走訪為：DBEACF
前序走訪為：ABDECF
後序走訪為：DEBFCA

「動動腦」**請依序輸入一棵二元樹節點的資料，分別是 7,4,1,5,16,8,11,12, 15,9,2，首先請手繪出此二元樹，並設計一 C 程式，輸出此二元樹的中序、前序與後序的走訪結果。**

參考程式碼：**[CH09_04.c]**

```
01  #include <stdio.h>
02  #include <stdlib.h>
03
```

```
04  struct tree
05  {
06      int data;
07      struct tree *left,*right;
08  };
09  typedef struct tree node;
10  typedef node *btree;
11
12  btree creat_tree(btree,int);
13  void inorder(btree ptr)/* 中序走訪副程式 */
14  {
15      if(ptr!=NULL)
16      {
17          inorder(ptr->left);
18          printf("[%2d] ",ptr->data);
19          inorder(ptr->right);
20      }
21  }
22  void postorder(btree ptr)/* 後序走訪 */
23  {
24      if (ptr != NULL)
25      {
26          postorder(ptr->left);
27          postorder(ptr->right);
28          printf("[%2d] ",ptr->data);
29      }
30  }
31  void preorder(btree ptr)/* 前序走訪 */
32  {
33      if (ptr != NULL)
34      {
35          printf("[%2d] ",ptr->data);
36          preorder(ptr->left);
37          preorder(ptr->right);
38      }
39  }
40  int main()
41  {
42      int i,data[]={7,4,1,5,16,8,11,12,15,9,2};
43      btree ptr=NULL;
44      btree root=NULL;
45
46      for(i=0;i<11;i++)
47          ptr=creat_tree(ptr,data[i]);   /* 建立二元樹 */
48
49      printf("==========================================================\n");
```

```
50      printf(" 中序式走訪結果：\n");
51      inorder(ptr);    /* 中序走訪 */
52      printf("\n");
53      printf("=============================================================\n");
54      printf(" 後序式走訪結果：\n");
55      postorder(ptr);    /* 中序走訪 */
56      printf("\n");
57      printf("=============================================================\n");
58      printf(" 前序式走訪結果：\n");
59      preorder(ptr);    /* 中序走訪 */
60      printf("\n");
61
62      system("pause");
63      return 0;
64  }
65  btree creat_tree(btree root,int val)    /* 建立二元樹函數 */
66  {
67      btree newnode,current,backup;
68      newnode=(btree)malloc(sizeof(node));
69      newnode->data=val;
70      newnode->left=NULL;
71      newnode->right=NULL;
72      if(root==NULL)
73      {
74          root=newnode;
75          return root;
76      }
77      else
78      {
79          for(current=root;current!=NULL;)
80          {
81              backup=current;
82              if(current->data > val)
83                  current=current->left;
84              else
85                  current=current->right;
86          }
87          if(backup->data >val)
88              backup->left=newnode;
89          else
90              backup->right=newnode;
91      }
92      return root;
93  }
```

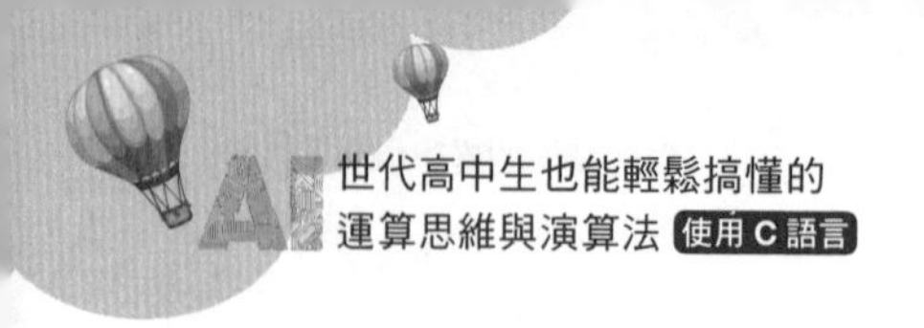

【執行結果】

```
=======================================================
中序式走訪結果：
[ 1] [ 2] [ 4] [ 5] [ 7] [ 8] [ 9] [11] [12] [15] [16]
=======================================================
後序式走訪結果：
[ 2] [ 1] [ 5] [ 4] [ 9] [15] [12] [11] [ 8] [16] [ 7]
=======================================================
前序式走訪結果：
[ 7] [ 4] [ 1] [ 2] [ 5] [16] [ 8] [11] [ 9] [12] [15]
請按任意鍵繼續 . . .
```

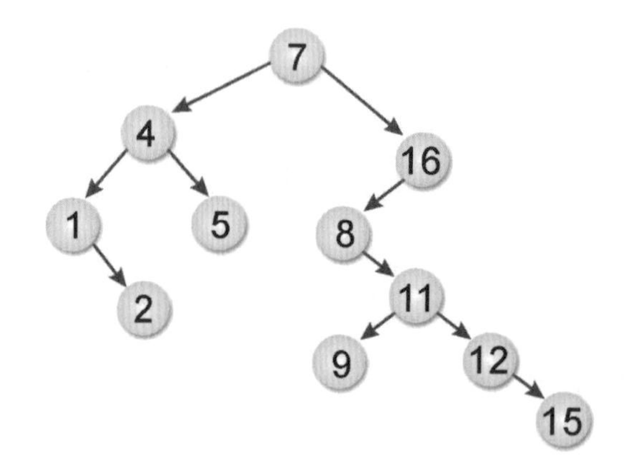

9-4 樹與二元樹的轉換

對於將一般樹狀結構轉化為二元樹，使用的方法稱為「CHILD-SIBLING」（leftmost-child-next-right-sibling）法則。以下是其執行步驟：

① 將節點的所有兄弟節點，用平行線連接起來。

② 刪掉所有與子點間的鏈結，只保留與最左子點的鏈結。

③ 順時針轉 45°。

請依照底下的範例實作一次，就可以有更清楚的認識。

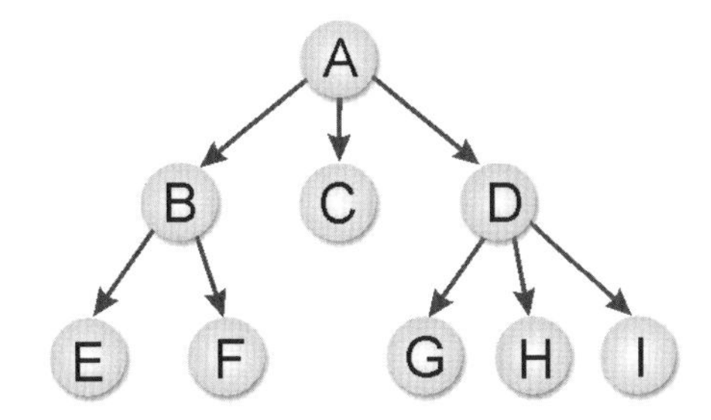

STEP 1 將樹的各階層兄弟用平行線連接起來。

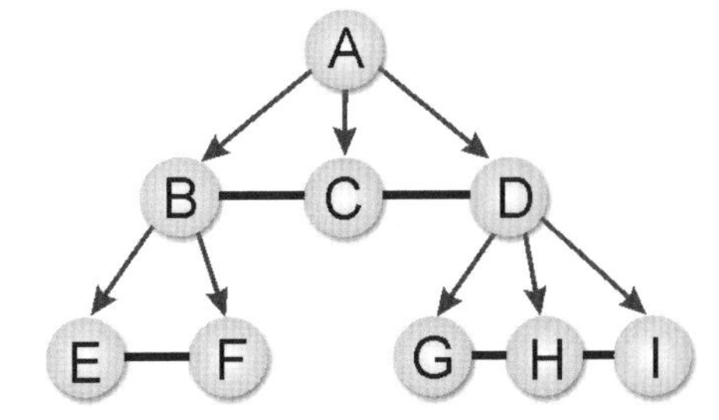

STEP 2 刪掉所有子節點間的連結，只留最左邊的父子節點。

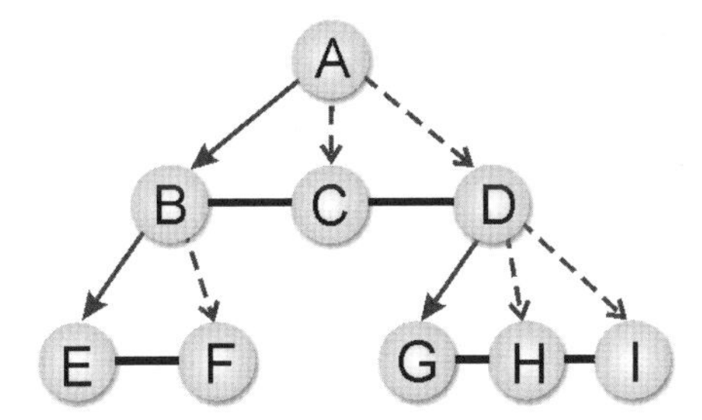

STEP 3 順時鐘轉 45 度。

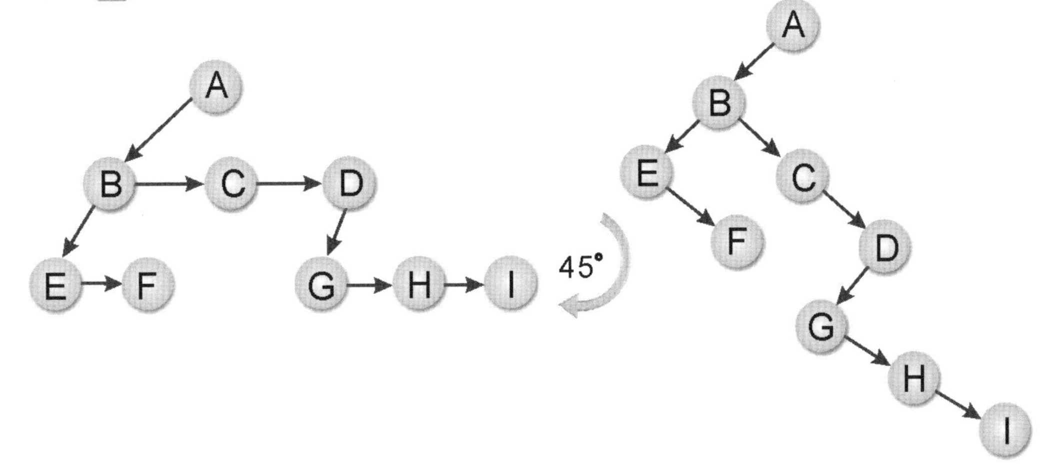

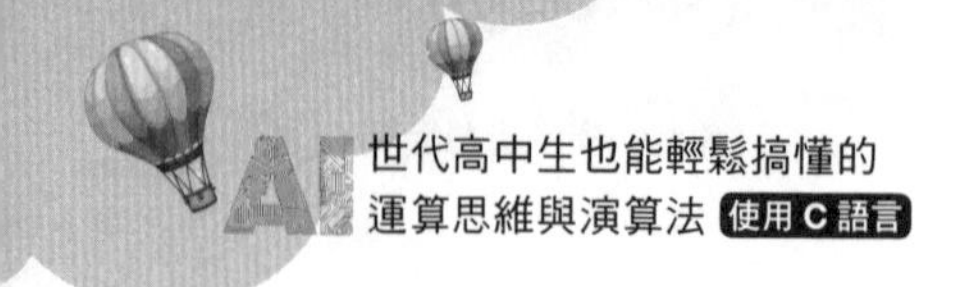

既然樹可化為二元樹，當然也可以將二元樹轉換成樹。如下圖所示：

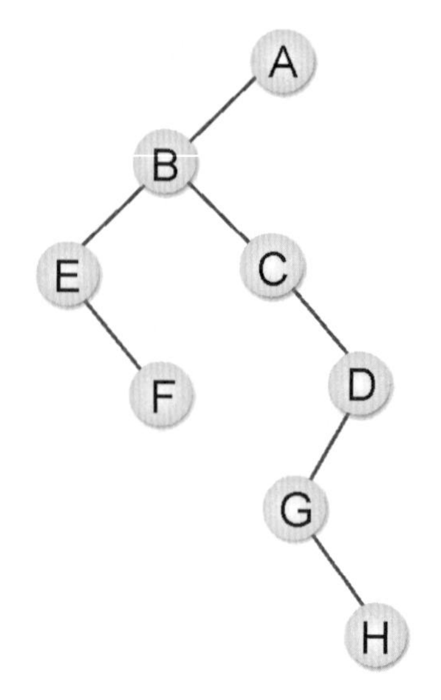

這就是樹化為二元樹的反向步驟，方法也很簡單。首先是逆時針旋轉 45 度，如下圖所示：

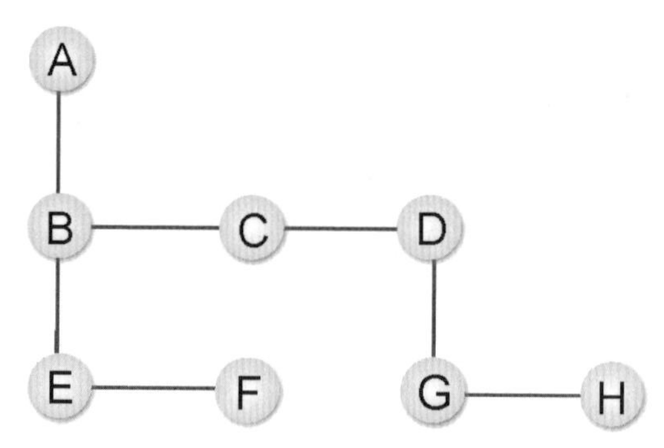

另外由於 (ABE)(DG) 左子樹代表父子關係，而 (BCD)(EF)(GH) 右子樹代表兄弟關係：

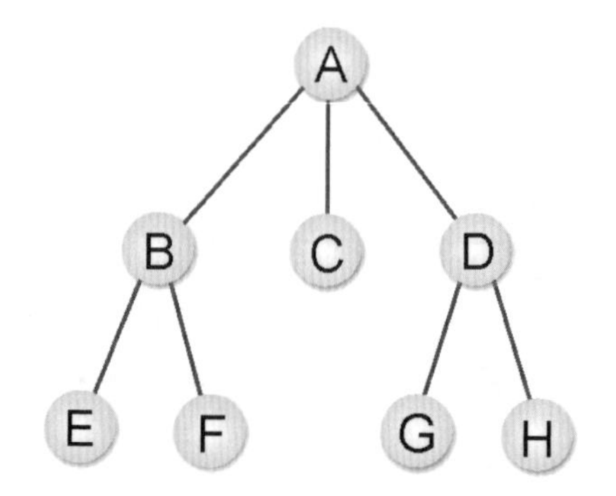

9-5 平衡樹

由於二元搜尋樹的缺點是無法永遠保持在最佳狀態。當加入之資料部分已排序的情況下，極有可能產生歪斜樹，因而使樹的高度增加，導致搜尋效率降低。所以二元搜尋樹較不利於資料的經常變動（加入或刪除）。為了能夠儘量降低搜尋所需要的時間，讓我們在搜尋的時候能夠很快找到所要的鍵值，我們必須讓樹的高度越小越好。

所謂平衡樹（Balanced Binary Tree）又稱之為 AVL 樹（是由 Adelson-Velskii 和 Landis 兩人所發明的），本身也是一棵二元搜尋樹，在 AVL 樹中，每次在插入資料和刪除資料後，會對二元樹作一些高度的調整動作，而這些調整動作就是要讓二元搜尋樹的高度隨時維持平衡。T 是一個非空的二元樹，T_l 及 T_r 分別是它的左右子樹，若符合下列兩條件，則稱 T 是個高度平衡樹：

① T_l 及 T_r 也是高度平衡樹。

② $|h_l-h_r| \leq 1$，h_l 及 h_r 分別為 T_l 與 T_r 的高度，也就是所有內部節點的左右子樹高度相差必定小於或等於 1。

如下圖所示：

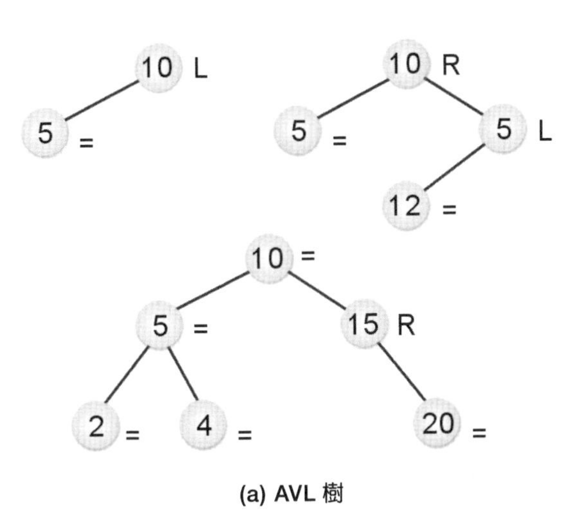

(a) AVL 樹

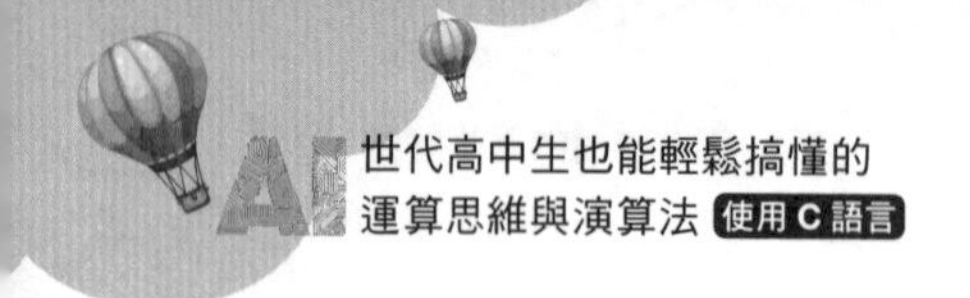

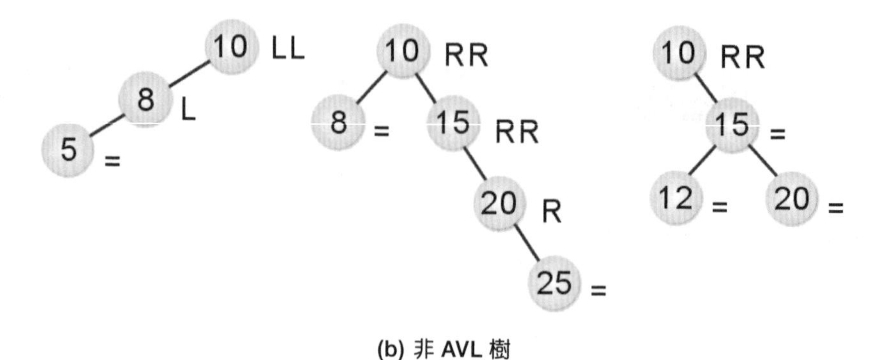

(b) 非 AVL 樹

至於如何調整一二元搜尋樹成為一平衡樹，最重要是找出「不平衡點」，再依照以下四種不同旋轉型式，重新調整其左右子樹的長度。首先，令新插入的節點為 N，且其最近的一個具有 ±2 的平衡因子節點為 A，下一層為 B，再下一層 C，分述如下：

LL 型

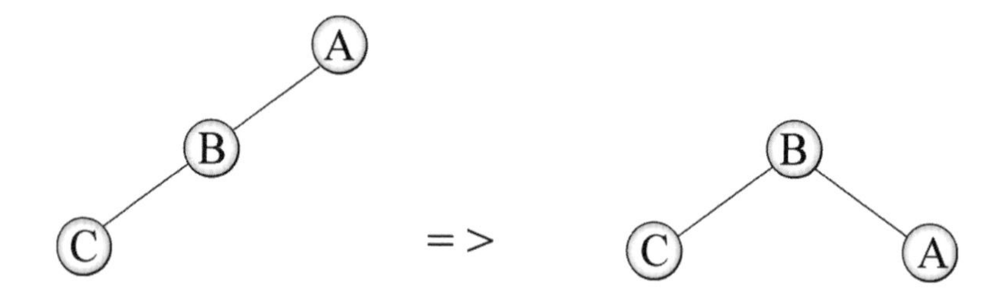

LR 型

RR 型

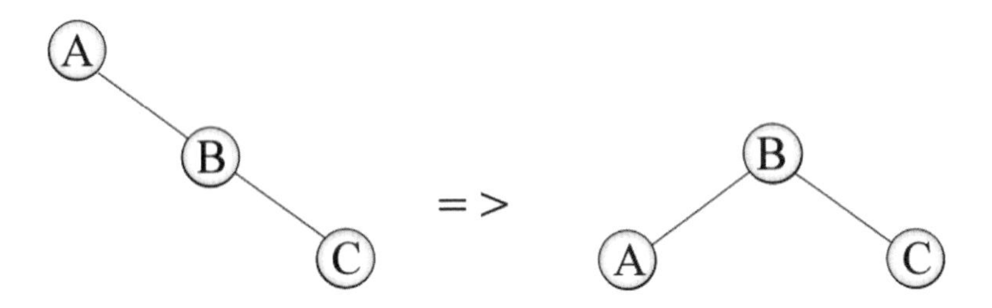

RL 型

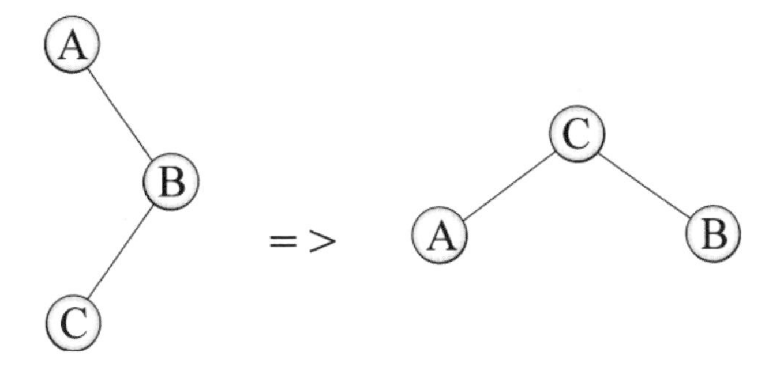

現在我們來實作一個範例，下圖的二元樹原是平衡的，加入節點 12 後變為不平衡，請重新調整成平衡樹，但不可破壞原有的次序結構：

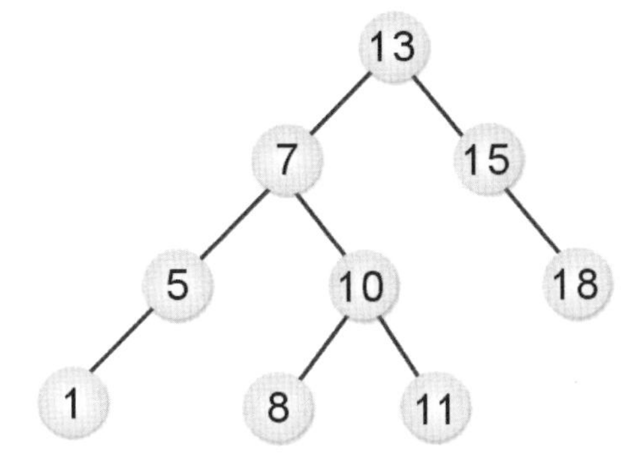

調整結果如下：

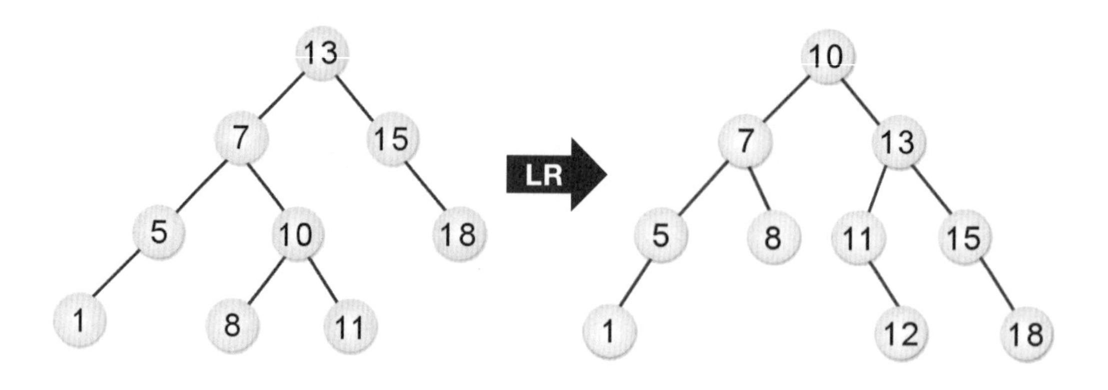

9-6 二元空間分割樹

二元空間分割樹（Binary Space Partitioning Tree, BSP Tree）也是一種二元樹，每個節點有兩個子節點，是一種應用在遊戲空間分割的方法，以建立一種模型分佈的關聯，來做為搜尋模型的依據，通常被使用在平面的繪圖應用。因為在遊戲中進行畫面繪製時，會將輸入的資料顯示在螢幕上，即便我們輸入的模型不會出現在螢幕上，但是這些資料經過運算仍會耗費部分資源。這時 BSP 就能減少 3D 加速卡的運算資源。

由於物件與物件之間有位置上的相聯性，所以每一次當平面要重繪的時候，就必須要考慮到平面上的各個物件位置之關係，然後再加以重繪。BSP Tree 採取的方法是在一開始將資料檔讀進來的時候，就將整個資料檔中的數據先建成一個二元樹的資料結構，因為 BSP 通常對圖素排序是預先計算好的，而不是在運行時進行計算。如下圖所示：

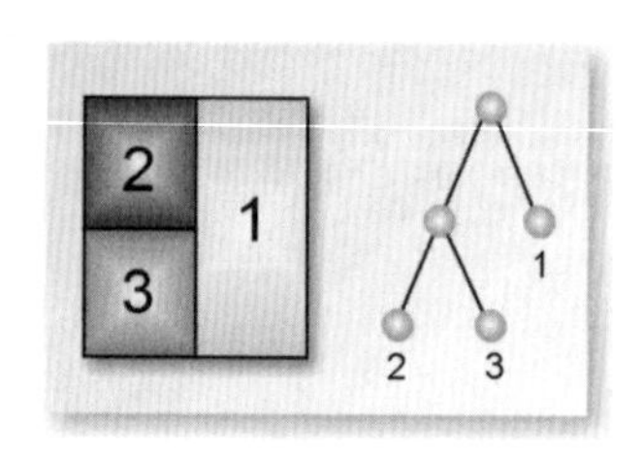

二元樹示意圖

二元樹節點裡面的資料結構是以平面來分割場景，多半應用在開放式空間。場景中會有許多物體，並以每個物體的每個多邊形當成一個平面，而每個平面會有正反兩個面，就可把場景分兩部分：先從第一個平面開始分，再從這分出的兩部分，各別再以同樣方式細分，依此類推。所以當地形資料被讀進來的時候，這個樹的葉節點保存了分割室內空間所得到的像素集合，BSP Tree 也會同時被建立了，無論是由遠到近或由近到遠的順序，不過只會建立一次而已。當視點開始移動時，平面景象就必須重新繪製，而重繪的方法就是以視點為中心，對此 BSP Tree 加以分析，只要在 BSP Tree 中，且位於此視點前方的話，它就會被存放在一個串列當中，最後只要依照串列的順序一個一個將它們繪製在平面上就可以了。

BSP 通常是用來處理遊戲中室內場景模型的分割，例如第一人稱射擊遊戲（FPS）的迷宮地圖中最先大量使用這種空間分割技巧，不只可用來加速位於視錐（Viewing Frustum）中物體的搜尋，也可以加速場景中各種碰撞偵測的處理，例如雷神之鎚引擎或毀滅戰士系列就是用這種方式開發，也使 BSP 技術成為室內渲染技術的工業標準。不過要提醒各位 BSP 最好還要經過轉換成平衡樹（左右兩邊的深度相差小於等於 1）的過程，才可以減少搜尋所花的時間。

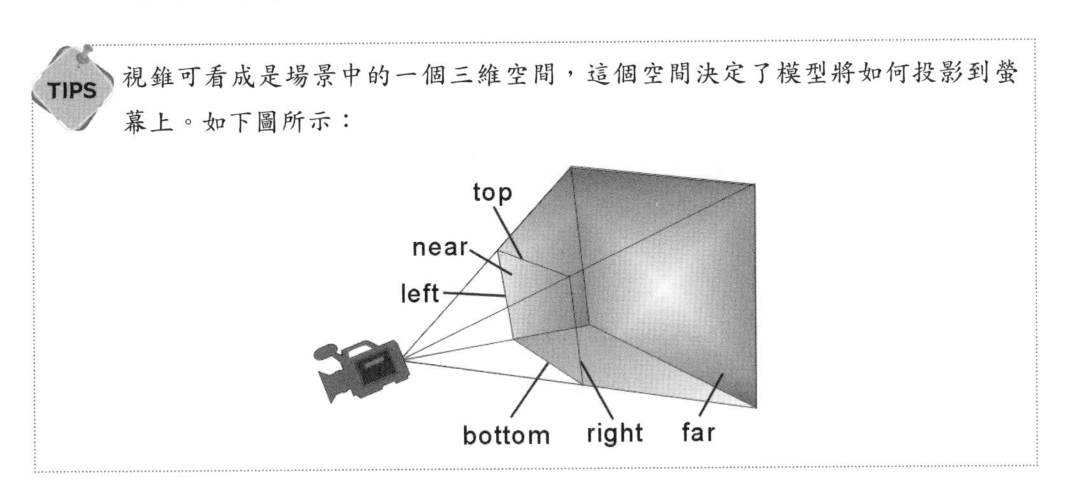

TIPS
視錐可看成是場景中的一個三維空間，這個空間決定了模型將如何投影到螢幕上。如下圖所示：
top
near
left
bottom
right
far

9-7 四元樹與八元樹

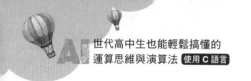

二元樹的作法可以幫助資料分類，當然更多的分枝自然有更好的分類能力，如四元樹與八元樹，當然這也是屬於 BSP 觀念的延伸。可以用來加速計算遊戲世界畫面中的可見區域與圖像處理技術有關的數據壓縮方法。當各位要製作遊戲中起伏不定、一望無際的地形時，如果依次從構成地形的模型三角面尋找，往往會耗費許多執行時間，通常會有更精簡有效的方式來儲存地形。例如四元樹（Quadtree）就是樹的每個節點擁有 4 個子節點，而不是 2 個。多遊戲場景的地面（terrain）就是以四元樹來做地劃分，以遞迴的方式，軸心一致的將地形依四個象限分成四個子區域，每個區塊都有節點容量，越分越細，資料放在樹葉。當節點達到最大容量時，節點就進行分裂也就是四元樹來源於將正方形區域分成較小正方形的原理。當沿着四元樹向下移動時，每個正方形被分成四個較小的正方形。如下所示：

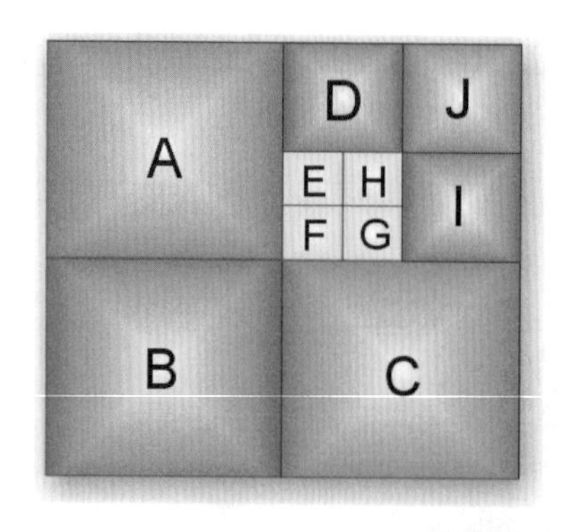

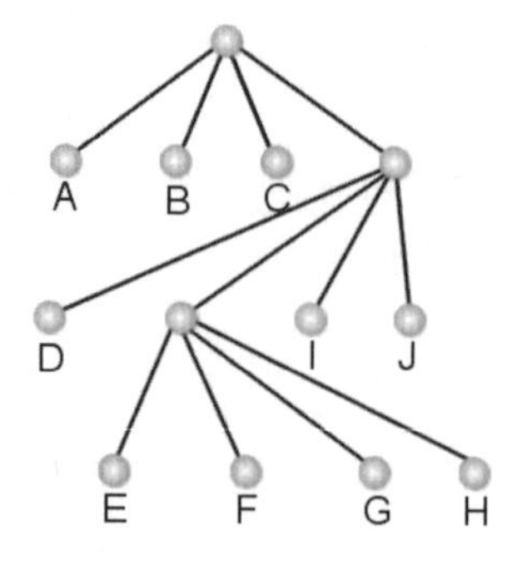

四元樹示意圖

許多遊戲都會需要碰撞檢測來判斷兩物體的碰撞，但許多演算法通常是會大幅降低執行的速度，這時四元樹在 2D 平面與碰撞偵測相當有用，特別是在單一層的廣大地面場景。底下的圖形是可能對應的 3D 地形，分割的方式是以地形面的斜率（利用平面法向量來比較）來做依據：

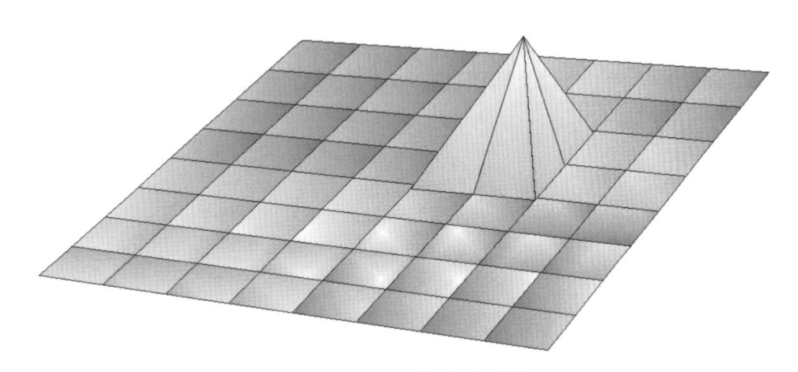

地形與四元樹的對應關係

八元樹（Octree）的定義就是如果不為空樹的話，樹中任一節點的子節點恰好只會有八個或零個，也就是子節點不會有 0 與 8 以外的數目，八個子節點則將這個空間細分為八個象限或區域。讀者可把它的應用看做是雙層的四元樹（Quadtree），也就是四元樹在 3D 空間中的對應，通常用在 3D 空間中的場景管理，多半適用在密閉或有限的空間，可以很快計算出物體在 3D 場景中的位置，或偵測與其他物體是否有碰撞的情況，並將空間作階層式的分割形成一棵八元樹，這種以線性八元樹表示三度空間的物體，在 3D 圖形、3D 遊戲引擎等領域有很多應用。例如使用 BSP 來切割的話，會有太多細小的碎片，當在分割的過程中，假如有一子空間中的物體數小於某個值，則不再分割下去。也就是說，八元樹的處理規則也是利用遞迴結構的方式來進行，在每個細分的層次上有著同樣規則的屬性，因此在每個層次上我們可以利用同樣的編列順序，以獲得整個結構元素由後到前的順序依據，能有效避免太過細碎的空間分割。

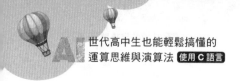

1. 請說明二元搜尋樹的特點。

2. 下列哪一種不是樹（Tree）? (A) 一個節點 (B) 環狀串列 (C) 一個沒有迴路的連通圖（Connected Graph） (D) 一個邊數比點數少 1 的連通圖。

3. 關於二元搜尋樹的敘述，何者為非？
   (A) 二元搜尋樹是一棵完整二元樹
   (B) 可以是歪斜樹
   (C) 一節點最多只有兩個子節點
   (D) 一節點的左子節點的鍵值不會大於右節點的鍵值。

4. 請問以下二元樹的中序、後序以及前序表示法為何？

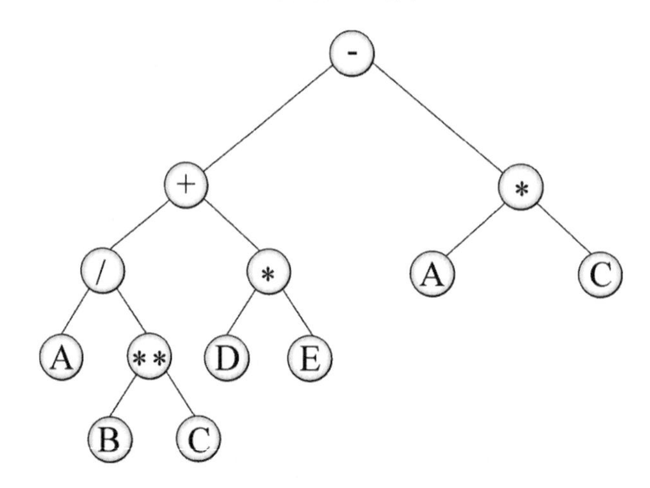

5. 試以鏈結串列描述代表以下樹狀結構的資料結構。

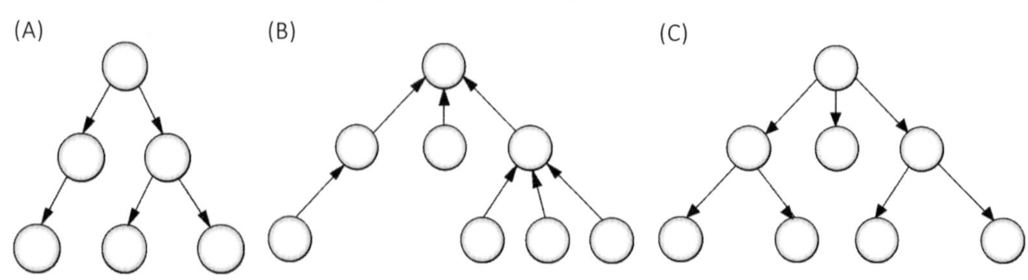

6. 請問以下運算二元樹的中序、後序與前序表示法為何？

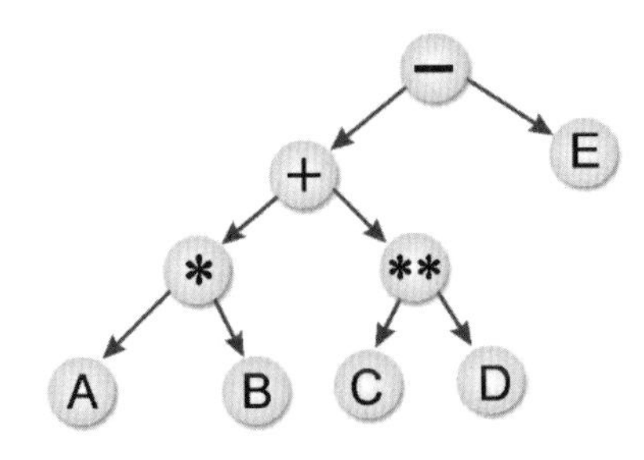

7. 試簡單說明二元空間分割樹與平面繪圖的應用。

MEMO

Chapter

10 圖形結構的秘密

話說小民終於找到一份像樣的工作了，就是到一家出版社當小編，第一天上班老總就請他將編輯部的工作細分成很多工作項，而每一個工作項代表工作網路的一個頂點，並以最簡單扼要的方式畫出所謂的頂點工作網路（Activity On Vertex Network, AOV）。

他聽完之後就是一頭霧水，悻悻然跑到廁所偷偷打給學霸大哥求救，學霸大哥立馬幫他惡補一番，告訴他這種網路圖正是所謂圖形結構的一種，每一個工作能有完成之先後順序，有些可以同時進行，有些則不行，因此可用網路圖來表示其先後完成之順序。下班後，小民就跑到學霸大哥家，仔細聆聽了十分鐘，就快速畫出了如下的小編 AOV 網路圖，如下所示：

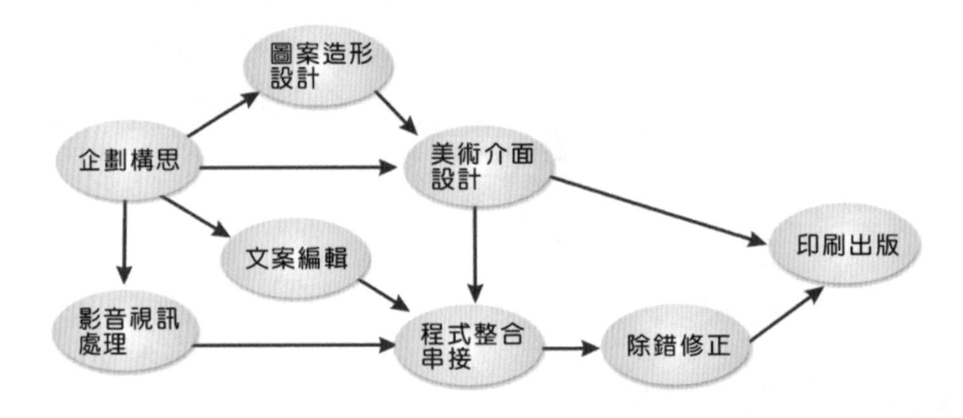

10-1 圖形的原理

AOV 網路圖就是一種圖形結構，圖形有點像樹狀結構，不同的地方是節點之間沒有父子關係，經常用來表示資料間的關聯性，在採用圖形結構的情況下，以圖形方式表示是非常自然直觀，並且具有很大的數學豐富性，許多科技

問題都可以轉換成圖形資料結構，有助於解決現實生活中的許多問題，最短路徑搜尋、社交網站的關係、道路航班、交通網路規劃、醫學、流行病學等，都可以看做是圖形的應用。

高鐵與捷運路線的規劃也是圖形的應用

圖形理論最早的起源是在 1736 年，一位瑞士數學家尤拉（Euler）為了解決「肯尼茲堡橋樑」問題，所想出來的一種資料結構理論，亦即著名的七橋理論。簡單來說，就是有七座橫跨四個城市的大橋。尤拉所思考的問題是這樣的：「是否有人在只經過每一座橋樑一次的情況下，把所有地方走過一次而且回到原點。」

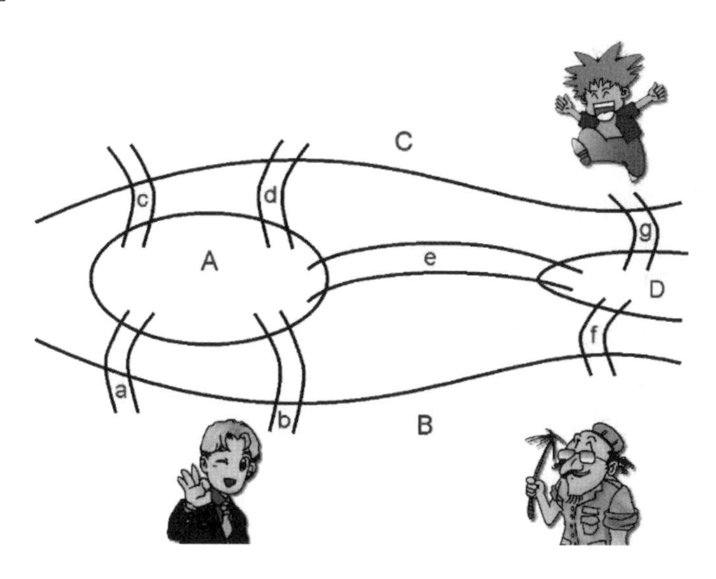

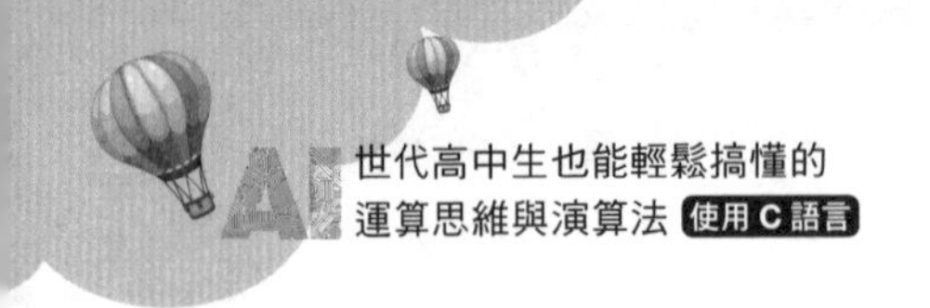

尤拉當時使用的方法就是以圖形結構進行分析。他先以頂點表示土地，以邊表示橋樑，並定義連接每個頂點的邊數稱為該頂點的分支度。我們將以右邊簡圖來表示「肯尼茲堡橋樑」問題。

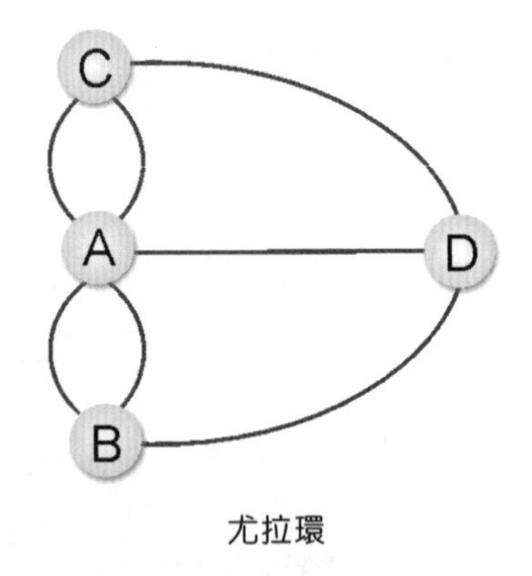

尤拉環

最後尤拉得到一個結論：「當所有頂點的分支度皆為偶數時，才能從某頂點出發，經過每一邊一次，再回到起點。」亦即在上圖中每個頂點的分支度都是奇數，所以尤拉所思考的問題不可能發生，這就是有名的「尤拉環」（Eulerian cycle）理論。

但如果條件改成從某頂點出發，經過每邊一次，不一定要回到起點，亦即只允許其中兩個頂點的分支度是奇數，其餘則必須全部為偶數，符合這樣的結果就稱為尤拉鏈（Eulerian chain）。

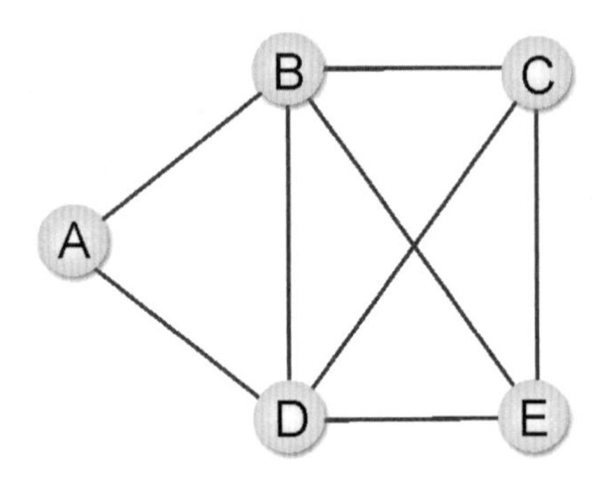

10-1-1 圖形的定義

圖形是由「頂點」和「邊」所組成的集合，通常我們會用 G=(V,E) 來表示，其中 V 是所有頂點所成的集合，而 E 代表所有邊所成的集合。圖形的種類有兩種：一是無向圖形，一是有向圖形，無向圖形以 (V_1,V_2) 表示，有向圖形則以 $<V_1,V_2>$ 表示其邊線。

無向圖形

無向圖形（Graph）是一種具備同邊的兩個頂點，沒有次序關係，例如 (V_1,V_2) 與 (V_2,V_1) 是代表相同的邊。如右圖所示：

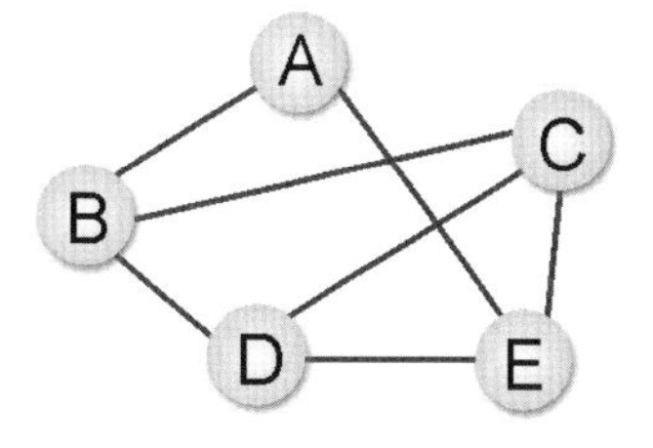


```
V={A,B,C,D,E}
E={(A,B),(A,E),(B,C),(B,D),(C,D),(C,E),(D,E)}
```

有向圖形

有向圖形（Digraph）則是每一個邊都可使用有序對 $<V_1,V_2>$ 來表示，並且 $<V_1,V_2>$ 與 $<V_2,V_1>$ 是表示兩個方向不同的邊，而所謂 $<V_1,V_2>$，是指 V_1 為尾端指向為頭部的 V_2。如右圖所示：

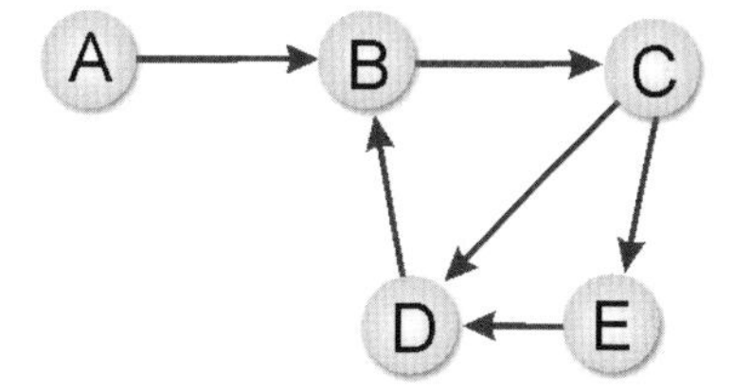


```
V={A,B,C,D,E}
E={<A,B>,<B,C>,<C,D>,<C,E>,<E,D>,<D,B>}
```

TIPS 所謂複線圖（multigraph）即圖形中任意兩頂點只能有一條邊，如果兩頂點間相同的邊有 2 條以上（含 2 條），則稱為複線圖，以圖形嚴格的定義來說，複線圖應該不能稱為一種圖形。請看下圖：

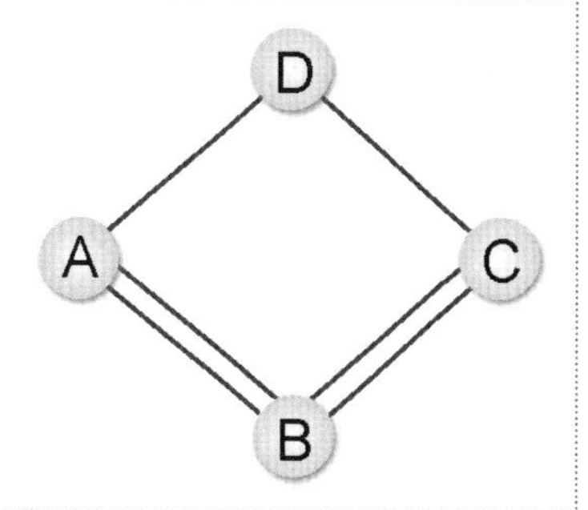

10-1-2 AOV 網路與拓樸排序

之前小民提到的 AOV 網路，其實就是一種圖形結構中常見的應用，表示在一個有向圖形 G 中，每一節點代表一項工作或行為事件，邊則代表工作之間存在的優先關係。即 <V_i,V_j> 表示 $V_i \rightarrow V_j$ 的工作，其中頂點 V_i 的工作必須先完成後，才能進行 V_j 頂點的工作，則稱 V_i 為 V_j 的「先行者」，而 V_j 為 V_i 的「後繼者」。

如果在 AOV 網路中，具有部份次序的關係（即有某幾個頂點為先行者），透過拓樸排序的功能就能將這些部份次序（Partial Order）的關係，轉換成線性次序（Linear Order）的關係。例如 i 是 j 的先行者，在線性次序中，i 仍排在 j 的前面，具有這種特性的線性次序就稱為拓樸序列（Topological Order）。排序步驟如下：

① 尋找圖形中任何一個沒有先行者的頂點。
② 輸出此頂點，並將此頂點的所有邊全部刪除。
③ 重複以上兩個步驟處理所有頂點。

我們將試著實作求出右圖的拓撲排序，拓樸排序所輸出的結果不一定是唯一的，如果同時有兩個以上的頂點沒有先行者，那結果就不是唯一解：

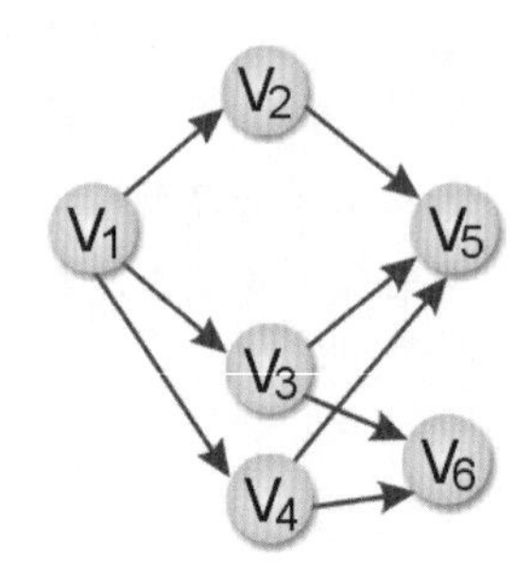

❶ 首先輸出 V_1，因為 V_1 沒有先行者，且刪除 $<V_1,V_2>$，$<V_1,V_3>$，$<V_1,V_4>$。

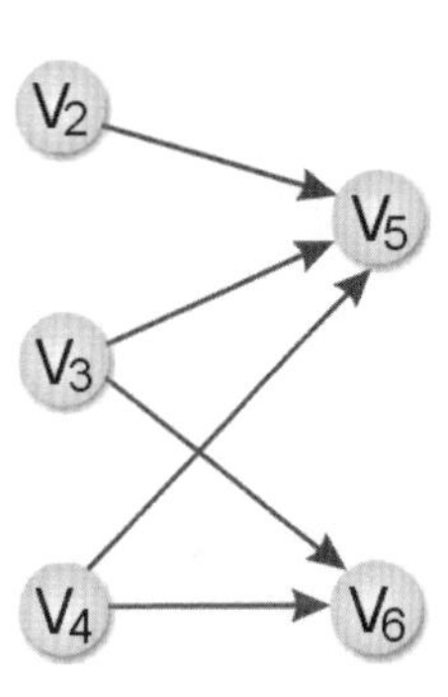

❷ 可輸出 V_2、V_3 或 V_4，這裡我們選擇輸出 V_4。

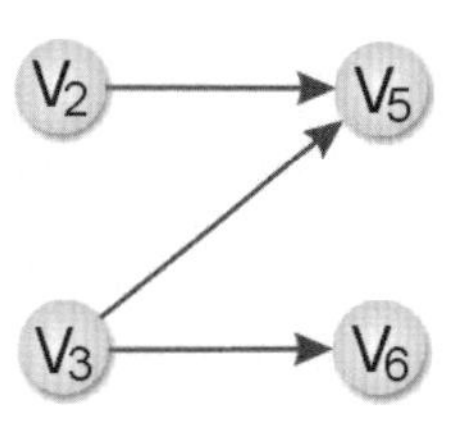

❸ 輸出 V_3。

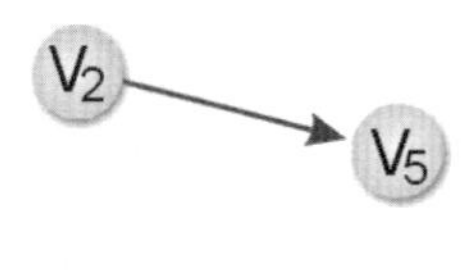

❹ 輸出 V_6。

❺ 輸出 V_2、V_5。

=> 拓撲排序則為

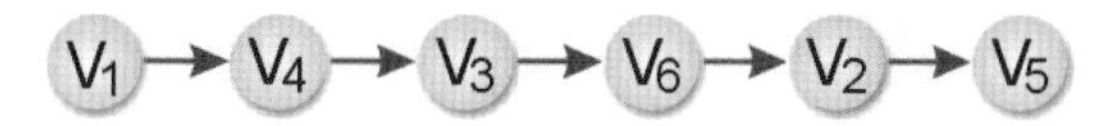

10-2 常用圖形表示法

當各位知道圖形的各種定義與觀念後，有關圖形的資料表示法就益顯重要了。常用來表達圖形資料結構的方法很多，本節中將介紹兩種表示法。

10-2-1 相鄰矩陣法

相鄰矩陣（Adjacency Matrix）是一種非常強大的工具，是將圖形理論與矩陣連結在一起相當重要的媒介，有許多社群用來管理其成員之間龐大的關係網路。如下圖所示：

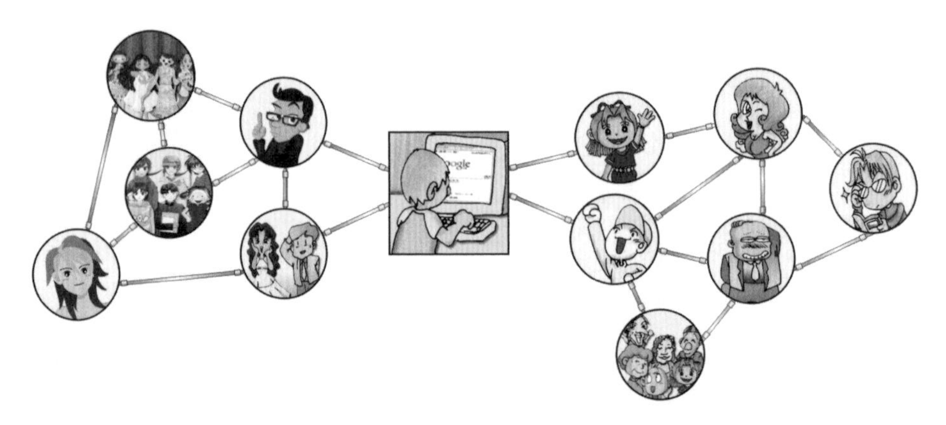

我們就來說明相鄰矩陣法，假設圖形 A 有 n 個頂點，以 n*n 的二維矩陣列表示。此矩陣的定義如下：

人為節點，人與人之的關係就是邊，這樣就可以形成一張社群網路圖形。

> 對於一個圖形 G=(V,E)，假設有 n 個頂點，n ≥ 1，則可以將 n 個頂點的圖形，利用一個 n*n 二維矩陣來表示，其中假如 A(i,j)=1，則表示圖形中有一條邊 (V_i,V_j) 存在。反之，A(i,j)=0，則沒有一條邊 (V_i,V_j) 存在。

接著就實際來看一個範例，請以相鄰矩陣表示如右無向圖：

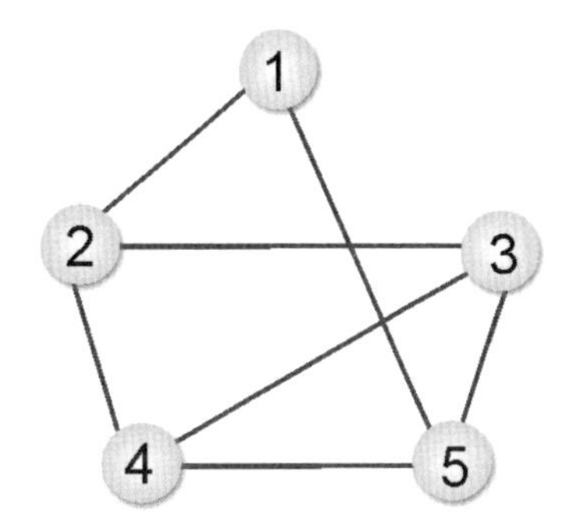

由於上圖共有 5 個頂點，故使用 5*5 的二維陣列存放圖形。在上圖中，先找和①相鄰的頂點有哪些，把和①相鄰的頂點座標填入 1。

跟頂點 1 相鄰的有頂點 2 及頂點 5，所以完成右圖：

	1	2	3	4	5
1	0	1	0	0	1
2	1	0			
3	0		0		
4	0			0	
5	1				0

其他頂點依此類推可以得到相鄰矩陣：

	1	2	3	4	5
1	0	1	0	0	1
2	1	0	1	1	0
3	0	1	0	1	1
4	0	1	1	0	1
5	1	0	1	1	0

「動動腦」請以相鄰矩陣表示下列有向圖。

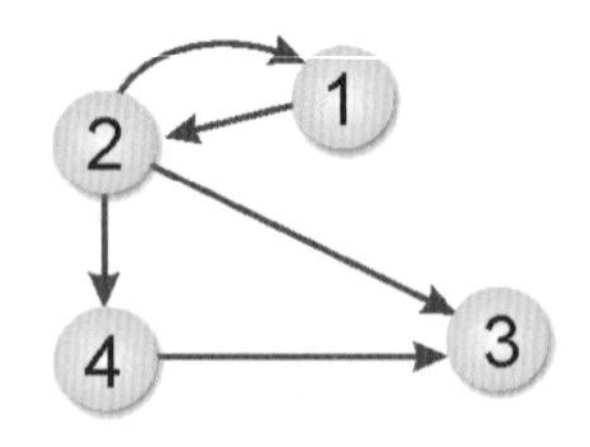

解答 和無向圖形的作法一樣，找出相鄰的點並把邊連接的兩個頂點矩陣值填入 1。不同的是橫列座標為出發點，直行座標為終點。如右表所示：

	1	2	3	4
1	0	1	0	0
2	1	0	1	1
3	0	0	0	0
4	0	0	1	0

10-2-2 相鄰串列法

前面所介紹的相鄰矩陣法，優點是藉著矩陣的運算，可以求取許多特別的應用，如要在圖形中加入新邊時，這個表示法的插入與刪除相當簡易。不過考慮到稀疏矩陣空間浪費的問題，因此可以考慮更有效的方法，就是相鄰串列法（adjacency list）。這種表示法就是將一個 n 列的相鄰矩陣，表示成 n 個鏈結串列，這種作法和相鄰矩陣相比較節省空間，缺點是圖形新邊的加入或刪除會更動到相關的串列鏈結，較為麻煩費時。

首先將圖形的 n 個頂點形成 n 個串列首，每個串列中的節點表示它們和首節點之間有邊相連。每個節點資料結構如右圖：

Vertex	Link

C 的節點宣告如下：

```
struct list
{  int val;
   struct list *next;
};
typedef struct list node;
typedef node *link;
```

在無向圖形中，因為對稱的關係，若有 n 個頂點、m 個邊，則形成 n 個串列首，2m 個節點。若為有向圖形中，則有 n 個串列首，以及 m 個頂點，因此相鄰串列中，求所有頂點分支度所需的時間複雜度為 O(n+m)。現在分別來討論下圖的兩個範例，該如何使用相鄰串列表示：

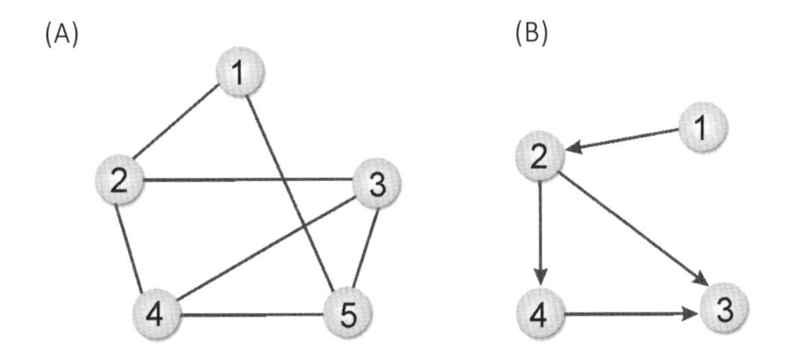

首先來看 (A) 圖，因為 5 個頂點使用 5 個串列首，V_1 串列代表頂點 1，與頂點 1 相鄰的頂點有 2 及 5，依此類推。

V_1 → 2 → 5 → NULL
V_2 → 1 → 3 → 4 → NULL
V_3 → 2 → 4 → 5 → NULL
V_4 → 2 → 3 → 5 → NULL
V_5 → 1 → 3 → 4 → NULL

再來看 (B) 圖，因為 4 個頂點使用 4 個串列首，V_1 串列代表頂點 1，與頂點 1 相鄰的頂點有 2，依此類推。

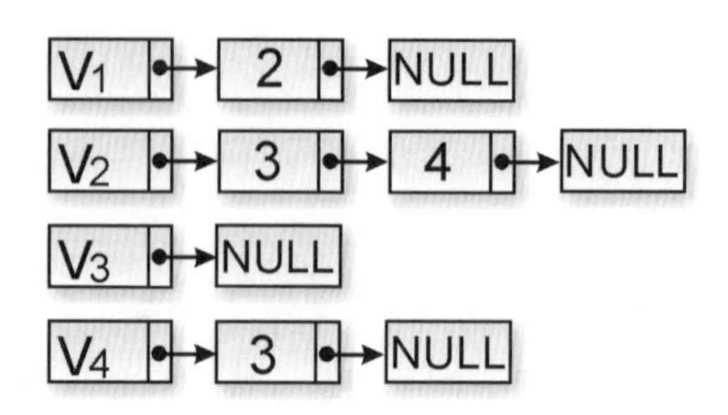

10-3 圖形的走訪

圖形的最佳用途是用來表示相關聯的資料關係，我們知道樹的追蹤目的是欲拜訪樹的每一個節點一次，而圖形的走訪之目的是用來判斷圖形是否連通，可能會重複經過某些頂點及邊線，經由圖形的走訪可以判斷該圖形是否連通，並找出連通單元及路徑，圖形走訪的方法有兩種：「先深後廣走訪」及「先廣後深走訪」。

我們先來了解圖形走訪的定義如下：

一個圖形 G=(V,E)，存在某一頂點 v∈V，我們希望從 v 節點開始，經由此節點相鄰的節點而去拜訪 G 中其他節點，這稱之為「圖形追蹤」，也就是從某一個頂點 V_1 開始，走訪可以經由 V_1 到達的頂點，接著再走訪下一個頂點直到全部的頂點走訪完畢為止。

10-3-1 先深後廣走訪法（DFS）

先深後廣走訪（Depth-First Search, DFS）的方式有點類似樹的前序走訪，就是從圖形的某一頂點開始走訪，被拜訪過的頂點就做上已拜訪的記號，接著走訪此頂點的所有相鄰且未拜訪過的頂點中的任意一個頂點，並做上已拜訪的記號，再以該點為新的起點繼續進行先深後廣的搜尋。

這種圖形追蹤方法結合了遞迴及堆疊兩種資料結構的技巧，由於此方法會造成無窮迴路，所以必須加入一個變數，判斷該點是否已經走訪完畢。底下我們以下圖來看看這個方法的走訪過程：

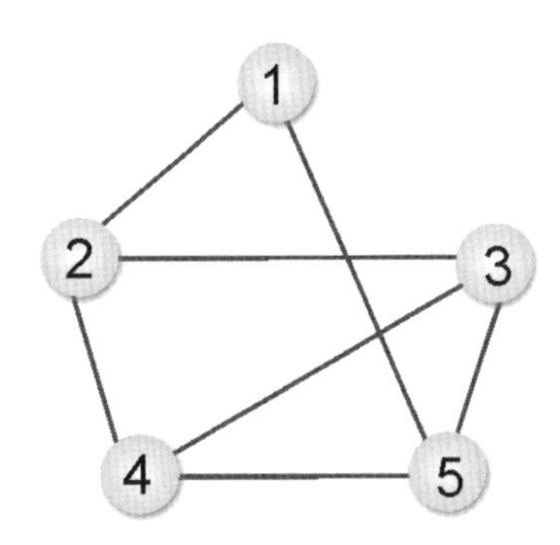

STEP 1 以頂點 1 為起點，將相鄰的頂點 2 及頂點 5 放入堆疊。

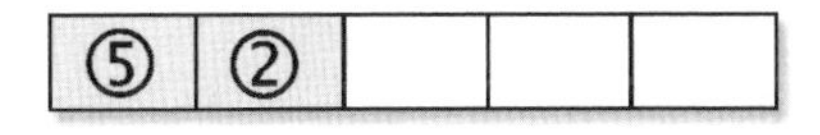

STEP 2 取出頂點 2，將與頂點 2 相鄰且未拜訪過的頂點 3 及頂點 4 放入堆疊。

STEP 3 取出頂點 3，將與頂點 3 相鄰且未拜訪過的頂點 4 及頂點 5 放入堆疊。

STEP 4 取出頂點 4，將與頂點 4 相鄰且未拜訪過的頂點 5 放入堆疊。

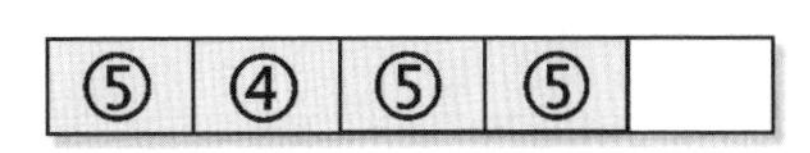

STEP 5 取出頂點 5，將與頂點 5 相鄰且未拜訪過的頂點放入堆疊，各位可以發現與頂點 5 相鄰的頂點全部被拜訪過，所以無需再放入堆疊。

⑤	④	⑤		

STEP 6 將堆疊內的值取出並判斷是否已經走訪過了，直到堆疊內無節點可走訪為止。

故先深後廣的走訪順序為：**頂點 1、頂點 2、頂點 3、頂點 4、頂點 5**。

深度優先函數的 C 演算法如下：

```
void dfs(int current)                    /* 深度優先函數 */
{
    link ptr;
    run[current]=1;
    printf("[%d] ",current);
    ptr=head[current]->next;
    while(ptr!=NULL)
    {
        if(run[ptr->val]==0)            /* 如果頂點尚未走訪，*/
        dfs(ptr->val);                  /* 就進行 dfs 的遞迴呼叫 */
        ptr=ptr->next;
    }
}
```

「動動腦」請將上圖的先深後廣搜尋法，以 C 程式實作，其中圖形陣列如下：

```
int data[20][2]={{1,2},{2,1},{1,3},{3,1},
                 {2,4},{4,2},{2,5},{5,2},
                 {3,6},{6,3},{3,7},{7,3},
                 {4,8},{8,4},{5,8},{8,5},
                 {6,8},{8,6},{8,7},{7,8}};
```

參考程式碼：[CH10_01.c]

```
01  #include <stdio.h>
02  #include <stdlib.h>
03
04  struct list
05  {
06      int val;
07      struct list *next;
08  };
09  typedef struct list node;
10  typedef node *link;
11  struct list* head[9];
12  int run[9];
13
14  void dfs(int current)/* 深度優先函數 */
15  {
16      link ptr;
17      run[current]=1;
18      printf("[%d] ",current);
19      ptr=head[current]->next;
20      while(ptr!=NULL)
21      {
22          if (run[ptr->val]==0) /* 如果頂點尚未走訪，*/
23              dfs(ptr->val);      /* 就進行 dfs 的遞迴呼叫 */
24          ptr=ptr->next;
25      }
26  }
27
28  int main()
29  {
30      link ptr,newnode;
31      int data[20][2]={{1,2},{2,1},{1,3},{3,1}, /* 圖形邊線陣列宣告 */
32                       {2,4},{4,2},{2,5},{5,2},
33                       {3,6},{6,3},{3,7},{7,3},
34                       {4,8},{8,4},{5,8},{8,5},{6,8},{8,6},{8,7},{7,8}};
35      int i,j;
36
37      for (i=1;i<=8;i++)/* 共有八個頂點 */
38      {
39          run[i]=0;   /* 設定所有頂點成尚未走訪過 */
40          head[i]=(link)malloc(sizeof(node));
```

```
41          head[i]->val=i; /* 設定各個串列首的初值 */
42          head[i]->next=NULL;
43          ptr=head[i];     /* 設定指標為串列首 */
44          for(j=0;j<20;j++)   /* 二十條邊線 */
45          {
46              if(data[j][0]==i)/* 如果起點和串列首相等，則把頂點加入串列 */
47              {
48                  newnode=(link)malloc(sizeof(node));
49                  newnode->val=data[j][1];
50                  newnode->next=NULL;
51                  do
52                  {
53                      ptr->next=newnode; /* 加入新節點 */
54                      ptr=ptr->next;
55                  }while(ptr->next!=NULL);
56              }
57          }
58      }
59      printf("圖形的鄰接串列內容：\n"); /* 列印圖形的鄰接串列內容 */
60      for(i=1;i<=8;i++)
61      {
62          ptr=head[i];
63          printf("頂點 %d=> ",i);
64          ptr = ptr->next;
65          while(ptr!=NULL)
66          {
67              printf("[%d] ",ptr->val);
68              ptr=ptr->next;
69          }
70          printf("\n");
71      }
72
73      printf("深度優先走訪頂點：\n"); /* 列印深度優先走訪的頂點 */
74      dfs(1);
75      printf("\n");
76      system("pause");
77      return 0;
78  }
```

【執行結果】

```
圖形的鄰接串列內容：
頂點 1=> [2] [3]
頂點 2=> [1] [4] [5]
頂點 3=> [1] [6] [7]
頂點 4=> [2] [8]
頂點 5=> [2] [8]
頂點 6=> [3] [8]
頂點 7=> [3] [8]
頂點 8=> [4] [5] [6] [7]
深度優先走訪頂點：
[1] [2] [4] [8] [5] [6] [3] [7]
請按任意鍵繼續 . . .
```

10-3-2 先廣後深搜尋法（BFS）

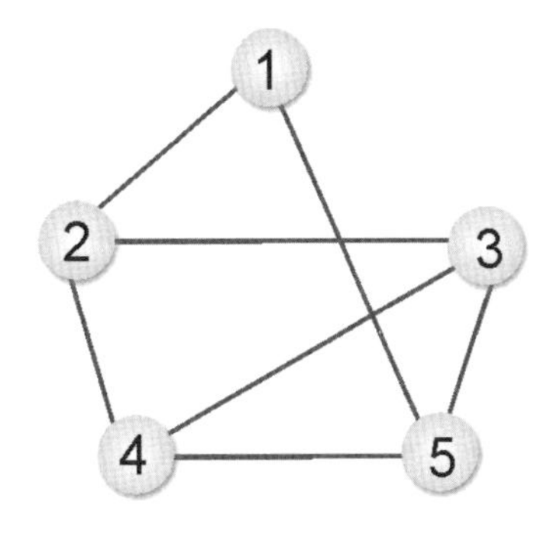

之前所談到先深後廣是利用堆疊及遞迴的技巧來走訪圖形，而先廣後深（Breadth-First Search, BFS）走訪方式則是以佇列及遞迴技巧來走訪，也是從圖形的某一頂點開始走訪，被拜訪過的頂點就做上已拜訪的記號。接著走訪此頂點的所有相鄰且未拜訪過的頂點中的任意一個頂點，並做上已拜訪的記號，再以該點為新的起點繼續進行先廣後深的搜尋。接著我們以下圖來看看 BFS 的走訪過程：

STEP 1 以頂點 1 為起點，與頂點 1 相鄰且未拜訪過的頂點 2 及頂點 5 放入佇列。

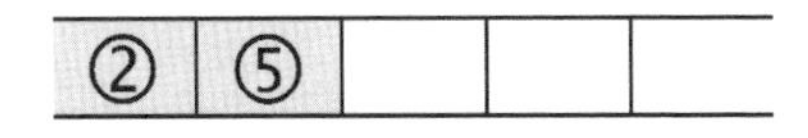

STEP 2 取出頂點 2，將與頂點 2 相鄰且未拜訪過的頂點 3 及頂點 4 放入佇列。

STEP 3 取出頂點 5，將與頂點 5 相鄰且未拜訪過的頂點 3 及頂點 4 放入佇列。

STEP 4 取出頂點 3，將與頂點 3 相鄰且未拜訪過的頂點 4 放入佇列。

④	③	④	④	

STEP 5 取出頂點 4，將與頂點 4 相鄰且未拜訪過的頂點放入佇列中，各位可以發現與頂點 4 相鄰的頂點全部被拜訪過，所以無需再放入佇列中。

③	④	④		

STEP 6 將佇列內的值取出並判斷是否已經走訪過了，直到佇列內無節點可走訪為止。

所以，先廣後深的走訪順序為：**頂點 1、頂點 2、頂點 5、頂點 3、頂點 4**。

先廣後深函數的 C 演算法如下：

```
void bfs(int current)
{
    link tempnode; /* 臨時的節點指標 */
    enqueue(current); /* 將第一個頂點存入佇列 */
    run[current]=1; /* 將走訪過的頂點設定為 1*/
    printf("[%d]",current); /* 印出該走訪過的頂點 */
    while(front!=rear){ /* 判斷目前是否為空佇列 */
        current=dequeue(); /* 將頂點從佇列中取出 */
        tempnode=Head[current].first; /* 先記錄目前頂點的位置 */
        while(tempnode!=NULL)
        {
            if(run[tempnode->x]==0)
            {
                enqueue(tempnode->x);
                run[tempnode->x]=1; /* 記錄已走訪過 */
                printf("[%d]",tempnode->x);
            }
            tempnode=tempnode->next;
        }
    }
}
```

動動腦 請將上述的先廣後深搜尋法，以 C 程式實作，其中圖形陣列如下：

```
int Data[20][2] =
    {{1,2},{2,1},{1,5},{5,1},{2,4},{4,2},{2,3},{3,2},{3,4},{4,3},
     {5,3},{3,5},{4,5},{5,4}};
```

參考程式碼：[CH10_02.c]

```
01  #include <stdio.h>
02  #include <stdlib.h>
03  #define MAXSIZE 10/* 定義佇列的最大容量 */
04
05  int front=-1;/* 指向佇列的前端 */
06  int rear=-1;/* 指向佇列的後端 */
07
08  struct list/* 圖形頂點結構宣告 */
09  {
10      int x;/* 頂點資料 */
11      struct list *next;/* 指向下一個頂點的指標 */
12  };
13  typedef struct list node;
14  typedef node *link;
15  struct GraphLink
16  {
17      link first;
18      link last;
19  };
20
21  int run[9];/* 用來記錄各頂點是否走訪過 */
22  int queue[MAXSIZE];
23  struct GraphLink Head[9];
24
25
26  void insert(struct GraphLink *temp,int x)
27  {
28      link newNode;
29      newNode=(link)malloc(sizeof(node));
30      newNode->x=x;
31      newNode->next=NULL;
32      if(temp->first==NULL)
33      {
34          temp->first=newNode;
```

```
35             temp->last=newNode;
36         }
37         else
38         {
39             temp->last->next=newNode;
40             temp->last=newNode;
41        }
42    }
43    /* 佇列資料的存入 */
44    void enqueue(int value)
45    {
46        if(rear>=MAXSIZE)return;
47        rear++;
48        queue[rear]=value;
49    }
50    /* 佇列資料的取出 */
51    int dequeue()
52    {
53        if(front==rear)return -1;
54        front++;
55        return queue[front];
56    }
57    /* 廣度優先搜尋法 */
58    void bfs(int current)
59    {
60        link tempnode; /* 臨時的節點指標 */
61        enqueue(current); /* 將第一個頂點存入佇列 */
62        run[current]=1; /* 將走訪過的頂點設定為 1*/
63        printf("[%d]",current); /* 印出該走訪過的頂點 */
64        while(front!=rear){ /* 判斷目前是否為空佇列 */
65            current=dequeue(); /* 將頂點從佇列中取出 */
66            tempnode=Head[current].first; /* 先記錄目前頂點的位置 */
67            while(tempnode!=NULL)
68            {
69                if(run[tempnode->x]==0)
70                {
71                    enqueue(tempnode->x);
72                    run[tempnode->x]=1; /* 記錄已走訪過 */
73                    printf("[%d]",tempnode->x);
74                }
75                tempnode=tempnode->next;
76            }
77        }
78    }
```

```
79  void print(struct GraphLink temp)
80  {
81      link current=temp.first;
82      while(current!=NULL)
83      {
84          printf("[%d]",current->x);
85          current=current->next;
86      }
87      printf("\n");
88  }
89
90  int main()
91  {
92      /* 圖形邊線陣列宣告 */
93      int Data[20][2] =
94      { {1,2},{2,1},{1,5},{5,1},{2,4},{4,2},{2,3},{3,2},{3,4},{4,3},
95      {5,3},{3,5},{4,5},{5,4}};
96      int DataNum;
97      int i,j;
98      printf(" 圖形的鄰接串列內容：\n"); /* 列印圖形的鄰接串列內容 */
99      for( i=1 ; i<6 ; i++ )
100     { /* 共有八個頂點 */
101         run[i]=0; /* 設定所有頂點成尚未走訪過 */
102         printf(" 頂點 %d=>",i);
103         Head[i].first=NULL;
104         Head[i].last=NULL;
105     for( j=0 ; j<20 ;j++)
106         {
107         if(Data[j][0]==i)
108             { /* 如果起點和串列首相等，則把頂點加入串列 */
109             DataNum = Data[j][1];
110             insert(&Head[i],DataNum);
111         }
112         }
113         print(Head[i]);/* 列印圖形的鄰接串列內容 */
114     }
115     printf(" 廣度優先走訪頂點：\n");/* 列印廣度優先走訪的頂點 */
116     bfs(1);
117     printf("\n");
118     system("pause");
119     return 0;
120 }
```

【執行結果】

```
圖形的鄰接串列內容：
頂點1=>[2][5]
頂點2=>[1][4][3]
頂點3=>[2][4][5]
頂點4=>[2][3][5]
頂點5=>[1][3][4]
廣度優先走訪頂點：
[1][2][5][4][3]
請按任意鍵繼續 . . .
```

10-4 貪婪演算法與圖形應用

貪婪法對於最佳
子結構問題求解
特別好用!

貪婪演算法（Greed Method）的原理是從某一起點開始，就是在每一個解決問題步驟使用貪心原則，都採取在當前狀態下最有利或最優化的選擇，也就是每一步都不管大局的影響，只求局部解決的方法，不斷的改進所求得的解答，持續在每一步驟中選擇最佳的方法，並且逐步逼近給定的目標，透過一步步的選擇局部最佳解來得到問題的解答。貪心法的缺點是容易過早做決定，只能求滿足某些約束條件的可行解的範圍，不過在有些問題卻可以得到最佳解，經常用在求圖形的最小生成樹（MST）的 Prim 演算法與 Kruskal 演算法、最短路徑的 Dijkstra 演算與霍哈夫曼編碼、機器學習等方面。

TIPS 霍夫曼編碼（Huffman Coding）經常用於處理資料壓縮的問題，可以根據資料出現的頻率來建構的二元霍夫曼樹。例如資料的儲存和傳輸是資料處理的二個重要領域，兩者皆和資料量的大小息息相關，而霍夫曼樹正可用來進行資料壓縮的演算法。

10-4-1 認識貪婪法

我們來看一個簡單的貪婪法例子，假設你今天去便利商店買了一罐可樂，要價 24 元，你付給售貨員 100 元，你希望找的錢都是硬幣，但又不喜歡拿太多銅板，所以硬幣的數量又要最少，應該是如何找錢。目前的硬幣有 50 元、10 元、5 元、1 元四種，從貪婪法的策略來說，應找的錢總數是 76 元，所以一開始選擇 50 元一枚，接下來就是 10 元兩枚，再來是 5 元一枚及最後 1 元一枚，總共四枚銅板，這個結果也確實是最佳的解答。

貪婪法也很適合作為前往某些旅遊景點的判斷，假如我們要從下圖中的頂點 5 走到頂點 3 的最短路徑該怎麼走才好？以貪婪法來說，當然是先走到頂點 1 最近，接著選擇走到頂點 2，最後從頂點 2 走到頂點 5，這樣的距離是 28，可是從下圖中我們發現直接從頂點 5 走到頂點 3 才是最短的距離，也就是在這種情況下，那就沒辦法從貪婪法規則下找到最佳的解答。

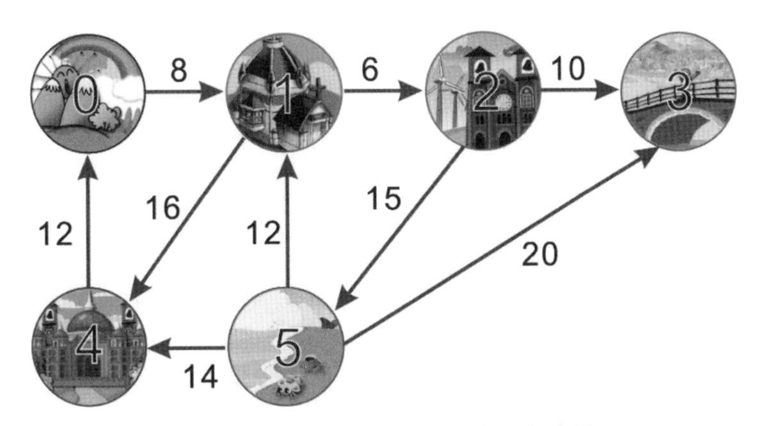

貪婪法適合計算前往旅遊點景的最短路徑

10-4-2 最小成本生成樹（MST）

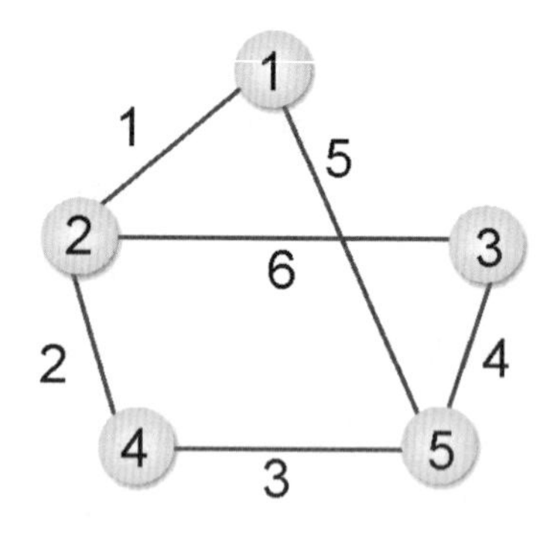

生成樹又稱「花費樹」或「值樹」，一個圖形的生成樹（Spanning Tree）就是以最少的邊來連結圖形中所有的頂點，且不造成循環（Cycle）的樹狀結構。假設在樹的邊加上一個權重（Weight）值，這種圖形就成為「加權圖形（Weighted Graph）」。這個權重值代表兩個頂點間的距離（Distance）或成本（Cost），如右圖所示。

假如想知道從某個點到另一個點間的路徑成本，例如由頂點 1 到頂點 5 有 (1+2+3)、(1+6+4) 及 5 這三個路徑成本，而「最小成本生成樹（Minimum Cost Spanning Tree）」則是路徑成本為 5 的生成樹。請看下圖說明：

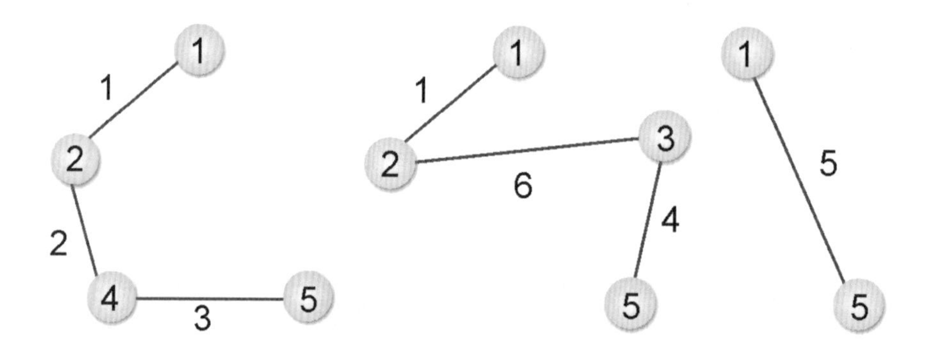

一個加權圖形中如何找到最小成本擴張樹是相當重要，因為許多工作都可以由圖形來表示，例如從高雄到花蓮的距離或花費等。接著將介紹以「貪婪法」為基礎，來求得一個無向連通圖形的最小花費樹的常見建立方法，分別是 Prim's 演算法及 Kruskal's 演算法。

10-4-3 Prim's 演算法

Prim 演算法又稱 P 氏法，對一個加權圖形 G=(V,E)，設 V={1,2,......n}，假設 U={1}，也就是說，U 及 V 是兩個頂點的集合。

然後從 U–V 差集所產生的集合中找出一個頂點 x，該頂點 x 能與 U 集合中的某點形成最小成本的邊，且不會造成迴圈。然後將頂點 x 加入 U 集合中，反覆執行同樣的步驟，一直到 U 集合等於 V 集合（即 U=V）為止。

接下來，我們將實際利用 P 氏法求出下圖的 MST。

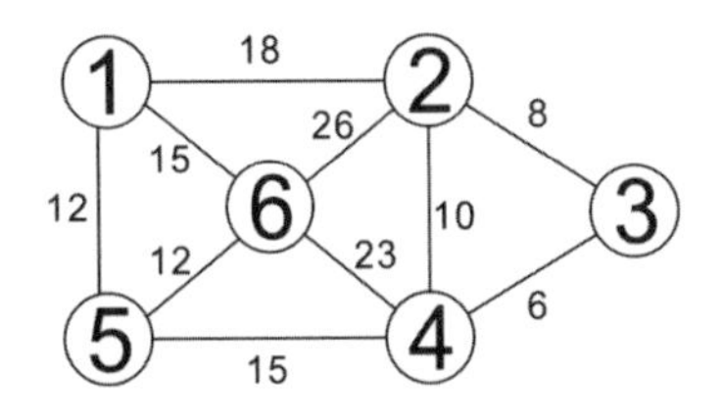

從此圖形中可得 V={1,2,3,4,5,6},U=1

從 V–U={2,3,4,5,6} 中找一頂點與 U 頂點能形成最小成本邊，得

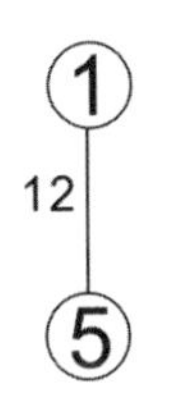

V–U={2,3,4,6} U={1,5}

從 V–U 中頂點找出與 U 頂點能形成最小成本的邊，得

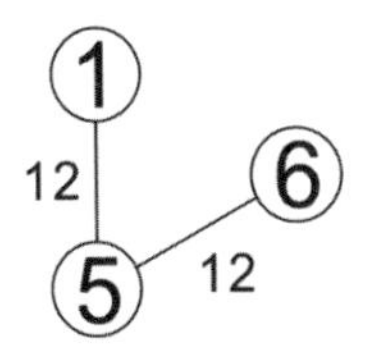

且 U={1,5,6}，V–U={2,3,4}

同理，找到頂點 4

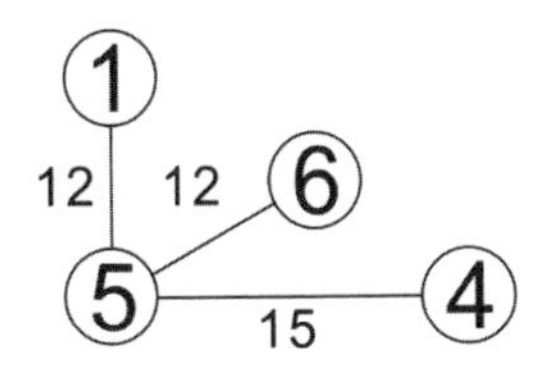

U={1,5,6,4} V–U={2,3}

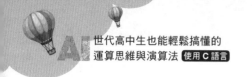

同理，找到頂點 3

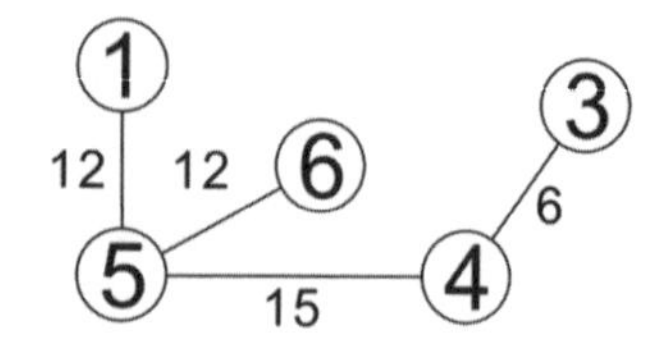

同理，找到頂點 2

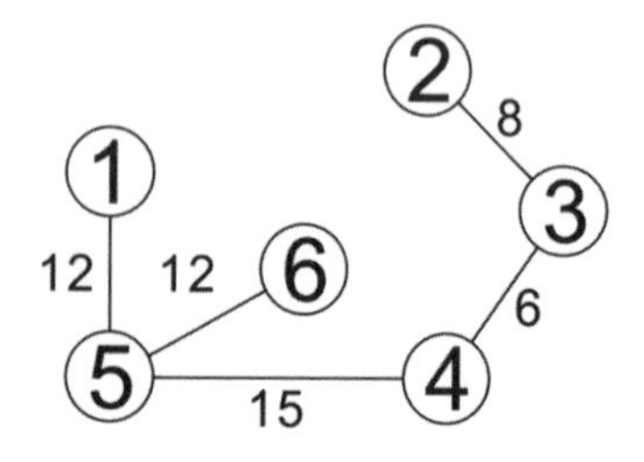

10-4-4 Kruskal 演算法

Kruskal 演算法是將各邊線依權值大小由小到大排列，接著從權值最低的邊線開始架構最小成本擴張樹，如果加入的邊線會造成迴路則捨棄不用，直到加入了 n-1 個邊線為止。

這方法看起來似乎不難，我們直接來看如何以 K 氏法得到範例下圖中最小成本擴張樹：

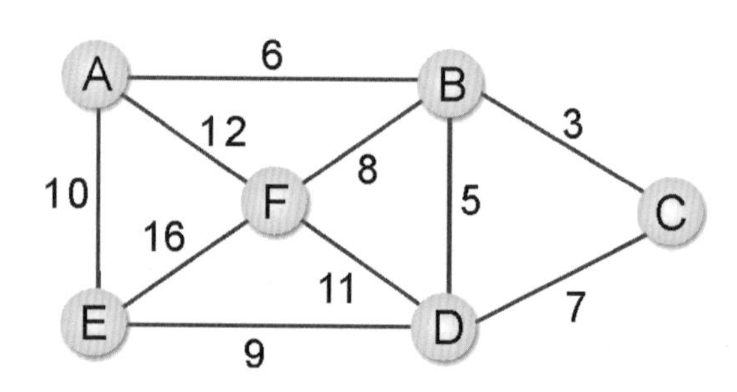

STEP 1 把所有邊線的成本列出並由小到大排序：

起始頂點	終止頂點	成本
B	C	3
B	D	5
A	B	6
C	D	7
B	F	8
D	E	9
A	E	10
D	F	11
A	F	12
E	F	16

STEP 2 選擇成本最低的一條邊線作為架構最小成本擴張樹的起點。

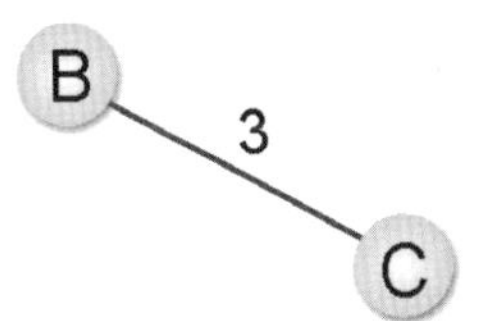

STEP 3 依步驟 1 所建立的表格，依序加入邊線。

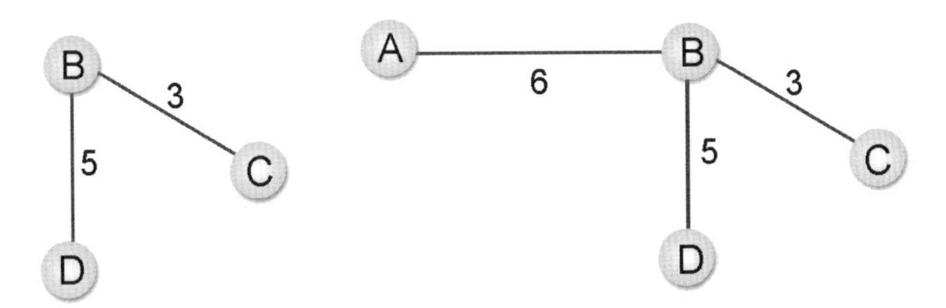

STEP 4 C–D 加入會形成迴路，所以直接跳過。

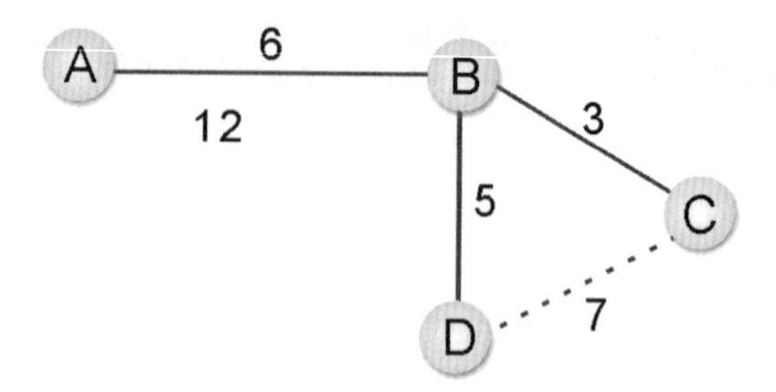

完成圖

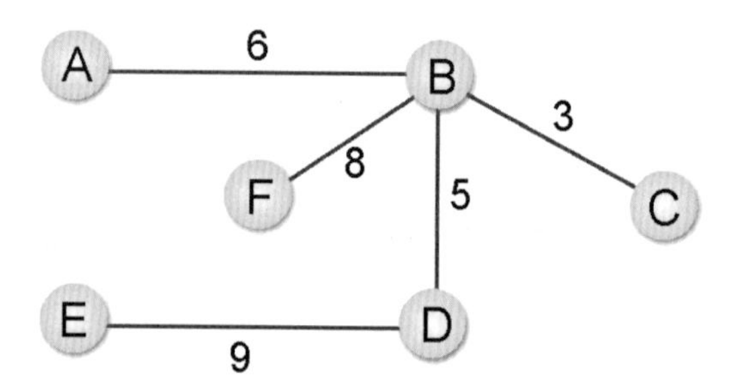

Kruskal 法的 C 演算法：

```
void mintree(mst head)                          /* 最小成本擴張樹函數 */
{
    mst ptr,mceptr;
    int i,result=0;
    ptr=head; /* 指向串列首 */
    for(i=0;i<=VERTS;i++)
        v[i]=0;
    while(ptr!=NULL)
    {
        mceptr=findmincost(head); /* 搜尋成本最小的邊 */
        v[mceptr->from]++;
        v[mceptr->to]++;
        if(v[mceptr->from]>1&&v[mceptr->to]>1)
        {
            v[mceptr->from]--;
            v[mceptr->to]--;
```

```
            result=1;
        }
        else
            result=0;
        if(result==0)
            printf("起始頂點 [%d]\t 終止頂點 [%d]\t 路徑長度 [%d]\n",mceptr->
from,mceptr->to,mceptr->val);
        ptr=ptr->next;
    }
}
```

動動腦 以下將利用一個二維陣列儲存並排序 K 氏法的成本表，試設計一 C 程式來求取最小成本花費樹，二維陣列如下：

```
int data[10][3]={{1,2,6},{1,6,12},{1,5,10},{2,3,3},
                 {2,4,5},{2,6,8},{3,4,7},{4,6,11},
                 {4,5,9},{5,6,16}};
```

參考程式碼：[CH10_03.c]

```
01 #include <stdio.h>
02 #include <stdlib.h>
03 #define VERTS   6  /* 圖形頂點數 */
04
05 struct edge        /* 邊的結構宣告 */
06 {
07     int from,to;
08     int find,val;
09     struct edge* next;
10 };
11 typedef struct edge node;
12 typedef node* mst;
13 int v[VERTS+1];
14 mst findmincost(mst head)/* 搜尋成本最小的邊 */
15 {
16     int minval=100;
17     mst ptr,retptr;
18     ptr=head;
19     while(ptr!=NULL)
```

```
20        {
21            if(ptr->val<minval&&ptr->find==0)
22            {   /* 假如 ptr->val 的值小於 minval*/
23                minval=ptr->val;  /* 就把 ptr->val 設為最小值 */
24                retptr=ptr;       /* 並且把 ptr 記錄下來 */
25            }
26            ptr=ptr->next;
27        }
28        retptr->find=1;  /* 將 retptr 設為已找到的邊 */
29        return retptr;   /* 傳回 retptr*/
30    }
31    void mintree(mst head)        /* 最小成本擴張樹函數 */
32    {
33        mst ptr,mceptr;
34        int i,result=0;
35        ptr=head;
36
37        for(i=0;i<=VERTS;i++)
38            v[i]=0;
39
40        while(ptr!=NULL)
41        {
42            mceptr=findmincost(head);
43            v[mceptr->from]++;
44            v[mceptr->to]++;
45            if(v[mceptr->from]>1&&v[mceptr->to]>1)
46            {
47                v[mceptr->from]--;
48                v[mceptr->to]--;
49                result=1;
50            }
51            else
52                result=0;
53            if(result==0)
54                printf("起始頂點 [%d] -> 終止頂點 [%d] -> 路徑長度 [%d]\n",
                        mceptr->from,mceptr->to,mceptr->val);
55            ptr=ptr->next;
56        }
57    }
58
59    int main()
60    {
```

```
61      int data[10][3]={{1,2,6},{1,6,12},{1,5,10},{2,3,3}, /* 成本表陣列 */
62                      {2,4,5},{2,6,8},{3,4,7},{4,6,11},
63                      {4,5,9},{5,6,16}};
64      int i,j;
65      mst head,ptr,newnode;
66      head=NULL;
67
68      for(i=0;i<10;i++)/* 建立圖形串列 */
69      {
70          for(j=1;j<=VERTS;j++)
71          {
72              if(data[i][0]==j)
73              {
74                  newnode=(mst)malloc(sizeof(node));
75                  newnode->from=data[i][0];
76                  newnode->to=data[i][1];
77                  newnode->val=data[i][2];
78                  newnode->find=0;
79                  newnode->next=NULL;
80                  if(head==NULL)
81                  {
82                      head=newnode;
83                      head->next=NULL;
84                      ptr=head;
85                  }
86                  else
87                  {
88                      ptr->next=newnode;
89                      ptr=ptr->next;
90                  }
91              }
92          }
93      }
94
95      printf("------------------------------------------------\n");
96      printf(" 建立最小成本擴張樹：\n");
97      printf("------------------------------------------------\n");
98      mintree(head); /* 建立最小成本擴張樹 */
99      system("pause");
100     return 0;
101 }
```

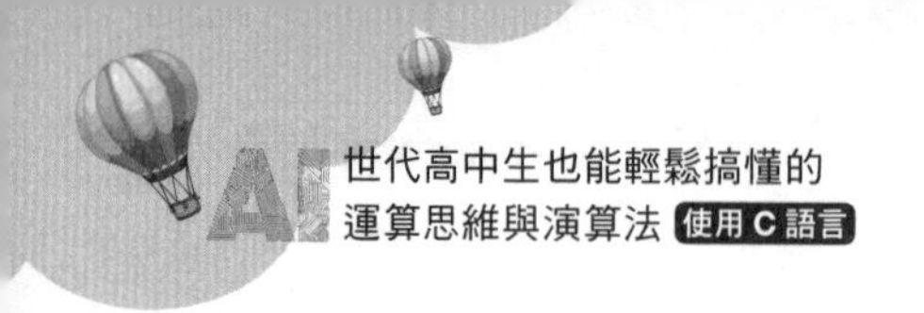

【執行結果】

```
建立最小成本擴張樹：
----------------------------------------------
起始頂點 [2] -> 終止頂點 [3] -> 路徑長度 [3]
起始頂點 [2] -> 終止頂點 [4] -> 路徑長度 [5]
起始頂點 [1] -> 終止頂點 [2] -> 路徑長度 [6]
起始頂點 [2] -> 終止頂點 [6] -> 路徑長度 [8]
起始頂點 [4] -> 終止頂點 [5] -> 路徑長度 [9]
請按任意鍵繼續 . . .
```

10-5 圖形最短路徑

在一個有向圖形 G=(V,E)，G 中每一個邊都有一個加權常數 W(Weight) 與之對應，如果想求 G 圖形中某一個頂點 V_0 到其他頂點的最少 W 總和之值，這類問題就稱為最短路徑問題（The Shortest Path Problem）。由於交通運輸工具的便利與普及，所以兩地之間有發生運送或者資訊的傳遞下，最短路徑（Shortest Path）的問題隨時都可能因應需求而產生，簡單來說，就是找出兩個端點間可通行的捷徑。

我們在上節中所說明的花費最少成本生成樹（MST），是計算連繫網路中每一個頂點所需的最少花費，但生成樹中任兩頂點的路徑倒不一定是一條花費最少的路徑，這也是本節將研究最短路徑問題的主要理由。一般討論的方向有兩種：

① 單點對全部頂點（Single Source All Destination）。

② 所有頂點對兩兩之間的最短距離（All Pairs Shortest Paths）。

10-5-1 單點對全部頂點

一個頂點到多個頂點通常使用 Dijkstra 演算法求得，Dijkstra 的演算法如下：

假設 $S=\{V_i | V_i \in V\}$，且 V_i 在已發現的最短路徑，其中 $V_0 \in S$ 是起點。

假設 $w \notin S$，定義 Dist(w) 是從 V_0 到 w 的最短路徑，這條路徑除了 w 外必屬於 S，且有下列幾點特性：

① 如果 u 是目前所找到最短路徑之下一個節點，則 u 必屬於 V-S 集合中最小花費成本的邊。

② 若 u 被選中，將 u 加入 S 集合中，則會產生目前的由 V_0 到 u 最短路徑，對於 $w \notin S$，DIST(w) 被改變成 DIST(w) ← Min{DIST(w),DIST(u)+COST(u,w)}。

從上述的演算法我們可以推演出如下的步驟：

STEP 1

```
G=(V,E)
D[k]=A[F,k] 其中 k 從 1 到 N
S={F}
V={1,2,……N}
```

D 為一個 N 維陣列用來存放某一頂點到其他頂點最短距離，

F 表示起始頂點，

A[F,I] 為頂點 F 到 I 的距離，

V 是網路中所有頂點的集合，

E 是網路中所有邊的組合，

S 也是頂點的集合，其初始值是 S={F}。

STEP 2 從 V-S 集合中找到一個頂點 x，使 D(x) 的值為最小值，並把 x 放入 S 集合中。

STEP 3 依下列公式

D[I]=min(D[I],D[x]+A[x,I])

其中 (x,I) ∈ E 來調整 D 陣列的值，其中 I 是指 x 的相鄰各頂點。

STEP 4 重複執行步驟 2，一直到 V-S 是空集合為止。

我們直接來看一個例子，請找出下圖中，頂點 5 到各頂點間的最短路徑。

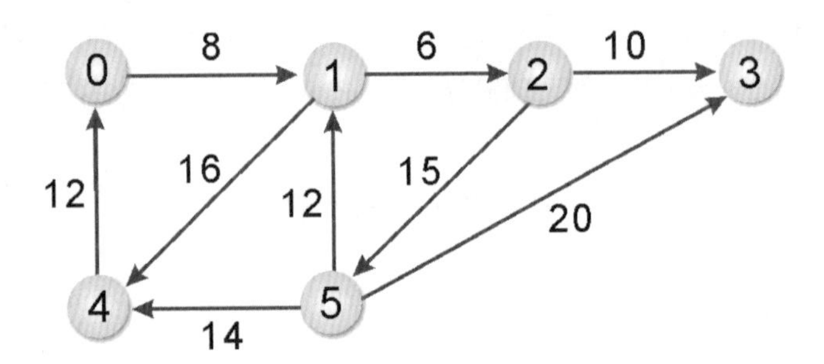

做法相當簡單，首先由頂點 5 開始，找出頂點 5 到各頂點間最小的距離，到達不了以 ∞ 表示。步驟如下：

STEP 1 D[0]= ∞,D[1]=12,D[2]= ∞,D[3]=20,D[4]=14。在其中找出值最小的頂點，加入 S 集合中：D[1]。

STEP 2 D[0]= ∞,D[1]=12,D[2]=18,D[3]=20,D[4]=14。D[4] 最小，加入 S 集合中。

STEP 3 D[0]=26,D[1]=12,D[2]=18,D[3]=20,D[4]=14。D[2] 最小，加入 S 集合中。

STEP 4 D[0]=26,D[1]=12,D[2]=18,D[3]=20,D[4]=14。D[3] 最小，加入 S 集合中。

STEP 5 加入最後一個頂點即可得到下表：

步驟	S	0	1	2	3	4	5	選擇
1	5	∞	12	∞	20	14	0	1
2	5,1	∞	12	18	20	14	0	4
3	5,1,4	26	12	18	20	14	0	2
4	5,1,4,2	26	12	18	20	14	0	3
5	5,1,4,2,3	26	12	18	20	14	0	0

由頂點 5 到其他各頂點的最短距離為：

頂點 5 – 頂點 0：26

頂點 5 – 頂點 1：12

頂點 5 – 頂點 2：18

頂點 5 – 頂點 3：20

頂點 5 – 頂點 4：14

「動動腦」 請設計一 C 程式，以 Dijkstra 演算法來求取下列圖形成本陣列中，頂點 1 對全部圖形頂點間的最短路徑：

```
int Path_Cost[8][3] = { {1, 2, 29},
                        {2, 3, 30},
                        {2, 4, 35},
                        {3, 5, 28},
                        {3, 6, 87},
                        {4, 5, 42},
                        {4, 6, 75},
                        {5, 6, 97} };
```

參考程式碼：[CH10_04.c]

```
01  #include <stdio.h>
02  #include <stdlib.h>
03  #define SIZE    7
04  #define NUMBER 6
05  #define INFINITE  99999/* 無窮大 */
06
07  int Graph_Matrix[SIZE][SIZE];/* 圖形陣列 */
08  int distance[SIZE];/* 路徑長度陣列 */
09  /* 建立圖形 */
10  void BuildGraph_Matrix(int *Path_Cost);
11  void shortestPath(int vertex1, int vertex_total);
12
13  /* 主程式 */
14  int main()
15  {
16      int Path_Cost[8][3] = { {1, 2, 29},
17                              {2, 3, 30},
18                              {2, 4, 35},
19                              {3, 5, 28},
20                              {3, 6, 87},
21                              {4, 5, 42},
22                              {4, 6, 75},
23                              {5, 6, 97} };
24      int j;
25      BuildGraph_Matrix(&Path_Cost[0][0]);
26      shortestPath(1,NUMBER); /* 找尋最短路徑 */
27      printf("-----------------------------------\n");
28      printf(" 頂點 1 到各頂點最短距離的最終結果 \n");
29      printf("-----------------------------------\n");
30      for (j=1;j<SIZE;j++)
31          printf(" 頂點 1 到頂點 %2d 的最短距離 =%3d\n",j,distance[j]);
32      printf("-----------------------------------\n");
33      printf("\n");
34
35      system("PAUSE");
36      return 0;
37  }
38  void BuildGraph_Matrix(int *Path_Cost)
39  {
40      int Start_Point;/* 邊線的起點 */
```

```
41      int End_Point; /* 邊線的終點 */
42      int i, j;
43      for ( i = 1; i < SIZE; i++ )
44          for ( j = 1; j < SIZE; j++ )
45              if ( i == j )
46                  Graph_Matrix[i][j] = 0; /* 對角線設為 0 */
47              else
48                  Graph_Matrix[i][j] = INFINITE;
49      /* 存入圖形的邊線 */
50      i=0;
51      while(i<SIZE)
52      {
53          Start_Point = Path_Cost[i*3];
54          End_Point = Path_Cost[i*3+1];
55          Graph_Matrix[Start_Point][End_Point]=Path_Cost[i*3+2];
56          i++;
57      }
58  }
59
60  /* 單點對全部頂點最短距離 */
61  void shortestPath(int vertex1, int vertex_total)
62  {
63      int shortest_vertex = 1; /* 記錄最短距離的頂點 */
64      int shortest_distance;    /* 記錄最短距離 */
65      int goal[SIZE]; /* 用來記錄該頂點是否被選取 */
66      int i,j;
67      for ( i = 1; i <= vertex_total; i++ )
68      {
69          goal[i] = 0;
70          distance[i] = Graph_Matrix[vertex1][i];
71      }
72      goal[vertex1] = 1;
73      distance[vertex1] = 0;
74      printf("\n");
75
76      for (i=1; i<=vertex_total-1; i++ )
77      {
78          shortest_distance = INFINITE;
79          /* 找最短距離頂 */
80          for (j=1;j<=vertex_total;j++ )
81              if (goal[j]==0&&shortest_distance>distance[j])
82              {
```

```
83                    shortest_distance=distance[j];
84                    shortest_vertex=j;
85                }
86          goal[shortest_vertex] = 1;
87          /* 計算開始頂點到各頂點最短距離 */
88          for (j=1;j<=vertex_total;j++ )
89          {
90              if ( goal[j] == 0 &&
91              distance[shortest_vertex]+Graph_Matrix[shortest_vertex][j]
92                  <distance[j])
93              {
94                  distance[j]=distance[shortest_vertex]
95                  +Graph_Matrix[shortest_vertex][j];
96              }
97          }
98      }
99  }
```

【執行結果】

```
---------------------------------------
頂點1到各頂點最短距離的最終結果
---------------------------------------
頂點 1到頂點 1的最短距離=  0
頂點 1到頂點 2的最短距離= 29
頂點 1到頂點 3的最短距離= 59
頂點 1到頂點 4的最短距離= 64
頂點 1到頂點 5的最短距離= 87
頂點 1到頂點 6的最短距離=139
---------------------------------------

請按任意鍵繼續 . . .
```

10-5-2 兩兩頂點間的最短路徑

由於 Dijkstra 的方法只能求出某一點到其他頂點的最短距離，如果要求出圖形中任兩點，甚至所有頂點間最短的距離，就必須使用 Floyd 演算法。

Floyd 演算法定義：

❶ $A^k[i][j]=min\{A^{k-1}[i][j],A^{k-1}[i][k]+A^{k-1}[k][j]\}$，k ≥ 1。
k 表示經過的頂點，$A^k[i][j]$ 為從頂點 i 到 j 的經由 k 頂點的最短路徑。

❷ $A^0[i][j]=COST[i][j]$（即 A^0 便等於 COST）。

❸ A^0 為頂點 i 到 j 間的直通距離。

❹ $A^n[i,j]$ 代表 i 到 j 的最短距離，即 A^n 便是我們所要求的最短路徑成本矩陣。

這樣看起來似乎覺得 Floyd 演算法相當複雜難懂，我們將直接以實例說明它的演算法則。例如試以 Floyd 演算法求得右圖各頂點間的最短路徑：

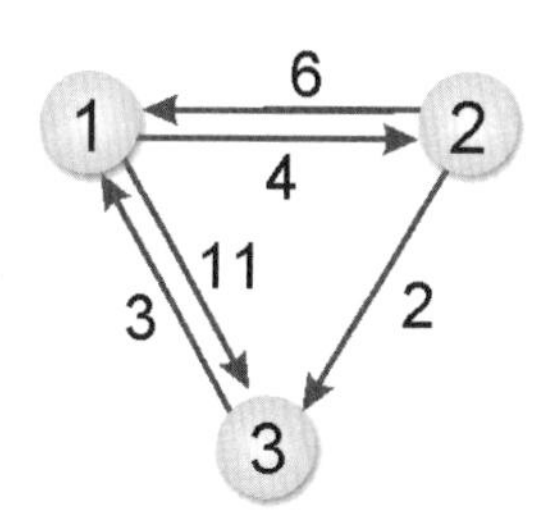

STEP 1 找到 $A^0[i][j]=COST[i][j]$，A^0 為不經任何頂點的成本矩陣。若沒有路徑則以 ∞（無窮大）表示。

A^0	1	2	3
1	0	4	11
2	6	0	2
3	3	∞	0

STEP 2 找出 $A^1[i][j]$ 由 i 到 j，經由頂點①的最短距離，並填入矩陣。

$A^1[1][2]=min\{A^0[1][2],A^0[1][1]+A^0[1][2]\}$
$=min\{4,0+4\}=4$

$A^1[1][3]=min\{A^0[1][3],A^0[1][1]+A^0[1][3]\}$
$=min\{11,0+11\}=11$

$A^1[2][1]=\min\{A^0[2][1],A^0[2][1]+A^0[1][1]\}$

$=\min\{6,6+0\}=6$

$A^1[2][3]=\min\{A^0[2][3],A^0[2][1]+A^0[1][3]\}$

$=\min\{2,6+11\}=2$

$A^1[3][1]=\min\{A^0[3][1],A^0[3][1]+A^0[1][1]\}$

$=\min\{3,3+0\}=3$

$A^1[3][2]=\min\{A^0[3][2],A^0[3][1]+A^0[1][2]\}$

$=\min\{\infty,3+4\}=7$

依序求出各頂點的值後可以得到 A^1 矩陣：

A^1	1	2	3
1	0	4	11
2	6	0	2
3	3	7	0

STEP 3 求出 $A^2[i][j]$ 經由頂點②的最短距離。

$A^2[1][2]=\min\{A^1[1][2],A^1[1][2]+A^1[2][2]\}$

$=\min\{4,4+0\}=4$

$A^2[1][3]=\min\{A^1[1][3],A^1[1][2]+A^1[2][3]\}$

$=\min\{11,4+2\}=6$

依序求其他各頂點的值可得到 A^2 矩陣：

A^2	1	2	3
1	0	4	6
2	6	0	2
3	3	7	0

STEP 4 求出 $A^3[i][j]$ 經由頂點③的最短距離。

$A^3[1][2]=\min\{A^2[1][2],A^2[1][3]+A^2[3][2]\}$

$=\min\{4,6+7\}=4$

$A^3[1][3]=\min\{A^2[1][3],A^2[1][3]+A^2[3][3]\}$

$=\min\{6,6+0\}=6$

依序求其他各頂點的值可得到 A^3 矩陣：

A^3	1	2	3
1	0	4	6
2	5	0	2
3	3	7	0

完成

所有頂點間的最短路徑為矩陣 A^3 所示。

由上例可知，一個加權圖形若有 n 個頂點，則此方法必須執行 n 次迴圈，逐一產生 $A^1,A^2,A^3,\cdots\cdots A^k$ 個矩陣。但因 Floyd 演算法較為複雜，讀者也可以用上一小節所討論的 Dijkstra 演算法，依序以各頂點為起始頂點，如此一來可以得到相同的結果。

動動腦 **請設計一 C 程式，以 Floyd 演算法來求取下列圖形成本陣列中，所有頂點兩兩之間的最短路徑，原圖形的鄰接矩陣陣列如下：**

```
int Path_Cost[7][3] = { {1, 2,20},
                        {2, 3, 30},
                        {2, 4, 25},
                        {3, 5, 28},
                        {4, 5, 32},
                        {4, 6, 95},
                        {5, 6, 67} };
```

參考程式碼：[CH10_05.c]

```
01  #include <stdio.h>
02  #include <stdlib.h>
03  #define SIZE   7
04  #define INFINITE  99999
05  #define NUMBER 6
06
07  int Graph_Matrix[SIZE][SIZE];/* 圖形陣列 */
08  int distance[SIZE][SIZE];/* 路徑長度陣列 */
09
10  /* 建立圖形 */
11  void BuildGraph_Matrix(int *Path_Cost)
12  {
13      int Start_Point;/* 邊線的起點 */
14      int End_Point; /* 邊線的終點 */
15      int i, j;
16      for ( i = 1; i < SIZE; i++ )
17          for ( j = 1; j < SIZE; j++ )
18              if (i==j)
19                  Graph_Matrix[i][j] = 0; /* 對角線設為 0 */
20              else
21                  Graph_Matrix[i][j] = INFINITE;
22      /* 存入圖形的邊線 */
23      i=0;
24      while(i<SIZE)
25      {
26          Start_Point = Path_Cost[i*3];
27          End_Point = Path_Cost[i*3+1];
28          Graph_Matrix[Start_Point][End_Point]=Path_Cost[i*3+2];
29          i++;
30      }
31  }
32  /* 印出圖形 */
33
34  void shortestPath(int vertex_total)
35  {
36      int i,j,k;
37      /* 圖形長度陣列初始化  */
38      for (i=1;i<=vertex_total;i++ )
39          for (j=i;j<=vertex_total;j++ )
40          {
```

```
41              distance[i][j]=Graph_Matrix[i][j];
42              distance[j][i]=Graph_Matrix[i][j];
43          }
44      /* 利用 Floyd 演算法找出所有頂點兩兩之間的最短距離 */
45      for (k=1;k<=vertex_total;k++ )
46          for (i=1;i<=vertex_total;i++ )
47              for (j=1;j<=vertex_total;j++ )
48                  if (distance[i][k]+distance[k][j]<distance[i][j])
49                      distance[i][j] = distance[i][k] + distance[k][j];
50  }
51  /* 主程式 */
52  int main()
53  {
54      int Path_Cost[7][3] = { {1, 2,20},
55                              {2, 3, 30},
56                              {2, 4, 25},
57                              {3, 5, 28},
58                              {4, 5, 32},
59                              {4, 6, 95},
60                              {5, 6, 67} };
61      int i,j;
62      BuildGraph_Matrix(&Path_Cost[0][0]);
63      printf("============================================\n");
64      printf("        所有頂點兩兩之間的最短距離 : \n");
65      printf("============================================\n");
66      shortestPath(NUMBER); /* 計算所有頂點間的最短路徑 */
67      /* 求得兩兩頂點間的最短路徑長度陣列後，將其印出 */
68      printf("        頂點 1 頂點 2 頂點 3 頂點 4 頂點 5 頂點 6\n");
69          for ( i = 1; i <= NUMBER; i++ )
70          {
71              printf(" 頂點 %d",i);
72              for ( j = 1; j <= NUMBER; j++ )
73              {
74                  printf("%5d ",distance[i][j]);
75              }
76              printf("\n");
77         }
78      printf("============================================\n");
79      printf("\n");
80      system("PAUSE");
81      return 0;
82  }
```

【執行結果】

```
=============================================
        所有頂點兩兩之間的最短距離:
=============================================
        頂點1  頂點2  頂點3  頂點4  頂點5  頂點6
頂點1     0     20     50     45     77    140
頂點2    20      0     30     25     57    120
頂點3    50     30      0     55     28     95
頂點4    45     25     55      0     32     95
頂點5    77     57     28     32      0     67
頂點6   140    120     95     95     67      0
=============================================

請按任意鍵繼續 . . .
```

10-5-3 A*演算法

前面所介紹的 Dijkstra's 演算法在尋找最短路徑的過程中算是一個較不具效率的作法，那是因為這個演算法在尋找起點到各頂點距離的過程中，不論哪一個頂點，都要實際去計算起點與各頂點間的距離，來取得最後的一個判斷，到底哪一個頂點距離與起點最近。

也就是說 Dijkstra's 演算法在帶有權重值（cost value）的有向圖形間的最短路徑的尋找方式，只是簡單地做廣度優先的搜尋工作，完全忽略許多有用的資訊，這種搜尋演算法會消耗許多系統資源，包括 CPU 時間與記憶體空間。其實如果能有更好的方式幫助我們預估從各頂點到終點的距離，善加利用這些資訊，就可以預先判斷圖形上有哪些頂點離終點的距離較遠，而直接略過這些頂點的搜尋，這種更有效率的搜尋演算法，絕對有助於程式以更快的方式決定最短路徑。

在這種需求的考量下，A*演算法可以說是一種 Dijkstra's 演算法的改良版，它結合了在路徑搜尋過程中從起點到各頂點的「實際權重」，及各頂點預估到達終點的「推測權重」（或稱為試探權重 heuristic cost）兩項因素，這個演算法可以有效減少不必要的搜尋動作，以提高搜尋最短路徑的效率。

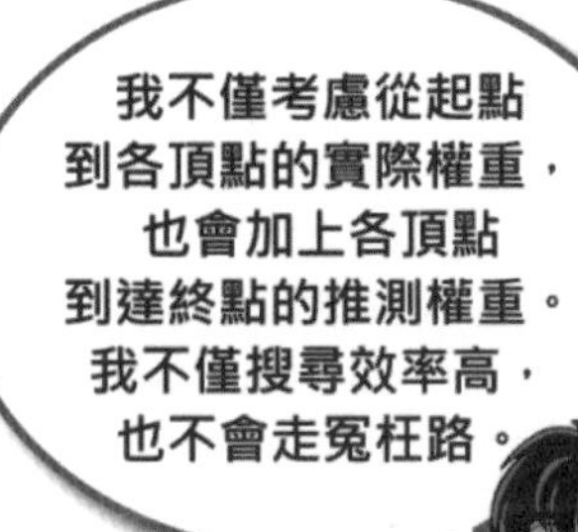

Dijkstra's 演算法　　　　A* 演算（Dijkstra's 演算法的改良版）

因此 A*演算法也是一種最短路徑演算法，和 Dijkstra's 演算法不同的是 A* 演算法會預先設定一個「推測權重」，並在找尋最短路徑的過程中，將「推測權重」一併納入決定最短路徑的考慮因素。所謂「推測權重」就是根據事先知道的資訊來給定一個預估值，結合這個預估值，A* 演算法可以更有效率搜尋最短路徑。

例如：在尋找一個已知「起點位置」與「終點位置」迷宮的最短路徑問題中，因為事先知道迷宮的終點位置，所以可以採用頂點和終點的歐氏幾何平面直線距離（Euclidean distance），即數學定義中的平面兩點間的距離：$D=\sqrt{(x1-x2)^2+(y1-y2)^2}$ 作為該頂點的推測權重。

A* 演算法在計算從起點到各頂點的權重，會同步考慮從起點到這個頂點的實際權重，再加上該頂點到終點的推測權重，以推估出該頂點從起點到終點的權重。再從其中選出一個權重最小的頂點，並將該頂點標示為已搜尋完畢。反覆進行同樣的步驟，一直到抵達終點，才結束搜尋的工作，就可以得到最短路徑的最佳解答。實作 A* 演算法的主要步驟，摘要如下：

STEP 1 首先決定各頂點到終點的「推測權重」。「推測權重」的計算方式可以採用各頂點和終點之間的直線距離採用四捨五入後的值，直線距離的計算函數，可從上述三種距離的計算方式擇一。

STEP 2 分別計算從起點可抵達的各個頂點的權重，其計算方式是由起點到該頂點的「實際權重」，加上該頂點抵達終點的「推測權重」。計算完畢後，選出權重最小的點，並標示為搜尋完畢的點。

STEP 3 接著計算從搜尋完畢的點出發到各點的權重，並再從其中選出一個權重最小的點，並再將其標示為搜尋完畢的點。以此類推…，反覆進行同樣的計算過程，一直到抵達最後的終點。

A* 演算法適用於可以事先獲得或預估各頂點到終點距離的情況，但是萬一無法取得各頂點到目的地終點的距離資訊時，就無法使用 A* 演算法。因此 A* 演算法常被應用在遊戲軟體開發中的玩家與怪物兩種角色間的追逐行為，或是引導玩家以最有效率的路徑及最便捷的方式，快速突破遊戲關卡。

A* 演算法常被應用在遊戲中角色追逐與快速突破關卡的設計

10-6 路徑演算法

路徑演算法也是圖形應用的一種，在大家喜歡的電玩遊戲中佔有相當重要的地位。不管是 RPG、SLG、益智類型遊戲都會使用到路徑演算法。事實上，遊戲地圖中的路徑演算都是以四方向移動為主，也就是上、下、左、右四個方向，也就是說斜角格子是不能直接移動的，請參照右圖：

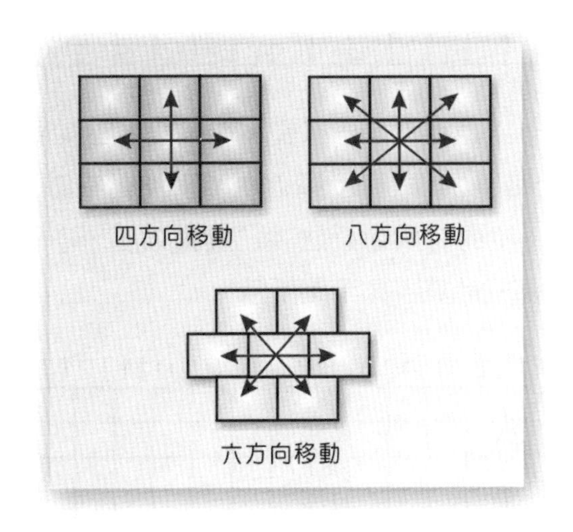

遊戲中所用的路徑演算法有許多種，以下要介紹的逼近法可以說是最簡單直覺的演算法，也就是直接以目前的座標漸漸朝目的座標移動的方式計算，因此常用在遊戲地圖中沒有任何障礙物的環境，例如空氣中、水中等。在下圖中，如果玩家要從 A 點到 B 點有三種計算方式，以路徑 1 來說，先對 Y 軸逼近，再對 X 軸作逼近就可以得到路徑 1 的行走路線；路徑 2 是先對 X 軸逼近的結果。至於路徑 3 的計算方式是比較 X 跟 Y 的距離比例，由差異值最高的軸向最先逼近，在過程中因為 XY 的差異比例會變化而變成各位所看到的路徑 3，如下圖所示。

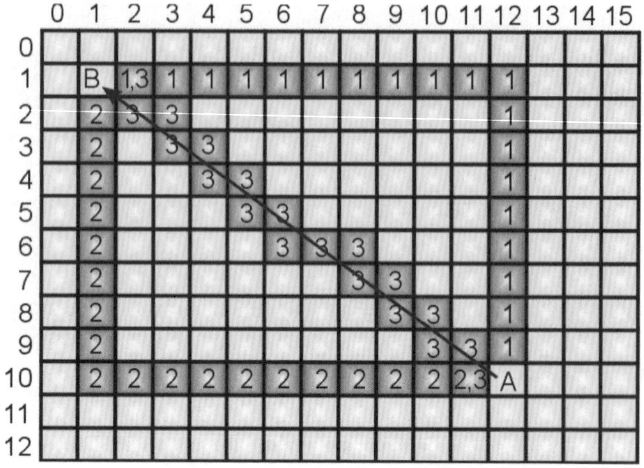

雖然三種路徑的行走距離都是一樣長，在過程中因為 XY 的差異比例會變化而變成我們所看到的路徑 3，感覺上逼近法似乎就很不錯了。不過在下圖中，各位可以看到在第 14 步的時候逼近法就已經失效了，不管是 X 軸或 Y 軸都沒有辦法依照原本的演算式計算，如下圖所示。

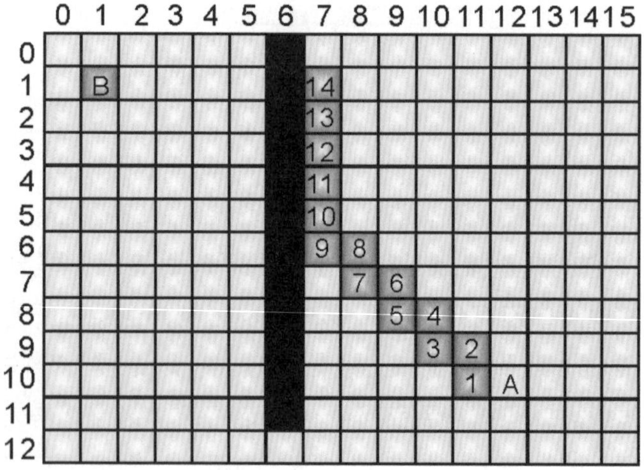

因此可見逼近法只是在計算路徑的簡單工具，實在沒有辦法應付複雜的地形，而需要借用其他的演算法來獲得解決。在此介紹只是給各位有關路徑演算法的基本概念。

1. 試簡述圖形走訪的定義。
2. 請簡述拓樸排序的步驟。
3. 請問以下哪些是圖形的應用？
   (1) 工作排程　(2) 遞迴程式　(3) 電路分析　(4) 排序　(5) 最短路徑尋找
   (6) 模擬　(7) 副程式呼叫　(8) 都市計畫
4. 何謂尤拉鏈理論？試繪圖說明。
5. 求出下圖的 DFS 與 BFS 結果。

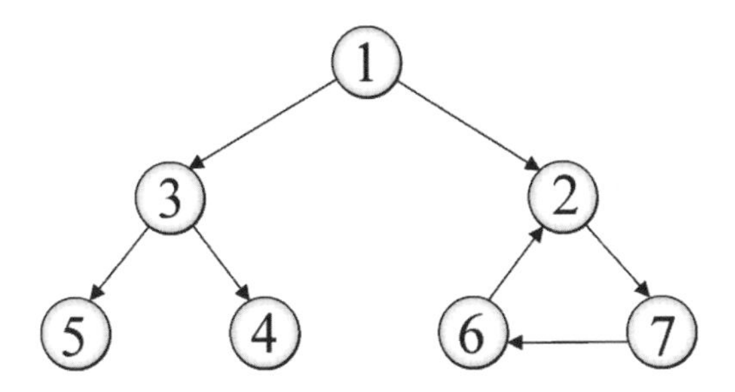

6. 請以 K 氏法求取下圖中最小成本擴張樹。

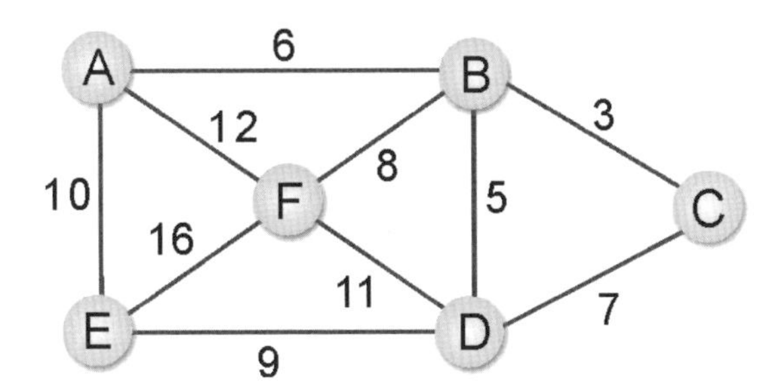

7. 請寫出下圖的相鄰矩陣表示法及兩地之間最短距離的表示矩陣。

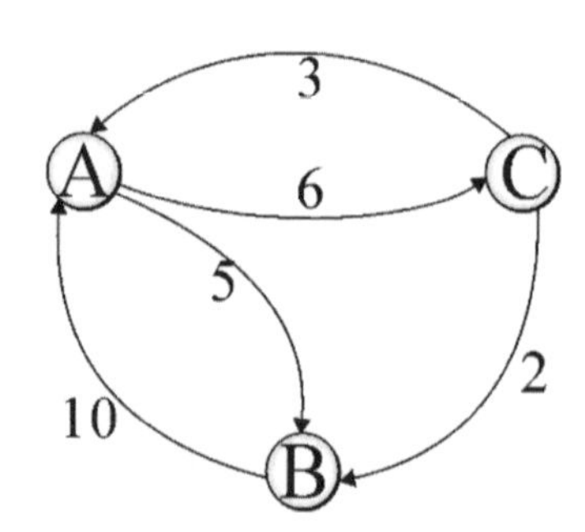

8. 求下圖之相鄰矩陣。

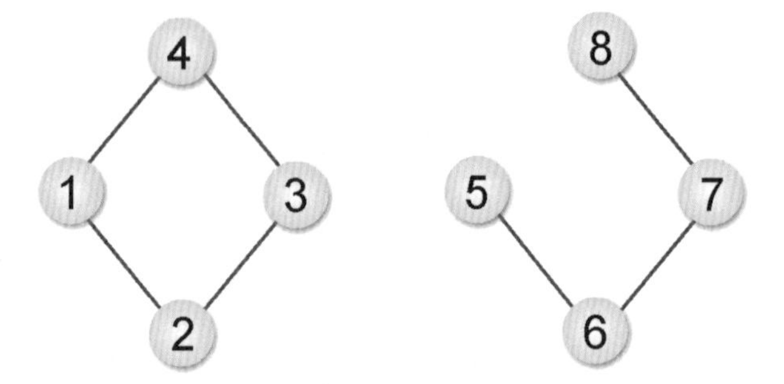

Appendix

運算思維的訓練資源 A

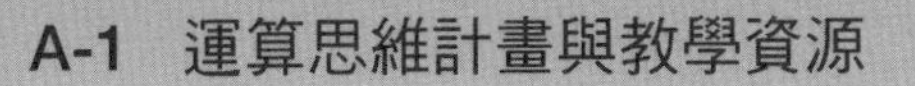

在資訊科技領域課程新課綱中特別著重學生「運算思維」能力的培養。透過電腦科學相關知能的學習，培養邏輯思考、系統化思考等運算思維，並藉由資訊科技之設計與實作，增進運算思維的應用能力、解決問題能力、團隊合作及創新思考能力。

A-1 運算思維計畫與教學資源

事實上，運算思維已成為許多國家資訊教育的重點，國際上及國內有越來越多提供運算思維教與學的資源，接著就來介紹幾個與提升運算思維計畫及相關運算思維能力養成的常見網站：

A-1-1 教育部運算思維推動計畫

運算思維推動計畫是由教育部資訊與科技教育司委辦，其執行單位為國立臺灣師範大學資訊工程系，本計畫有三大目標，包括：扎根程式學習、培養運算思維、接軌國際活動。本網站除了提供各種與運算思維能力提升的共享資源及教學資源外，也會公告有關本計畫各種活動訊息、相關報導及重大行事曆。

http://compthinking.csie.ntnu.edu.tw/

A-1-2 國際運算思維挑戰賽官網

國際運算思維挑戰賽（International Challenge on Informatics and Computational Thinking，簡稱 Bebras Challenge）自 2004 年開始每年於 11 月中的國際 Bebras 週（World-Wide Bebras Week）全球同步舉行。國際運算思維挑戰賽藉由淺顯易懂又生活化的情境式題型，讓參與學生利用各種（Computational Thinking）核心能力，例如：抽象化、演算法設計、問題拆解、模式辨識、樣式一般化、自動化…等，進而解決各種題目，透過鼓勵學生參與國際運算思維挑戰賽，不僅可以激發學生對資訊科學之學習興趣，以降低學生對資訊科學之恐懼，並透過比賽的參與過程，提升學生運用運算思維解決問題之能力，也能藉由學生運算思維知能的程度，進一步了解學生是否具備學習資訊科學之性向。

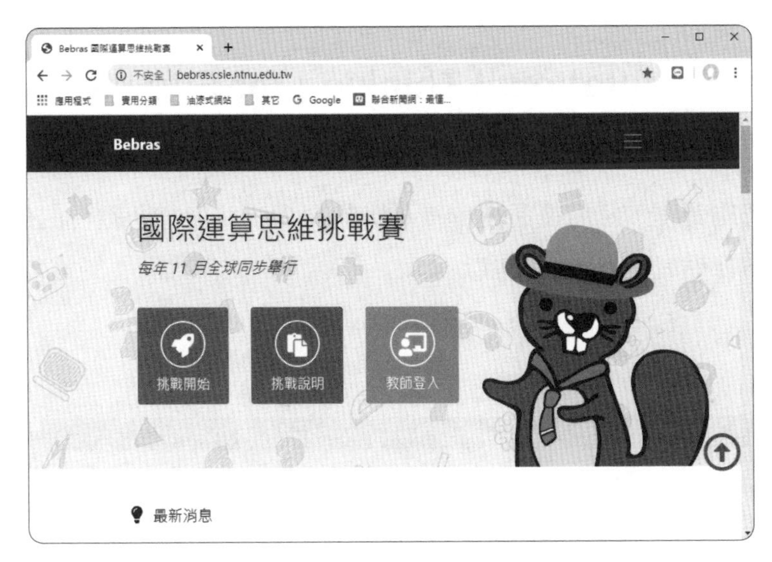

http://bebras.csie.ntnu.edu.tw/

如果想進一步了解本比賽的參與對象、計分方式及實施地點等相關資訊，可以連上官網。

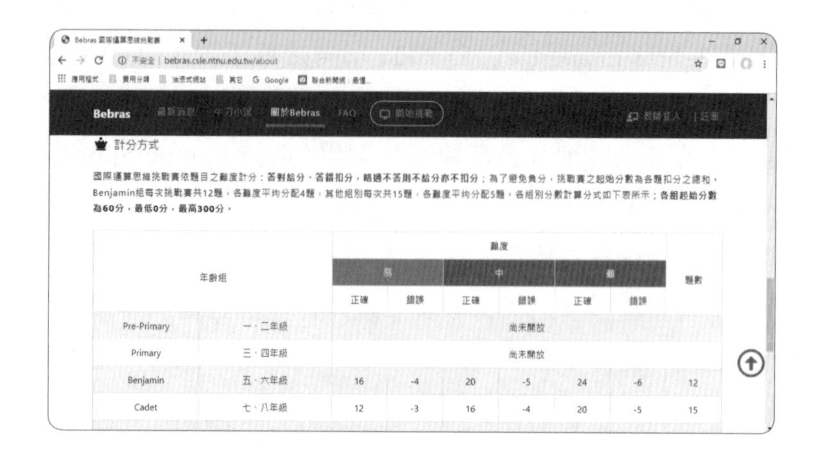

年齡組		難度 易 正確	易 錯誤	中 正確	中 錯誤	難 正確	難 錯誤	題數
Pre-Primary	一、二年級	尚未開放						
Primary	三、四年級	尚未開放						
Benjamin	五、六年級	16	-4	20	-5	24	-6	12
Cadet	七、八年級	12	-3	16	-4	20	-5	15

A-1-3 Computational Thinking for Educators

運算思維（CT）對學生和教育工作者都是不可或缺的技能。透過 Google 提供的運算思維課程，您將提高對運算思維的認識，針對您所教授的學科領域進行與運算思維相結合的活動實驗，並制定將運算思維融入課程的實作能力。

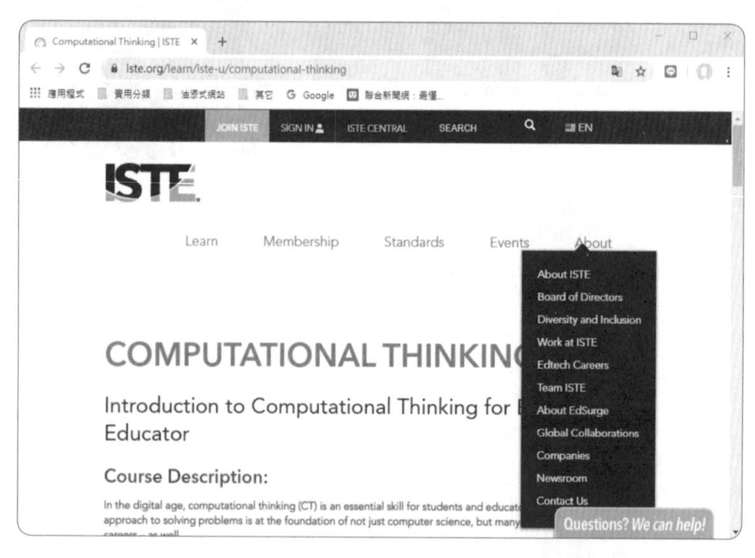

https://www.iste.org/learn/iste-u/computational-thinking

A-1-4 APCS 大學程式設計先修檢測

APCS 為 Advanced Placement Computer Science 的英文縮寫，是指「大學程式設計先修檢測」。其檢測模式乃參考美國大學先修課程（Advanced Placement, AP），與各大學合作命題，並確定檢定用題目經過信效度考驗，以確保檢定結果之公信力。如果想更清楚了解 APCS 報名資訊、檢測費用、報名資格、檢測資訊、試場資訊、檢測系統環境及採計成績的大學校系等資訊，可以參閱大學程式設計先修檢測官網（https://apcs.csie.ntnu.edu.tw/）。

https://apcs.csie.ntnu.edu.tw/

A-2 國際運算思維挑戰賽牛刀小試

國際運算思維挑戰賽目前開放的年齡組有：

❶ 五、六年級

❷ 七、八年級

❸ 九、十年級

❹ 十一、十二年級

如果各位想試試各種年齡組運算思維挑戰賽題目難易度，可以連上該網站各年齡組所開放的示範題目類型，簡介如下：

A-2-1 五、六年級挑戰題目

這個年齡組運算思維挑戰賽牛刀小試示範的題目有：馬克杯分類、魔法藥劑、幫忙海狸爺爺設密碼…等。

http://bebras.csie.ntnu.edu.tw/tests/demo/benjamin

A-2-2 七、八年級挑戰題目

這個年齡組運算思維挑戰賽牛刀小試示範的題目有：木筏牌照、消防義工、轉盤玩具、靠右走機器人…等。

http://bebras.csie.ntnu.edu.tw/tests/demo/cadet

A-2-3 九、十年級挑戰題目

這個年齡組運算思維挑戰賽牛刀小試示範的題目有：項鍊、算式化簡、把小偷揪出來…等。

http://bebras.csie.ntnu.edu.tw/tests/demo/junior

A-2-4 十一、十二年級挑戰題目

這個年齡組運算思維挑戰賽牛刀小試示範的題目有：骰子、松果射擊遊戲、…等。

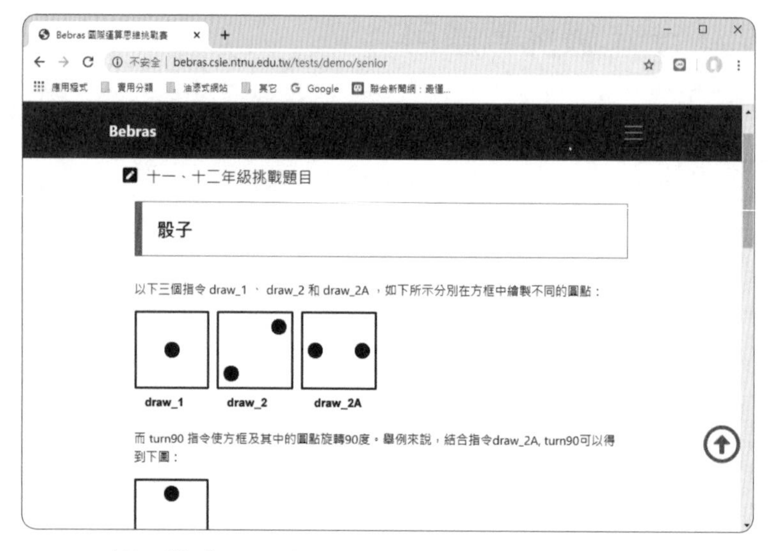

http://bebras.csie.ntnu.edu.tw/tests/demo/senior

A-3 國際運算思維能力測驗題庫

下方網址所介紹的雅雯老師的電腦教室——國際運算思維能力測驗題庫提供了 2013-2016 年國際運算思維能力測驗題庫與詳解，各位可以下載該頁面各年度的 PDF 檔案。

MEMO

讀者回函

GIVE US A PIECE OF YOUR MIND

感謝您購買本公司出版的書，您的意見對我們非常重要！由於您寶貴的建議，我們才得以不斷地推陳出新，繼續出版更實用、精緻的圖書。因此，請填妥下列資料(也可直接貼上名片)，寄回本公司(免貼郵票)，您將不定期收到最新的圖書資料！

購買書號： **書名：**

姓　　名：＿＿＿＿＿＿＿＿

職　　業：□上班族　□教師　□學生　□工程師　□其它

學　　歷：□研究所　□大學　□專科　□高中職　□其它

年　　齡：□10~20　□20~30　□30~40　□40~50　□50~

單　　位：＿＿＿＿＿＿＿＿部門科系：＿＿＿＿＿＿＿＿

職　　稱：＿＿＿＿＿＿＿＿聯絡電話：＿＿＿＿＿＿＿＿

電子郵件：＿＿＿＿＿＿＿＿

通訊住址：□□□＿＿＿＿＿＿＿＿

您從何處購買此書：

□書局＿＿＿＿　□電腦店＿＿＿＿　□展覽＿＿＿＿　□其他＿＿＿＿

您覺得本書的品質：

內容方面：	□很好	□好	□尚可	□差
排版方面：	□很好	□好	□尚可	□差
印刷方面：	□很好	□好	□尚可	□差
紙張方面：	□很好	□好	□尚可	□差

您最喜歡本書的地方：＿＿＿＿＿＿＿＿

您最不喜歡本書的地方：＿＿＿＿＿＿＿＿

假如請您對本書評分，您會給(0~100分)：＿＿＿＿ 分

您最希望我們出版那些電腦書籍：

請將您對本書的意見告訴我們：

您有寫作的點子嗎？□無　□有　專長領域：＿＿＿＿＿＿＿＿

歡迎您加入博碩文化的行列哦！

請沿虛線剪下寄回本公司

Give Us a Piece Of Your Mind

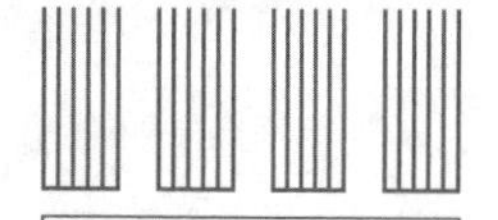

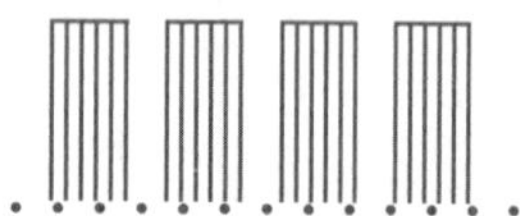

信用卡 CREDIT CARD 專用訂購單

※優惠折扣請上博碩網站查詢，或電洽 (02)2696-2869#307
※請填妥此訂單傳真至(02)2696-2867或直接利用背面回郵直接投遞。謝謝！

一、訂購資料

	書號	書名	數量	單價	小計
1					
2					
3					
4					
5					
6					
7					
8					
9					
10					
			總計 NT$		

總　計：NT$____________ X 0.85 ＝折扣金額 NT$____________

折扣後金額：NT$____________＋ 掛號費：NT$____________

＝總支付金額NT$____________ ※各項金額若有小數，請四捨五入計算。

「掛號費 80 元，外島縣市100元」

二、基本資料

收 件 人：____________ 生日：_____年_____月_____日

電　　話：(住家)____________ (公司)____________分機

收件地址：□□□ ____________

發票資料：□ 個人（二聯式） □ 公司抬頭/統一編號：____________

信用卡別：□ MASTER CARD □ VISA CARD □ JCB卡 □ 聯合信用卡

信用卡號：□□□□□□□□□□□□□□□□

身份證號：□□□□□□□□□□

有效期間：________年________月止 (總支付金額)

訂購金額：____________元整

訂購日期：_____年_____月_____日

持卡人簽名：____________ (與信用卡簽名同字樣)

請沿虛線剪下寄回本公司

黏貼處

博碩文化網址
http://www.drmaster.com.tw

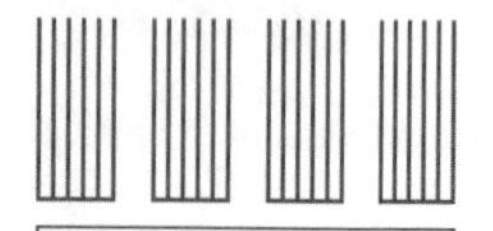

廣　告　回　函
台灣北區郵政管理局登記證
北台字第 4 6 4 7 號
印刷品・免貼郵票

221

博碩文化股份有限公司　業務部

新北市汐止區新台五路一段 112 號 10 樓 A 棟

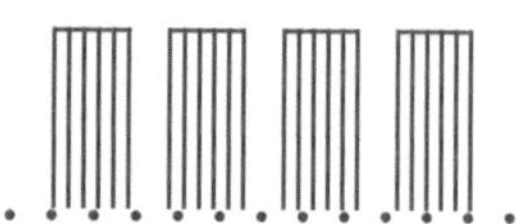

如何購買博碩書籍

全省書局

請至全省各大書局、連鎖書店、電腦書專賣店直接選購。

（書店地圖可至博碩文化網站查詢，若遇書店架上缺書，可向書店申請代訂）

信用卡及劃撥訂單（優惠折扣 85 折，未滿 1,000 元請加運費 80 元）

請於劃撥單備註欄註明欲購之書名、數量、金額、運費，劃撥至

帳號：17484299　戶名：博碩文化股份有限公司，並將收據及

訂購人連絡方式傳真至(02) 26962867 。

線上訂購

請連線至「博碩文化網站 http://www.drmaster.com.tw」，於網站上查詢

優惠折扣訊息並訂購即可。